民航电子信息工程专业系列教材

无线电导航原理与系统

王 凯 张晓瑜 王 颖 卢 丹 崔海青 编著

科 学 出 版 社

北 京

内 容 简 介

本书涵盖了现代民航飞机上常用的无线电导航系统，包括自动定向机、甚高频全向信标、仪表着陆系统、高度表、测距机及全球定位系统，同时还介绍了机载数据总线。本书重点关注民航机载无线电导航系统的内容，对于地面台只作一般性介绍。结构安排上，基本按照每一种无线电导航系统来进行，首先介绍系统的基本组成、功能等，然后详细讲解该系统的工作原理；最后，结合当前主流机型上的相应系统，讲解系统的控制与显示、基本操作和维护相关内容。

本书可作为民航机务类航空电子专业本科生的教材或参考书，同时，对于从事机务维修的技术人员和导航相关领域的研究生来说也有较高的参考价值。

图书在版编目(CIP)数据

无线电导航原理与系统 / 王凯等编著. -- 北京 : 科学出版社, 2025. 6. --（民航电子信息工程专业系列教材）. -- ISBN 978-7-03-081967-3

Ⅰ. V249.32

中国国家版本馆 CIP 数据核字第 2025DB6863 号

责任编辑：徐杨峰 赵朋媛 / 责任校对：谭宏宇
责任印制：黄晓鸣 / 封面设计：殷 靓

科学出版社 出版
北京东黄城根北街 16 号
邮政编码：100717
http://www.sciencep.com

南京展望文化发展有限公司排版
苏州市越洋印刷有限公司印刷
科学出版社发行 各地新华书店经销

*

2025 年 6 月第 一 版 开本：787×1092 1/16
2025 年 6 月第一次印刷 印张：14 1/4
字数：329 000

定价：70.00 元

（如有印装质量问题，我社负责调换）

前　言

从20世纪开始，特别是20世纪中叶以后，导航定位技术得到巨大的发展，已成为一门专门的技术，形成了较为完备的体系。导航定位系统的应用已经渗透到国防和国民经济的很多领域，民航客机上的导航定位系统也得到大力发展，成为民航客机上必不可少的装备。

导航定位的技术、方法多种多样，涉及数学、物理学、天文学、测绘学等基础科学，以及无线电、计算机、自动化等技术。20世纪以来，无线电技术的广泛应用，使导航从通过观测地形地物、天体运动及灯光地磁现象，改变为主要依赖电磁波的传播特性来实现，从而使得民航飞机摆脱了天气、季节、环境、能见度等的制约，在气象条件和能见度差的情况下也能保障飞行。

本书面向民航机务类航空电子专业的教学，全面介绍无线电导航基本原理及系统知识，其中重点关注民航机载无线电导航的内容，对于地面台只作一般性介绍。本书内容涵盖自动定向机、甚高频全向信标、仪表着陆系统、高度表、测距机及全球定位系统，同时还介绍了机载数据总线。结构安排上，基本按照每一种无线电导航系统来进行，首先介绍系统的基本组成、功能等，包括机载的部分和相应的地面或卫星部分；然后详细讲解该系统的工作原理，从信号发射、信号接收及处理，直到导航参数输出，原理讲解中结合系统原理框图、电路原理图、波形图等形式，可增强学生对系统工作原理的理解；最后，结合当前主流机型上的相应系统，讲解系统的控制与显示、基本操作和维护相关内容。

本书中对于各系统工作原理的介绍都按照该系统的发展历程，由简到繁、由浅入深，循序渐进地进行，读者在阅读时容易接受和掌握。本书涵盖了现代民航飞机常用的无线电导航系统，对于涉及机型系统的实例，主要使用经典机型波音737NG上的相应系统配合讲解，并加入了新型飞机上航空电子系统新技术、新理念的介绍，贴近民航机务维修的工程实际需求。

本书由中国民航大学王凯主编。王凯负责全书的写作组织、结构安排；张晓瑜、王颖、卢丹和崔海青参与编写。参与各章编写的人员具体如下：王凯、卢丹（第1章，绪论）；张晓瑜、崔海青（第2章，机载数据总线）；张晓瑜、卢丹（第3章，自动定向机）；王凯、王颖（第4章，甚高频全向信标）；王凯、卢丹（第5章，仪表着陆系统）；张晓瑜、王颖（第6章，无线电高度表）；王凯、王颖（第7章，测距机）；王凯、张晓瑜（第8章，卫星导航系统）。

在本书的编写过程中，参考和引用了许多国内外专家、学者的著作和文献。所有参考和引用的著作及文献均在书后的参考文献中列出，在此，编者谨向这些著作和文献的作者表示衷心感谢。

由于编者水平有限，书中难免有不足之处，敬请广大读者不吝指正。

编　者

2024 年 8 月于中国民航大学

目　录

第1章 绪 论

1.1 导航系统概述

飞机无线电系统是现代飞机的重要组成部分,现代民用飞机装备的无线电系统种类甚多,型号复杂。现代民用飞机装备有多种先进的无线电导航、通信和雷达系统。从不同的角度出发,飞机无线电系统有不同的分类法。最常用的方法是按照系统的功能,把飞机无线电系统分为通信系统和导航系统两大类。

本书主要介绍现代飞机上的各种无线电导航系统,包括其工作原理、系统组成情况和工作过程等。

1.1.1 导航的发展简史

导航是一门研究导航原理和导航技术装置的学科。导航系统是确定航行体的位置方向,并引导其按预定航线航行的整套设备(包括航行体上的、空间的、地面上的设备)。

一架飞机从一个机场起飞,希望准确地抵达另外一个机场就必须依靠导航、制导技术。导航,即引导航行的意思,也就是正确地引导航行体沿预定的航线,以要求的精度,在指定的时间内将航行体引导至目的地。由此可知,除了知道起始点和目标位置之外,还要知道航行体的位置、速度、姿态等导航参数,其中最主要的是知道航行体的位置。

在古代,我们的祖先一直利用天上的星星进行导航。早在旧石器时代,为了狩猎方便,人们便利用简单的恒星导航方法,这就是最早的天文导航方法。后来,随着技术的不断发展和人们对事物认知的发展,人们利用导航传感器来导航,最早是我们祖先发明的指南针。现有的导航传感器包括六分仪、磁罗盘、无线电罗盘、空速表、气压高度表、惯性传感器、雷达、星体跟踪器、信号接收机等。

以航空领域为例,从20世纪20年代开始,飞机出现了仪表导航系统;30年代出现了无线电导航系统,即依靠飞机上的信标接收机和无线电罗盘来获得地面导航台的信息以进行导航;40年代开始研制甚高频导航系统;1954年,惯性导航系统在飞机上试飞成功,从而开创了惯导时代;50年代出现了天文导航系统和多普勒导航系统;1957年,世界上第一颗卫星发射成功以后,利用卫星进行导航、定位的研究工作被提上议事日程,并着手建立海事卫星系统用于导航定位。60年代开始使用远程无线电罗兰-C导航系统,同时还有塔康导航系统、远程奥米伽导航系统及自动天文导航系统;60 年代后,无线电导航得到进一步发展,并与人造卫星导航相结合;70 年代以后,全球定位导航系统得到进一步发展和应用。在此过程中,为了发挥不同导航系统的优点,互为补充,出现了各种组合导航系统,它们主要以惯性导航系统为基础;80 年代以后,主要朝着以惯性导航系统为基础的组合导航系统方向发展,可组合的传感器除了全球定位系统(global positioning system, GPS)外,还有星光、地形和各种无线电导航装置。

1.1.2 导航系统的任务

导航系统的任务是确定载体的位置,并把载体由目前所在的地点按照给定的时间和航线引导到目的地,为此导航系统应该能够提供以下导航信号: ① 载体质量中心所在地的"定位信号";② 载体的"定向信号";③ 载体的"速度信号"。根据以上导航信号,需要调整载体的航行方向和速度,保证载体按照给定的时间和航线到达目的地。

1.1.3 导航系统简介

1. 无线电导航系统

无线电导航系统利用无线电技术测量导航参数,包括多普勒效应测速、利用雷达原理测量距离和方位、用导航台来定位等,是一种广泛使用的导航系统。

无线电导航系统的优点是: 不受使用时间和气候条件的限制,设备较简单,可靠度较高等。但它输出的信息主要是载体位置且工作范围受地面台覆盖区域的限制,这种系统的工作与无线电波传播条件有关,在某种程度上受人工干扰的影响。

2. 卫星导航系统

卫星导航系统是天文导航和无线电导航结合的一大产物,不过是把无线电导航台放在人造卫星上罢了。当然,这种导航方法只有在航天技术充分发展的今天才有实现的可能。20 世纪 60 年代初,旨在服务于美国海军舰只的子午仪卫星导航系统出现了,并于 70 年代提供给民用,利用装在航行体上的接收机,接收导航卫星发出的无线电信号,并测量因卫星相对卫星接收机用户不断运动而产生的多普勒频移,由此确定航行体在地球上的位置等导航参数。

GPS 是美国国防部研制的第二代卫星导航系统。在过去的几年,使全球航行系统和空中交通管制系统发生深刻变革的根源是卫星导航。国际民航组织(International Civil Aviation Organization, ICAO)将其命名为全球导航卫星系统(Global Navigation Satellite System, GNSS),其中可能包括各国或组织的空间卫星系统: GNSS = GPS + GLONASS + BDS+GALILEO+…①。

北斗卫星导航系统(BDS)是我国自行研制的全球卫星导航系统,也是继 GPS、GLONASS 之后的第三个成熟的卫星导航系统。我国的 BDS 和美国 GPS、俄罗斯 GLONASS、欧盟伽利略(GALILEO)卫星导航系统是联合国卫星导航委员会已认定的供

① GLONASS 表示俄罗斯全球卫星导航系统(global navigation satellite system);BDS 表示我国北斗卫星导航系统(Beidou navigation satellite system);GALILEO 表示欧盟伽俐略卫星导航系统。

应商。北斗卫星导航系统是我国着眼于国家安全和经济社会发展需要，自主建设运行的全球卫星导航系统，是为全球用户提供全天候、全天时、高精度的定位、导航和授时服务的国家重要时空基础设施。2020 年 7 月 31 日，“北斗三号”全球卫星导航系统正式开通。

3. 天文导航系统

天文导航系统是利用天文方法观测星辰日月等天体来确定航行体的位置，以引导航行体沿预定航线到达目的地的一种导航方法。

天文导航最早在航海领域发展起来，利用六分仪人工观测星体高度角来确定航行体的位置，现在发展为星体跟踪器测高度角及方位角来推算航行体在地球上的位置及航向。它是利用光学或射电望远镜接收星体发射来的电磁波去跟踪星体，在地球附近导航将受到云层及气象条件的限制，在空气稀薄的高空和宇宙航行，则是比较理想的。它也是一种自主式的导航系统，不需要地面设备支持，不受人工或自然形成的电磁干扰，不向外辐射电磁波，隐蔽性好，且误差不随时间积累。

4. 惯性导航系统

惯性导航是一种自主式的导航方法，它完全依靠自主的机载设备完成导航任务，和外界不发生任何光电联系，因此隐蔽性好，工作不受气象条件的限制。

惯性导航的基础理论乃是牛顿力学基本定律，其中主要技术手段是用加速计测量载体的运动加速度，用陀螺装置提供一个基准坐标系，再从中推算出所需要的导航参数。但是随着计算的时间的推移，容易产生积累误差。

5. 多普勒导航系统

多普勒导航系统是一种自主式远程导航定位系统，它不需要导航台，又称多普勒雷达，工作频率为 8 800 MHz。多普勒导航系统的主要用途是测定飞机的地速、偏流，进而计算飞机的位置、航程、待飞时间等导航参量，其测速精度约为航行精度的 1/100~1/1 000，并且抗干扰能力强。

多普勒雷达是利用多普勒频移效应来测量飞机的地速的。民航飞机多应用为调频连续波多普勒雷达，雷达天线向下方发射 4 个锥形波束，以获取地速偏流信息。工作性能与反射面的形状有关，如在水面或沙漠上空工作时，由于反射性差，则会降低性能。多普勒导航系统的绝对定位精度不是很高，在现代跨洋远程飞机上逐渐被其他导航系统取代。

6. 组合导航及其他导航系统

飞行器的发展对于导航系统在精度、可靠性等方面都提出了越来越高的要求。

民航飞机上应用的组合式导航系统一般有惯性导航系统和无线电导航系统组成的组合导航系统，也有惯性导航系统、卫星导航系统和无线电导航系统组成的组合导航系统。卫星导航系统可以提供全球三维位置、速度和时间，它与惯性导航系统有很强的互补性。这样的组合导航系统可以有许多优点：限制了惯性导航系统的漂移，提高了 GPS 接收机的抗干扰能力和快速捕获能力，从而提高整个系统的容错能力。也可以在某些条件不具备时单独使用无线电导航系统、GPS、惯性导航系统。

除了上述几类导航系统外，还有磁罗盘、陀螺罗盘、空速表等一般普通导航仪表。这些仪表虽然提供的航向及速度不够精确，但作为导航应急使用往往是十分必要的。

1.1.4 导航系统的发展方向

导航系统的发展趋势是惯性/多传感器组合导航系统，它具有高精度、高可靠性、高自主性、高动态性、高抗干扰性等自身性能，并根据实时情况、传感器信息的可靠程度，动态、智能地选择导航传感器信息源，提供一个容错的融合导航信息来满足航行任务需求。

当然，惯性导航系统的地位是任何导航系统都无法替代的，组合导航系统都是以惯性导航系统为主的。以惯性导航系统为主的组合式导航系统的发展从比较简单的惯性/多普勒、惯性/大气数据、惯性/天文、惯性/无线电导航等组合方式开始，发展到惯性/无线电/GPS、惯性/地形匹配、惯性/GPS/惯性图像匹配，以及多种系统和传感器组合的惯性/地形加景象匹配/GPS 组合式导航系统，甚至多种信息源的多传感器组合导航系统。

目前民航上先进的导航系统就是惯导/大气数据/无线电导航/GPS/地形加景象匹配式的组合导航系统。

1.2 无线电导航原理简介

1.2.1 地理坐标参量

飞机是相对于地球表面运动的，在导航中通常利用地理坐标(大地坐标)来表示飞机的位置。

1. 大圆和大圆航线

任何平面与地球表面的相交线都是圆。通过地心的平面与地球表面相交的圆把地球分成两半，是地球表面上最大的圆，称为大圆。不通过地心的平面与地球表面相交的圆总是比大圆小，称为小圆。

大圆弧连线是地球表面上任何两点之间距离最短的连线。因此，在远程飞行中，总是尽可能沿大圆连线飞行，这样的航线称为大圆航线。

2. 赤道和纬度

通过地心且与地轴相垂直的平面把地球分成南北两个半球，它与地球表面的交线称为赤道，参见图 1-1。

其余与地轴相垂直的平面与地球表面的交线都是小圆，这些小圆称为纬圈(纬线)。纬圈平面都是和赤道平面相平行的，纬圈与地心的连线与赤道平面之间的夹角，就是这个纬圈的纬度(latitude，缩写为 Lat)。用纬度可以表示地球上任何一点的南北位置。赤道的纬度为 0°；赤道以北为北纬(N)0~90°，北极纬度为 90°N；赤道以南为南纬(S)0~90°，南极的纬度为 90°S。

3. 子午线和经度

包含地轴的平面与地球表面的交线都是大圆，这些大圆都通过地极，称为经圈。经

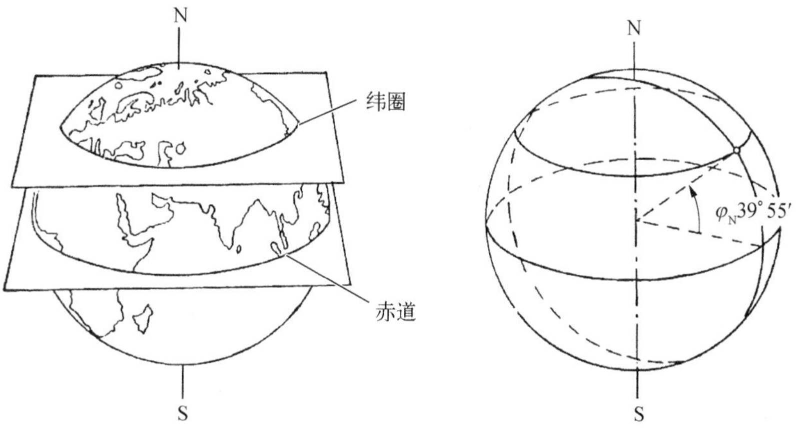

图1-1 赤道、纬圈和纬度

圈总是与纬圈正交的,经圈的一半称作经线,又称子午线。国际上约定,以通过英国伦敦南郊的格林尼治天文台子午仪中心的经线作为起始经线,又称本初子午线,参见图1-2。

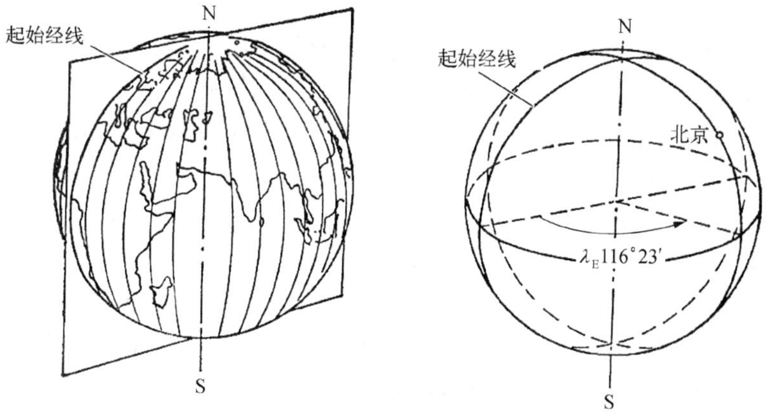

图1-2 经线和经度

以起始子午线(0°子午线)为基准,可以用经度(longitude,缩写为Lon)来表示其他经线的位置。地球表面上任意一点的经度,就是通过该点的子午线平面与起始经线平面之间的夹角。起始子午线向东为东经(E)0~180°;以西为西经(W)0~180°。

确定了上述坐标参量后,就可以用纬度和经度来表示地球上任何一点在大地坐标中的地理位置。例如,北京的位置是Lat 39°55′N、Lon 116°23′E;纽约的位置是Lat 40°27′N、Lon 73°55′W等。

1.2.2 导航参量

1. 航向

航向(角)是由飞机所在位置的经线北端顺时针测量到航向线(飞机纵轴前端的延长线在水平面上的投影)的角度,见图1-3。

以磁经线为基准的航向称为磁航向，以真经线为基准的航向称为真航向。

2. 方位角

方位角是以经线北端为基准，顺时针量到水平面上某方向线的角度。例如，在图 1－4 中，北、东、南、西的方位角分别是 0°、90°、180°、270°；电台方位角是 40°。

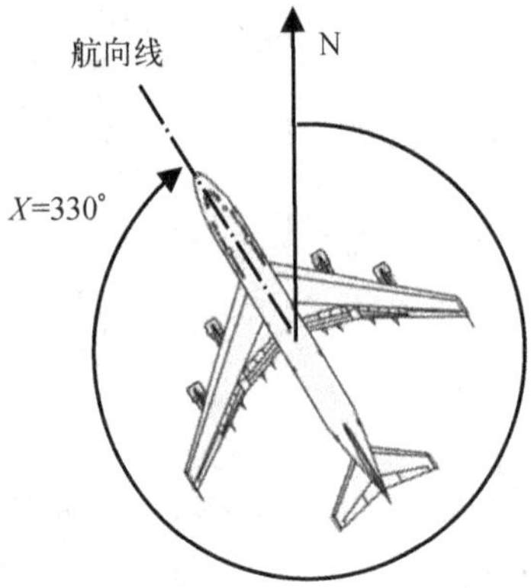

图 1－3　航向

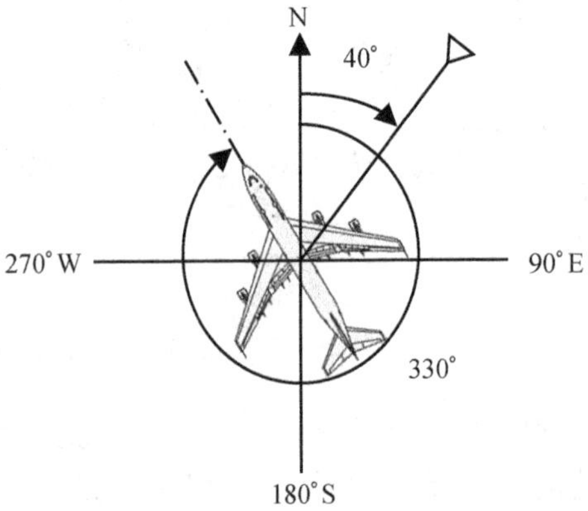

图 1－4　方位角

表示方位时必须明确以哪一点为基准点。例如，在图 1－5 中，当从飞机处（图中的 A 点）观察地面电台 S 时，从 A 点处的经线北端测量到飞机与电台的连线 AS 的角度 θ_S，称为电台方位角；如果从电台 S 处观测飞机，从 S 处的经线北端量到电台与飞机的连线 SA 的角度 θ_A，则称为飞机方位角。

表示方位时可以用磁经线为基准，也可以用真经线为基准。以磁经线为基准的方位角称为磁方位角；以真经线为基准的方位角称为真方位角。

在飞机上观测地面或空中目标，也常以飞机纵轴的前端同观测线在水平面上的夹角来表示目标的方向，这一角度称为相对方位角 θ_r。例如，图 1－6（a）中电台的相对方位角为 330°；图 1－6（b）中另一架飞机的相对方位角也是 330°（－30°）。自动定向机所测量的是电台的相对方位角。

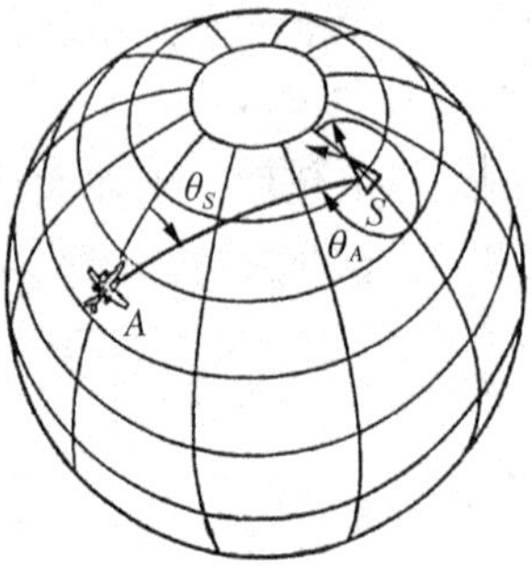

图 1－5　电台方位角和飞机方位角

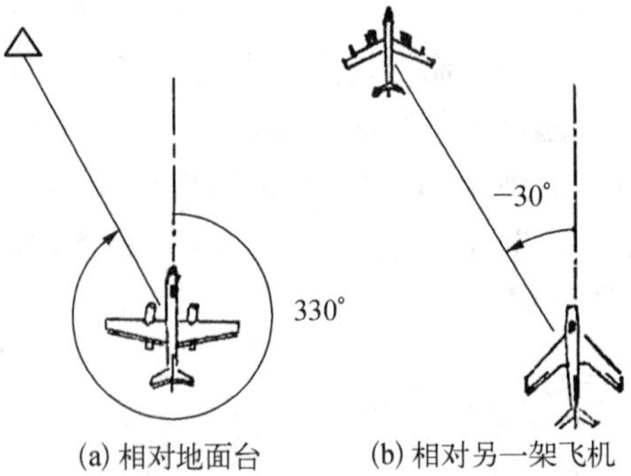

图 1－6　相对方位角

3. 航迹与航迹角

飞机重心在地面的投影点的移动轨迹，称为航迹线或航迹，见图1-7。飞机在某一时刻的实际运动方向角就是该时刻飞机的航迹角，航迹角是从经线北端顺时针测量到航迹去向的角度。

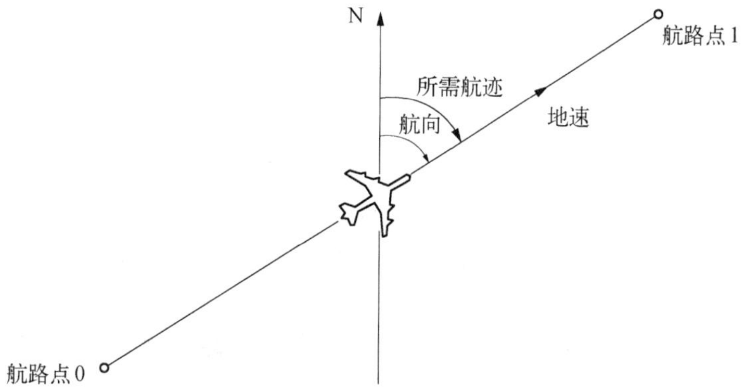

(a) 飞机沿航迹飞行且无偏流角

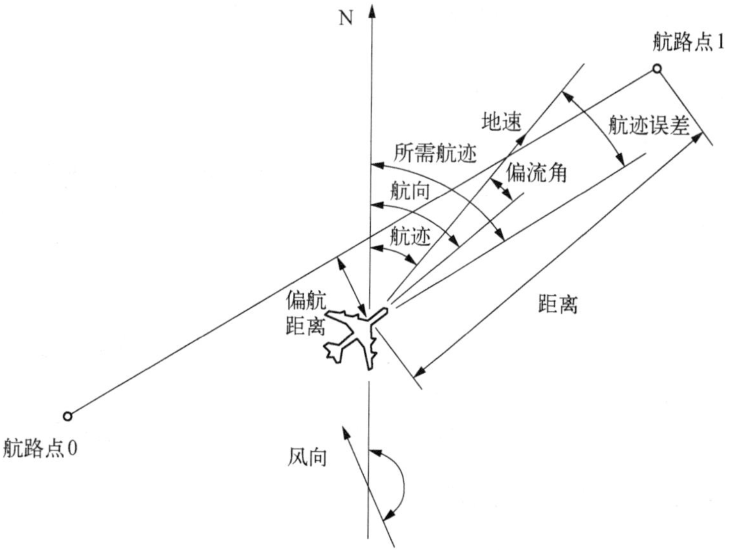

(b) 飞机偏航且偏流角不为零

图1-7 导航参量

4. 所需航迹角

所需航迹(角)是飞行员所希望的飞机的运动方向，在图1-7(a)中就是经线北端与航路点0和航路点1的连线之间的夹角。有时也可以把所需航迹称为待飞航迹。

5. 航迹角误差

航迹角误差是所需航迹和实际航迹间的夹角，即所需航迹角与地速向量之间的夹角，见图1-7(b)。航迹角误差通常标明左或右。

6. 偏流

在存在侧风时,飞机的实际航迹就会与飞机的航向不一致。航向线与航迹线之间的夹角,称为偏流角。当航迹线偏向航向的右边时,规定偏流角为正值,如图 1-7 所示;反之,若航迹线偏向左侧,规定偏流角为负值。

7. 航路点

飞机的飞行目的地、航路上可用于飞机改变航向、高度、速度等或向空中交通管制中心报告的明显位置,称为航路点。

8. 距离

指从飞机当前位置至飞往目的地或前方航路点之间的距离,即待飞距离。通常,航路是由几个航路点连成的折线线路,在不加声明时,距离是指飞机沿指定航路飞往目的地的沿航距离。两个航路点之间的距离为连接两个航路点的大圆距离。

9. 偏航距离

偏航距离指从飞机实际位置到飞行航段两个航路点连线之间的垂直距离,见图 1-7(b)。

10. 地速

飞机在地面的投影点移动速度称为地速,地速是飞机相对于地面的水平运动速度。

11. 空速

空速是飞机相对于周围空气的运动速度。

12. 风速与风向

风速与风向指飞机当前位置处大气的运动速度与方向。风向风速是相对于地面而言的。空速 S_A、风速 S_W 和地速 S_G 三者的关系为 $S_G = S_A + S_W$,当风速等于零时,飞机的地速等于空速。

13. 估计到达时间与待飞时间

估计到达时间是从飞机目前位置到飞行目的地(或前方航路点)之间的估计飞行时间,估计到达时间是以格林尼治时间为基准的。在飞行中,待飞时间是自飞机当前位置起,按飞机当前的地速值等计算的沿航线飞达目的地的空中飞行时间。

1.2.3 无线电导航的基本原理

1. 对理想通用定位和导航系统的要求

理想的导航系统应能满足下列要求:

(1) 全球覆盖:系统必须在地球表面下或表面上、空中任何位置上工作。

(2) 绝对准确度和相对准确度都必须很高:准确度要求,无论是绝对的和相对的,应根据应用情况在 2~4 000 m。

(3) 准确度应不受环境影响:不管用户的位置、速度和加速度如何,系统的准确度都应能保证;应该不存在多路径误差或信号传播通过大气层、电离层产生的误差,如果产生了这些误差,应能从数据中适当除去。

(4) 有效的实时反应:定位数据的更新率可随运动而连续变动。

(5) 无多值解:如果存在解的多值性,设备应能自动地或由操作员很快地进行分辨。

(6) 容量无限：系统应能容纳无数用户，且不会降低性能。

(7) 敌人不能使用：未经准许的用户不能使用系统导航，以达到其所要求到达的目的。

(8) 有抗电子战能力：敌人不能侦察、干扰或蒙蔽系统的正常工作。

(9) 没有频率分配问题：系统必须在现已分配的频谱带宽之内工作而不干扰别的系统。

(10) 全体用户共用一个坐标格网。

(11) 高的平均无故障间隔。

(12) 体积、重量、价格、平均修复时间、部署时间和电源消耗都要小。

(13) 适当扩大用户：设备应具有机载式、舰载式、车载式和背负式等多种形式。

(14) 通信能力强。

很显然，上述各种要求之间是存在着许多矛盾的，虽然导航经过了漫长的发展史，直到科学技术已经大大发展的今天，仍然不能在一个系统里把这些要求完善地统一起来。因此，各类、各种导航系统都因其能满足一种或一些特定的要求而存在、发展着，从而促进了许多导航类别的产生。同时，随着科学技术的不断进步，为更好地满足上述各种要求，各类导航中的各种导航系统又不断地完善、不断地改进着。在空间领域已经得到广泛的开发和利用的基础上，一种具有多种新技术、能同时适应多种导航要求的崭新系统必将随之而来，这就是把天体导航和无线电导航合为一体的卫星导航系统。

2. 采用无线电导航手段的可能性

无线电导航过程，就是通过无线电波的发射和接收，测量飞机相对于导航台的方向、距离等导航参量的过程，而测量和运用这些导航参量的可能性则基于电波的以下传播特性：

(1) 无线电波在理想均匀介质中按直线(或最短路径)传播；

(2) 无线电波经电离层发射后，入射波和发射波在同一铅垂面内；

(3) 无线电波在传播路径中，若遇不连续介质，则会发生反射；

(4) 在理想均匀介质中，无线电波传播速度为常数。

根据(1)、(2)两个特性，可以测定无线电波的传播方向，从而确定飞机相对于导航台的方向，实现角坐标测量。根据(1)、(4)两个特性，可以测定无线电波在导航台和飞机之间的传播时间，从而确定飞机到导航台的斜距。如测定电波有两个导航台到飞机的时间差，则可确定飞机到这两个导航台的距离差。特性(3)是雷达导航的基础，正是由于这个特性，才能通过无线电波发现飞机并确定飞机相对于雷达所在位置的角坐标和距离。

20世纪20~30年代，无线电测向是航海和航空仅有的一种导航手段，而且一直沿用至今，不过后来已成为一种辅助手段。第二次世界大战期间，无线电导航技术迅速发展，出现了各种导航系统。雷达也开始在舰船和飞机上用作导航手段，飞机着陆开始使用雷达和仪表着陆系统。60年代，子午仪卫星导航系统研制成功；70年代，微波着陆引导系统研制成功；80年代，同步测距全球定位系统研制成功。无线电导航在军事和民用方面有着广阔的应用前景。

3. 位置线、位置面和定位方法

无线电导航尽管千差万别,但都是通过接收和处理无线电信号来实现的。在导航台位置精确已知的情况下,接收并测量无线电信号的电参量(如振幅、频率、相位或延迟时间等),根据有关的电波传播特性,转换成导航需要的、接收点相对于该导航台坐标的导航参量——位置、方向、距离、距离差等,这就是无线电导航的实质所在。

处于某一特定位置上的接收机,在某一时刻接收并测得的无线电信号的电参量当然是个确定的值,由它转换过来的导航参量也将是个确定的值。根据一个(注意:不是两个或两个以上)导航参量,无法唯一地确定该接收点位置。由一个导航参量只能确定接收点的可能位置是在与该导航参量相对应的轨迹线(如果发射台和接收机都在地平面上)上,或是在一个轨迹面(如果发射台和接收机中一个在地面,另一个在空中)上,前者称为位置线,后者称为位置面。

由此可见,要单值地定位,测得一个导航参量,即获得一条位置线(或一个位置面)是不够的,至少是两个(平面定位)或两个以上(空间定位)。这种用几何线(或几何面)相交来完成定位的方法是普遍采用的,它是无线电导航原理的一个重要组成部分,通常称为“几何原理”。

导航系统可能的位置线有直线、圆、双曲线等,相应地,可以把导航系统划分为测向系统、测距系统和测距差系统:① 测向系统,例如,甚高频全向信标、自动定向机的位置线是直线,参见图 1-8(b);② 测距系统,例如,无线电高度表、测距机的位置线是平面上的圆,参见图 1-8(a)、(c);③ 测距差系统,例如,利用测距差原理工作的奥米伽导航系统、罗兰系统等,其位置线为双曲线,参见图 1-8(d),这类系统又可以称为双曲导航系统。

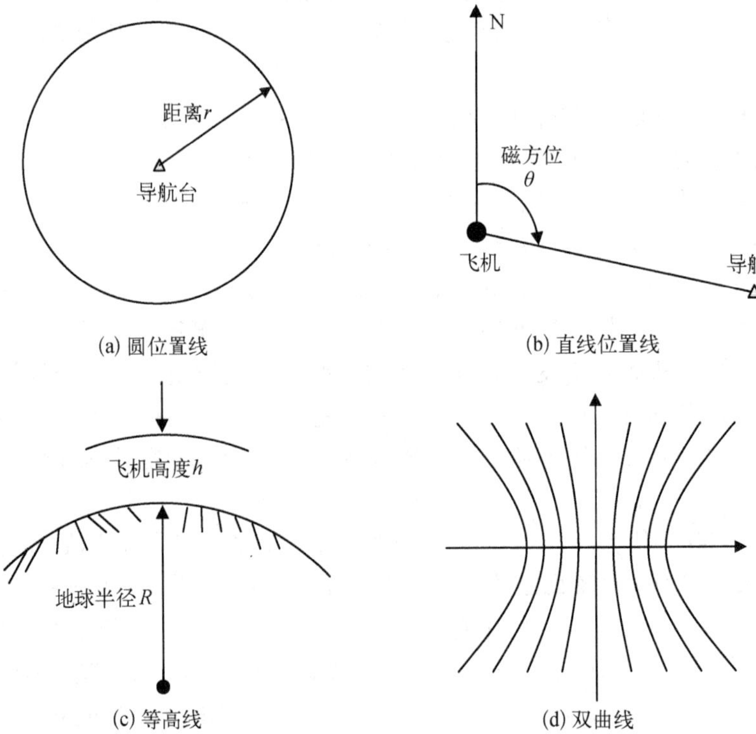

图 1-8　位置线

航空导航,严格来讲都是空间导航的问题。因此,要用位置面相交来定位,再进行换算得到飞机的地面位置。但实际上,在远距离导航中,飞机的高度同它到最近的导航台的距离相比较是很小的,作为平面导航来考虑不会引起明显的误差;即便是近距离导航,在飞机上装有数据计算机和有高度数据输入的情况下,也可以通过计算校正来测得飞机的地平面位置。

由以上讨论可知,在研究平面导航问题时,必须利用平面中的两条或两条以上的位置线相交,才能确定飞机的具体位置点。按照所利用的位置线的形状,可以把导航定位分为 $\rho-\theta$ 定位系统、$\rho-\rho$ 定位或 $\rho-\rho-\rho$ 定位系统、$\theta-\theta$ 定位系统和双曲定位系统。这里的 ρ 表示距离,θ 代表角度或方位。

(1) $\rho-\theta$ 定位系统利用测距系统的圆形位置线与测向系统的直线位置线相交的方法,可以确定接收点(飞机)的具体位置 M,这种定位方法也称为极坐标定位,参见图 1-9(a)。在实用中,利用同台安装的全向信标台和测距台即可实现上述 $\rho-\theta$ 定位。机载气象雷达也是用 $\rho-\theta$ 定位来确定危险气象目标的位置的,有的气象雷达显示器中所采用的电子束扫描方式,就是这种极坐标扫描。

(2) $\theta-\theta$ 定位系统通过测定对于两个导航台的方位,可以获得两条径向直线,从而通过这两条直线的交点 M 确定飞机的位置,如图 1-9(b)所示。

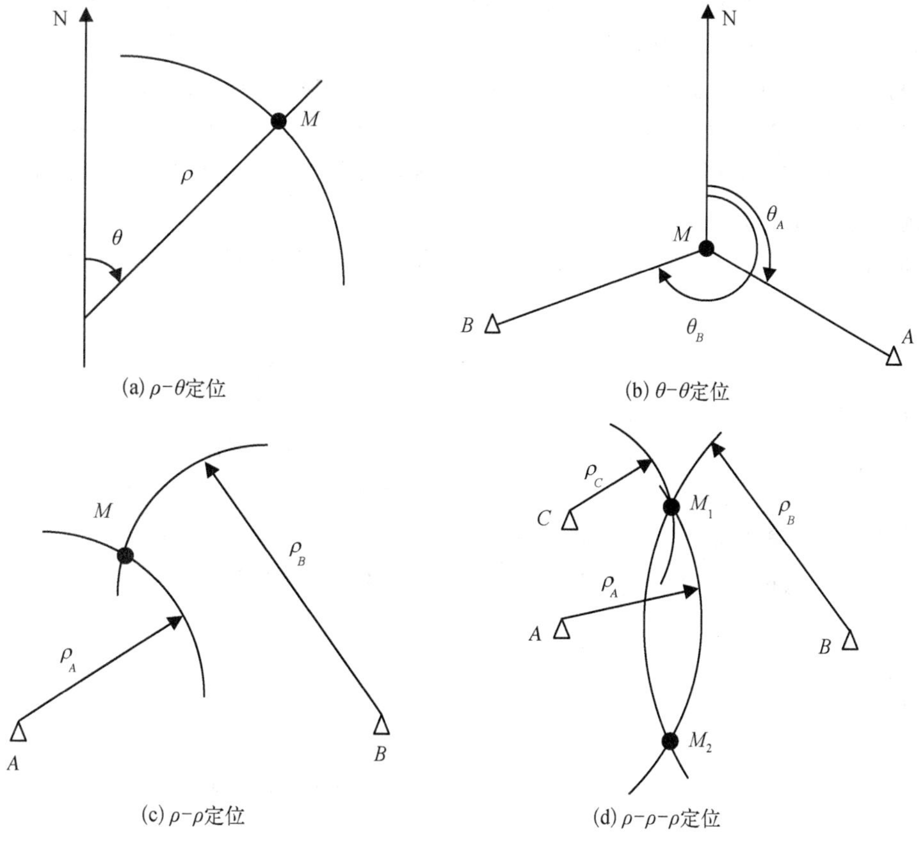

(a) $\rho-\theta$定位 (b) $\theta-\theta$定位 (c) $\rho-\rho$定位 (d) $\rho-\rho-\rho$定位

图 1-9 定位方法

(3) $\rho-\rho$ 定位系统通过测定到两个导航台的距离来获得两个圆形位置线,通过这两个圆的交点即可确定飞机的位置,见图 1-9(c)。

但两个圆可以有两个交点 M_1 和 M_2,因此在这样的系统中还需设法解决这一位置的模糊问题。如果同时测量到 3 个分离的导航台的距离而获得 3 条圆形位置线,则 3 个圆就只可能有一个公共交点 M_1 了,因而也就不再存在位置模糊问题,这就是 $\rho-\rho-\rho$ 定位系统,参见图 1-9(d)。利用 2 个或 3 个测距台,即可进行上述 $\rho-\rho$ 或 $\rho-\rho-\rho$ 定位。

(4) 双曲定位系统通过测量到一组导航台的距离差,可以得到一组双曲线;同时测量到另一组导航台的距离差,又可以得到另一组双曲线。利用这两组双曲线的交点,即可确定飞机的位置。

奥米伽导航系统既可以应用 $\rho-\rho$ 和 $\rho-\rho-\rho$ 定位方法,又可应用双曲定位方法。

4. 无线电导航基本结构

综上所述,无线电导航的本质及其过程可概括成如图 1-10 所示的结构图。这个无线电导航结构图可以说是无线电导航的"纲",因为它概括了所有无线电系统的基本内容,这些基本内容的要点如下:

(1) 一个或若干个精确地知道其地理位置的发射台及由它发射的无线电信号;

(2) 无线电信号的电参量(如振幅 A、频率 ω、相位 φ、时间 t)中的一个或多个携带着导航信息,经过电波传播到达接收机;

(3) 接收机接收和处理无线电信号,测出所需要的电参量,再根据电波传播特性,转换成相应的导航参量(如距离 R、距离差 ΔR、方位 θ、飞机高度 h 及航向、航速等);

(4) 根据得到的导航参量及精确的发射台的地理位置,就可以在地图上获得一条相对于该发射台的位置线(或位置面);

(5) 两条位置线或三个位置面相交,就可以得到飞机的平面(或空间)位置。

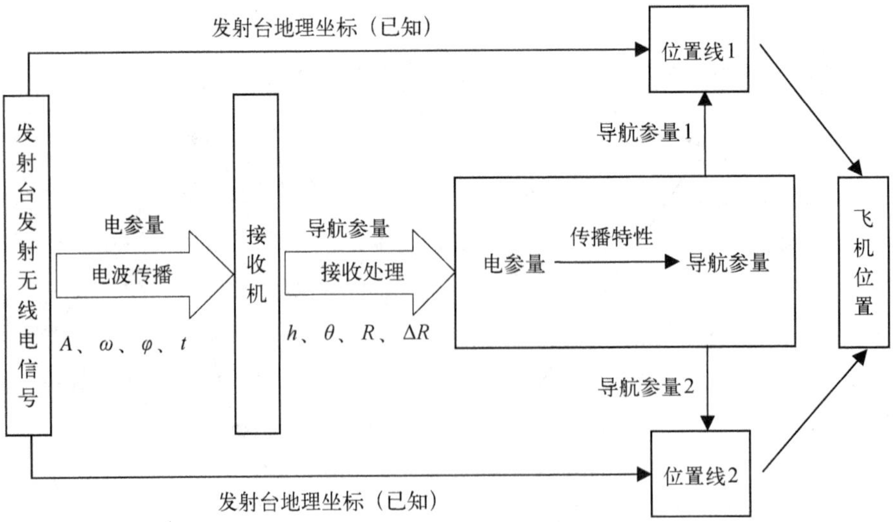

图 1-10 无线电导航结构图

从这个结构图中,不仅可以较好地理解无线电导航的基本过程,而且还可以清楚地看出各种无线电导航系统的区别之所在:几十年的无线电导航发展史,尽管形成了多种多样的无线电导航系统,但它们没有根本的区别,其区别正如图 1-10 所示,只是发射台放置的位置不同(地面上、飞机上或卫星上)、所利用的电波电参量不同(振幅 A、频率 ω、相位 φ、时间 t),以及采用位置线或位置面的形式不同(直线或平面、双曲线或双曲面、圆或球面),仅此而已。

1.2.4 区域导航介绍

空中交通史上的首批航路是沿地面台点设计的,在作出向台或背台飞行的区别和台点的频率、航路宽度、飞行高度的规定后,飞机按设计的航路飞行,管制员按该航路计划实施管制。由于当时还没有机载计算组件,飞机按逐台导航方法飞行。

随着甚高频全向信标(very high frequency omnidirectional range, VOR)/测距机(distance measuring equipment, DME)成功地运用于导航和机载计算设备,出现了区域导航(regional area navigation, RNAV)概念并得以初步应用。

RNAV 被确认为一种导航方法,即允许飞机在相关导航设施的信号覆盖范围内,或在机载自主导航设备能力限度内,或在两者配合下沿所需的航路飞行,这也正是目前陆基航行系统条件下 RNAV 航路设计的特点。虽然可依靠机载计算组件作用,在导航台的覆盖范围内设计一条比较短捷航路,但仍按地面是否有导航台来设计航路。

陆基系统的 RNAV 航路可缩短航线距离,但飞行航路仍受到地面导航台的限制。卫星导航系统的应用,从根本上解决了因地面建台困难而导致空域不能充分利用的问题。星基系统以其实时、高精度等特性使飞机在飞行过程中能够连续准确地定位。在空域允许情况下,依靠星基系统的多功能性,或与飞行管理计算机(flight management computer, FMC)的配合,飞机容易实现任意两点间的直线飞行,或者最大限度地选择一条便捷航路。一般来说,利用卫星导航,飞行航路不再受地面建台与否的限制,实现了真正意义上航路设计的任意性。因此,卫星导航技术的应用使 RNAV 充分体现了随机导航的思想。

1. 区域导航的基本概念

所谓 RNAV,就是指那些能够在一个广阔的区域内(而非限制在定点之间)提供导航能力的导航系统。显然,具有 RNAV 能力的导航系统是很多的,诸如早期的台卡系统、他备式罗兰和奥米伽导航系统、自备式多普勒和惯性导航系统等。

现代民用飞机已普遍使用以 VOR/DME 为基础的 RNAV 系统,即 VOR/DME RNAV 系统。它是一种利用 VOR 的方位角、DME 的斜距及气压高度作为基本输入信号,来计算飞机到某个航路点的航向和距离的导航和引导系统。图 1-11 为 VOR/DME RNAV 系统示意图。

2. 区域导航的基本原理

VOR/DME RNAV 的基本原理是:通过连续地测得飞机到 VOR/DME 地面信标台的方位和距离信息,从而获得飞往某个确定的航路点的航向和距离。这一基本原理可归结

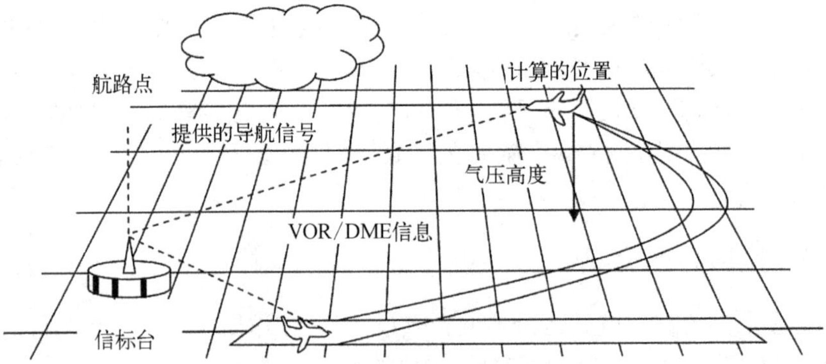

图 1－11　VOR/DME RNAV 系统

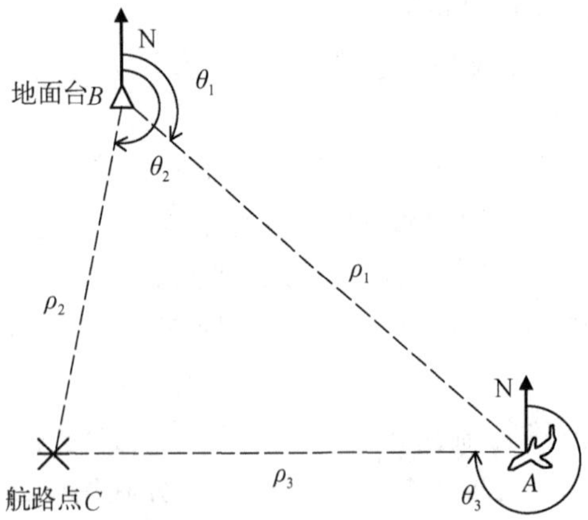

图 1－12　RNAV 三角形

为连续地求解一个 RNAV 三角形问题。参见图 1－12 所示的 RNAV 三角形，图中 A 代表飞机在地面上投影点的位置，B 是 VOR/DME 地面信标台的位置，C 为某个航路点的位置。$\triangle ABC$ 就称为 RNAV 三角形。

假定以磁北(N)方向作为角度关系的基准方向，则 RNAV 三角形的各边与角度关系如下：$AB=\rho_1$，为 VOR/DME 地面信标台与飞机之间的距离；θ_1 为从 VOR/DME 地面信标台到飞机的磁方位，即飞机方位；$BC=\rho_2$，为 VOR/DME 地面信标台与航路点之间的距离；θ_2 为从 VOR/DME 地面信标台到航路点的磁方位；$AC=\rho_3$，为飞机与航路点之间的距离；θ_3 为从飞机到航路点的磁方位。

其中，ρ_1、θ_1 可通过 VOR/DME 地面信标测得，为已知量；且对某个特定的航路点来说，ρ_2、θ_2 为确定量，可由驾驶员输入导航计算机或从导航计算机数据库中调用。这样，RNAV 三角形的两边(ρ_1、ρ_2)及其夹角($\theta_2-\theta_1$)为已知，故可求得 ρ_3 和 θ_3，即飞机到航路点的距离和磁方位(航迹角)。

RNAV 三角形可用模拟方法来求解。为此，可将它画成如图 1－13 所示的矢量三角形。把 RNAV 三角形的每个元素用一个矢量来表示，矢量的大小和方向分别代表距离和角度。例如，可用正弦波或者矩形波的振幅和相位来分别代表距离(ρ_1、ρ_2)和角度(θ_1、θ_2)。

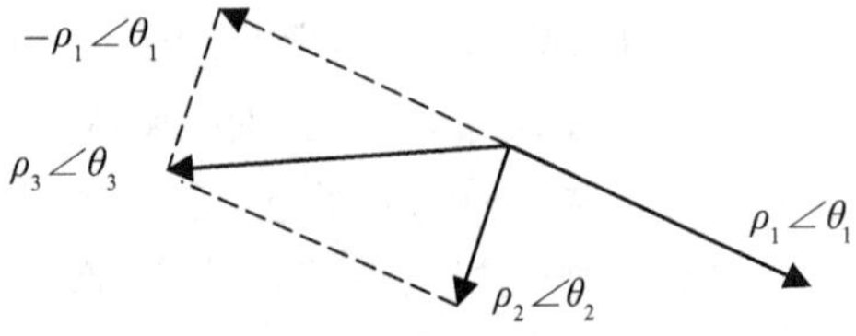

图 1－13　RNAV 三角形的矢量解

由图 1－13 所示的 RNAV 三角形的矢量解中可见，矢量 $\rho_3\angle\theta_3$ 为两个矢量 $-\rho_1\angle\theta_1$ 和 $\rho_2\angle\theta_2$ 之和，即

$$\rho_3\angle\theta_3=\rho_2\angle\theta_2-\rho_1\angle\theta_1 \tag{1-1}$$

式中,负号表示 $\rho_2\angle\theta_2$ 与 $\rho_1\angle\theta_1$ 的矢量差;$-\theta_1$ 表示飞机到 VOR/DME 地面信标台的方位,即电台方位。

实际上,现代民用飞机的 RNAV 系统均利用计算机来求解 RNAV 三角形。为此,先要将 RNAV 三角形表示在直角坐标系内,然后再根据直角坐标与极坐标的关系写出 ρ_3、θ_3 的表达式,并将解 RNAV 三角形的有关公式编成程序,连同三角函数数值表均存储在导航计算机的只读存储器(read only memory, ROM)中备用。

图 1－14 中表示直角坐标与极坐标的关系,即

$$\begin{cases} x = \rho\sin\theta \\ y = \rho\cos\theta \\ \rho^2 = x^2 + y^2 \\ \theta = \arctan\dfrac{x}{y} \end{cases} \tag{1-2}$$

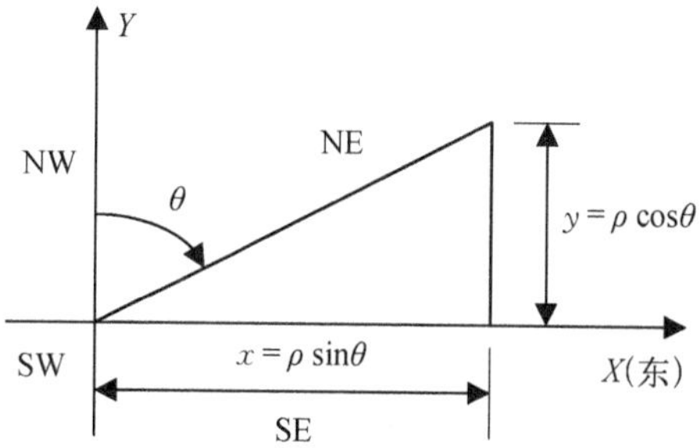

图 1－14　直角坐标(x、y)和极坐标(ρ、θ)的关系

因此:

$$\begin{cases} \rho_3 = \sqrt{(x_2 - x_1)^2 + (y_2 - y_1)^2} \\ \theta_3 = \arctan\dfrac{y_2 - y_1}{x_2 - x_1} \end{cases} \tag{1-3}$$

式中,

$$\begin{cases} x_k = \rho_k\sin\theta_k \\ y_k = \rho_k\cos\theta_k \end{cases},\ k = 1,\ 2 \tag{1-4}$$

θ_3 可能出现多种取值:

(1) $(y_2-y_1)/(x_2-x_1)>0$,则 θ_3 在第一、三象限或东北(NE)、西南(SW)象限内;

(2) $(y_2-y_1)/(x_2-x_1)<0$,则 θ_3 在第二、四象限或西北(NW)、东南(SE)象限内;

(3) $y_2-y_1=0$,则 $\theta_3=0°$、$180°$;

(4) $x_2-x_1=0$,则 $\theta_3=90°$、$270°$。

由此可见,计算出现了多值性,但应指出,由于 θ_3 的计算是连续进行的,每次只变化一个很小的增量,所以不会引起多值性问题。

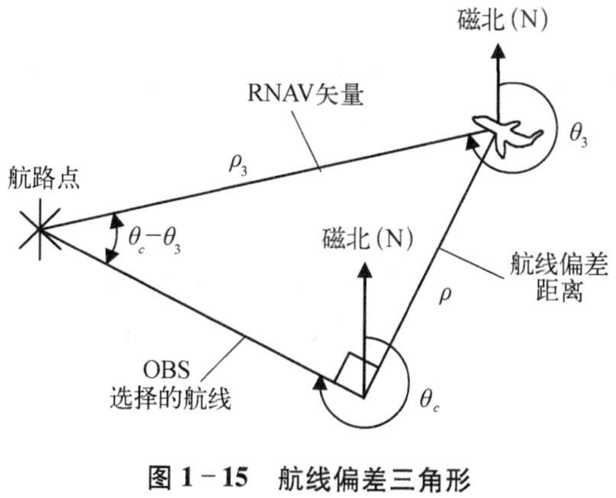

图 1－15　航线偏差三角形

利用 RNAV 系统进行导航时,往往还需要计算航线偏差,这是需要解图 1－15 所示的航线偏差三角形。

航线偏差通常以距离而不是以角度给出,这是因为驾驶员总想知道的是究竟飞

机偏离预定航线有多远。在航线偏差三角形中,由于其中一边(ρ_3)和所有角度均为已知量,故可用余弦定理求得航线偏差距离 ρ:

$$\frac{\rho_3}{\sin 90°} = \frac{\rho}{\sin(\theta_c - \theta_3)} \tag{1-5}$$

得

$$\rho = \rho_3 \sin(\theta_c - \theta_3) \tag{1-6}$$

如果 ρ 为负值,那么飞机向左偏离预定航线。例如,在图 1-15 中,若:

$$\theta_3 = 270°, \quad \theta_c = 306.87°, \quad \rho_3 = 50 \text{ n mile} \tag{1-7}$$

那么:

$$\rho = 50\sin(306.87° - 270°) = 50\sin 36.87° = 30 \text{ n mile} \tag{1-8}$$

若:

$$\theta_3 = 306.87°, \quad \theta_c = 270° \tag{1-9}$$

那么:

$$\rho = 50\sin(270° - 306.87°) = 50\sin(-36.87°) = -30 \text{ n mile} \tag{1-10}$$

即表示飞机向左偏离航线 30 n mile。

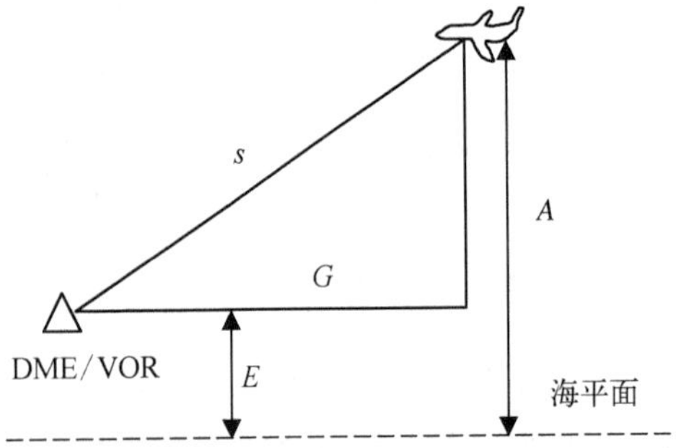

图 1-16 斜距三角形

对于精确导航来说,上述的 RNAV 三角形必须是在水平面内的投影。遗憾的是,飞机到 DME 地面信标台的距离是按斜距给出的。为了得到水平距离,必须解图 1-16 所示的斜距三角形。信标海拔高度必须从飞行数据存储组件、自动数据输入组件或通过键盘馈送进入设备,而飞机高度可从编码高度计算得到。

由图 1-16 可知:

$$G = \sqrt{s^2 - (A - E)^2} \tag{1-11}$$

式中,G 为水平距离;s 为飞机到地面信标台的斜距;A 是飞机的海拔;E 是信标台天线的海拔。

3. 区域导航系统方框图

图 1-17 为典型的 RNAV 系统框图,它由导航计算机、VOR 接收机、DME 询问器、中央大气数据计算机、显示控制单元、导航显示器和自动驾驶仪侧滚通道所组成。导航计算机是 RNAV 系统的核心,其基本任务是接收导航传感器送来的导航信息,包括来自 VOR 接收机的方位和 DME 询问器的斜距,以及来自中央大气数据计算机的气压高度;并按预编的程序连续地求解 RNAV 三角形,得到飞往某个航路点的轨迹,包括距离和磁方位。

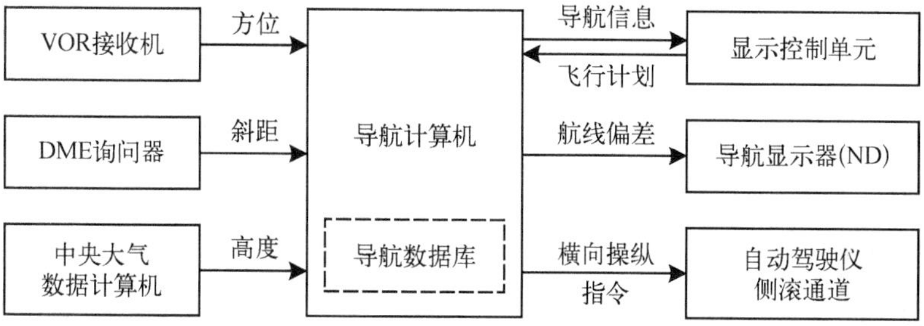

图 1-17 典型的 RNAV 系统框图

导航数据库或是存储在导航计算机内,或是在外部存储器中,它包括:实现 RNAV 导航所需要的城市之间的航线、导航设备(VOR/DME 信标)及航路点的全部信息。每个航路点的参数包括:经度和纬度、高度、导航设备的频率、航路点到 VOR/DME 地面信标台的距离和磁方位。

控制显示组件的作用是:将有关信息(如飞行计划装入信息)输入导航计算机;显示导航信息。在某些 RNAV 系统中,导航计算机还可给导航显示器(navigation display, ND)发送航线偏差信号,同时向自动驾驶仪发送横向操纵指令。

1.2.5 无线电导航系统的基本指标

一般来说,航空无线电导航应完成以下基本任务:

(1) 引导飞机沿预定航线飞行;

(2) 能随时给飞行员提供准确的位置指示,如航向、高度、方位、距离或经纬度;

(3) 引导飞机安全起飞、复飞、进近、着陆、滑行;

(4) 对机场区域和航路上的飞机实施空中交通管制。

民用航空一般只要求沿着已经建立起来的航线,"点"到"点"的导航;在远距离越洋或沙漠航线上飞行的飞机,因为没有地面设备,要求有自备式导航系统,或远程、超远程导航系统;在着陆阶段,要求有进近和着陆引导系统。

所采用的导航系统和设备应有以下特点:

(1) 保证航行计划安全、有效地执行;

(2) 购买、安装导航设备的起始成本和维护成本要低;

(3) 导航设备的可靠性、可维修性要好;

(4) 操作使用简单,以减少机组人员。

不同的航空无线电系统和设备,由于所赋予它的任务和用途不同,对它提出的战术、技术指标也不会一样,但是有些基本指标则是共同的。通常,航空无线电导航系统和设备的基本指标有:可靠性和可维修性、再现性和可预测性、准确度、作用距离、工作容量、隐蔽性和抗干扰性等。

1. 可靠性和可维修性

1) 可靠性

可靠性是指系统和设备在规定条件下和规定时间内,完成规定功能的能力。

可靠性的度量通常用下面三个量。

(1) 可靠度：一个系统或设备，用于规定的条件时，在规定的时间内无故障地工作的概率。

(2) 平均故障间隔(mean time between failure, MTBF)：系统或设备在长期的工作中(严格地说，在无限长时间内)，所有两次相邻故障间隔的平均。

(3) 停机时间：系统和设备在一个给定的工作时间内，不能工作的时间。该参数通常用百分数表示，例如，一个系统在 2 000 h 的工作时间内若中断 30 min，那么它的停机时间就是 $30/(2\,000\times60)=0.025\%$。

2）可维修性

可维修性是指系统或设备按预先规定的程序和方法进行维护和修理时，在一定的时间内，使之满足规定的技术指标、正常工作的概率。

根据这个定义可知，修复时间是可维修性的最重要的因素。可维修性的度量通常用平均维修时间(mean time to repair, MTTR)，它是系统或设备在长期工作中，对各次发生的故障进行修复所需的时间的平均值。

人们常常把可靠性和可维修性联合起来考虑，这时，最常用到的一个指标就是稳态可利用性 A，它的含义是系统长期工作时，在工作期间内任意时刻上正常工作的概率。在数学上，A 的定义如下：

$$A=\frac{\mathrm{MTBF}}{\mathrm{MTBF}+\mathrm{MTTR}} \tag{1-12}$$

2. 再现性和可预测性

再现性是指系统再现一个位置的能力。换句话说，对于地球表面或空间的一个给定位置，系统可以得到它确定的导航坐标参考值；在另一时刻，该系统得到同样的导航坐标参量值时，计算得到的位置与给定位置的接近程度。这个指标在实际导航工作中是很有用的，它与系统精度有关，但不同于系统精度。

可预测性是指指定位置的地理坐标与预定的导航参量坐标之间的符合程度。可预测性与下列条件有关：

(1) 大气、电离层条件及信号传播特性的预测；

(2) 发射台位置的大地测量精度，发射台天线位置的很小偏移都会引起工作区内位置预测的很大误差；

(3) 大地测量方法及地球球体等效；

(4) 坐标变换及其所用数学的严密性。

3. 准确度

无线电导航系统的准确度是指在规定的使用条件下，导航参量误差不超过给定值的能力。这里的误差是指不可校准的随机误差，完整的准确度的含义应该包括两个不可分割的内容：一个是给定的误差范围，即误差的数量上的大小；另一个是系统获得的导航参量落在这个范围的能力，通常用概率表示。

4. 作用距离

作用距离是指在保证导航系统的准确度的前提下,飞机和无线电导航台间的最大距离。很多无线电导航系统的准确度与方向有关,为了完整地反映最大作用距离对方向的依赖性,常用工作区的概念。工作区内,最大作用距离的方向,称为无线电导航系统的主方向。

5. 工作容量

工作容量是指一个导航系统同时可供多少飞机(或舰船)使用。这个指标是指那些有源用户,它们要发射信号,与地面导航台进行"询问"和"应答"。而对于那些无源用户,只接收导航台发射的信号进行导航,则工作容量是无限的。

6. 隐蔽性和抗干扰性

隐蔽性是指无线电导航系统工作时不被敌人发现的可能性。对系统的地面设备来说,要隐蔽在山洞;对系统的机上设备来说,最好是无源的,不发射信号。另外,隐蔽性还包括导航系统传输的信息要保密,为此,通常采用复杂的编码。

抗干扰性是指在有人为干扰和天然干扰时,无线电导航系统保持给定性能指标的能力。它是实用中一个重要指标,特别是在军事航空导航中,更是如此。因此,在设计和使用无线电导航系统时,必须要采取技术上和管理上的措施。

1.3 无线电导航系统简介

1.3.1 无线电导航系统的分类

1. 自备式和他备式系统

从机载设备能否独立实现系统功能的角度上划分,可将无线电导航系统分为自备式和他备式系统。有的飞机无线电系统不需要依赖于任何地面设备,便可实现系统的既定功能,这样的系统称为自备式(自主式)系统,如无线电高度表、气象雷达和多普勒导航系统;相应的,那些需要和地面设施配合才能实现系统的既定功能的叫他备式导航系统,如测距机、应答机、定向机、全向信标等。

2. 按功能分类

按系统实现的功能划分为:导航定位、环境监测、着陆引导,例如,全向信标、自动定向机、测距机、无线电高度表等用来导航定位;近地警告系统、机载防撞系统、气象雷达系统用于环境监测;仪表着陆系统、指点信标系统等用于着陆引导。当然,这样划分也并不是非常全面。

3. 按导航参量分类

按照导航参量,可以划分为:测距、测向、测角系统等。例如,无线电高度表和测距机是测量距离;全向信标是测角系统;自动定向机是测角系统。

1.3.2 无线电导航系统介绍

1. 自动定向机

自动定向机(automatic direction finder, ADF)又称无线电罗盘,自1920年开始得到应用。它的功用是测量地面导航台相对于飞机纵轴的方位，以引导飞机向台飞行或背台飞行。它是依靠机上环形天线的方向特性来测定电台方位。ADF 工作频率是 190~1 750 kHz，在这个波段，不仅设置有专供导航的无方向导航信标，还有大量的大功率广播电台可供利用。

2. 甚高频全向信标

甚高频全向信标（VOR）是一种用于航空的无线电导航系统，其工作频段为 108.00~117.95 MHz 的甚高频段，故此得名。VOR 发射机发送的信号有两个：一个是相位固定的基准信号；另一个信号的相位随着围绕信标台的圆周角度是连续变化的，也就是说各个角度发射的信号的相位都是不同的。向 360°（指向磁北极）发射的信号与基准信号是同相的（相位差为 0°），而向 180°（指向磁南极）发射的信号与基准信号相位差 180°。飞行器上的 VOR 接收机根据所收到的两个信号的相位差就可以计算出自身处于信标台向哪一个角度发射的信号上。VOR 通常与测距仪（DME）同址安装，在提供给飞行器方向信息的同时，还能提供飞行器到导航台的距离信息，这样飞行器的位置就可以唯一确定下来。

3. 仪表着陆系统

仪表着陆系统（instrument landing system, ILS）用于引导飞机沿正确的航向和下滑线着陆，是保证飞机安全着陆的重要设备，尤其是在夜间和不良气象条件下，仪表着陆系统显得更为重要。由于仪表着陆系统能在能见度很差的情况下引导飞机安全着陆，因此也可称为盲目着陆设备。

仪表着陆系统由航向信标系统、下滑信标系统和指点信标系统三部分组成。航向系统利用 90 Hz 和 150 Hz 调幅的甚高频信号，产生一个垂直于跑道平面并通过跑道中心线的航向引导平面；下滑系统则利用 90 Hz 和 150 Hz 调幅的甚高频信号，产生一个与跑道平面成 2°~4°夹角的下滑引导平面，这两个引导平面相交，即可得到一条航向下滑线。飞机由仪表着陆系统引导沿此下滑线进近，即可安全着陆。指点信标系统是由三个或两个准确装在跑道中心线延长线上的地面指点信标台及相应的机载信标接收机组成的。利用指点信标系统可引导飞机对准跑道中心线，检查飞机通过信标台时的高度和速度是否适当，以及飞机距跑道的距离。

航向系统的工作频率是 108.1~111.95 MHz 内小数十分位为奇数的频率，共有 40 个波道，波道间隔为 50 kHz。下滑系统频率为 329.15~335.0 MHz，也有 40 个波道，波道间隔为 150 kHz，下滑系统波道和航向系统波道按一定规律配对。指点信标工作于固定的 75 MHz。

4. 无线电高度表

无线电高度表（radio altimeter, RA）是测量飞机到地面垂直距离的机载无线电设备，是重要的飞行器仪表之一，由发射、接收装置和显示器组成。飞机向地面发射无线电波，经地面反射后被飞机接收机接收，无线电波经历两倍飞行高度 H 的行程所用的时间等于两倍飞行高度被电波传播速度所除的商值。电波传播的速度为恒值，只要测出这段时间便可求出飞行高度。无线电高度表按工作方式分为调频式和脉冲式两种。① 调频式无线电高度表：从飞机上向地面发射三角波调制的连续调频波，经地面反射后被接收机接收。把接收到的调频波和从发射机耦合过来的发射波进行混频，输出的差频与飞行高度有关。用频率计数器测出差频，通过换算即得到离地高度。这种高度表以连续波方式工作，必须采用2个天线（分别作为发射天线和接收天线）。② 脉冲式无线电高度表：它的工作方式与脉冲雷达测量距离的工作方式完全相同。新型脉冲式无线电高度表发射的脉冲宽度可自动调整，无论在低高度或高高度均可作精确测量。

5. 测距机

测距机（DME）系统是一种能够测量由询问器到某个固定应答器距离的二次雷达系统。DME系统是询问-回答式脉冲测距系统，用来测量飞机到所选地面台的斜距。它工作在L波段，询问频率为1 025~1 150 MHz，应答频率为962~1 213 MHz，民用测距机共有200个频道。测距机的频道是与全向信标和仪表着陆系统的频道配套选择的，在用甚高频导航控制盒选定了甚高频导航（全向信标或仪表着陆）频率后，即确定了与之配对的测距机工作频率。在甚高频导航控制盒上设置有测距机的方式控制开关与自检开关。

6. 全球导航卫星系统

全球导航卫星系统（GNSS），又称全球卫星导航系统，是能在地球表面或近地空间的任何地点为用户提供全天候的三维坐标、速度及时间信息的空基无线电导航定位系统，其包括一个或多个卫星星座及其支持特定工作所需的增强系统。

全球卫星导航系统国际委员会公布的全球4大卫星导航系统供应商，包括我国的北斗卫星导航系统（BDS）、美国的全球定位系统（GPS）、俄罗斯的格洛纳斯（GLONASS）卫星导航系统和欧盟的伽利略（GALILEO）卫星导航系统。其中，GPS是世界上第一个建立并用于导航定位的全球系统，GLONASS经历快速复苏后已成为全球第二大卫星导航系统，两者正处于现代化的更新进程中；GALILEO是第一个完全民用的卫星导航系统，正在试验阶段；BDS是我国自主建设运行的全球卫星导航系统，为全球用户提供全天候、全天时、高精度的定位、导航和授时服务。

1.3.3 无线电导航系统与其他机载电子系统的关系

实际上，飞机上的机载电子系统既相互独立又相互协调工作，飞机无线电导航系统是飞机电子系统的传感子系统，为飞行管理系统提供导航定位数据，同时也为飞机上其他的电子系统提供相关数据，使各系统协调工作，使飞机按照计划从一地安全、经济地飞向另一地。

1.4 无线电信号频段划分和传播特性

在真空中，所有的无线电信号，不管它的频率是多少，都以光速直线传播。但是，在地球周围的空间，并不是真空，有大气和电离层。无线电信号在这样的介质中传播，其传播特性则与其频率有着密切的关系。本节将介绍无线电频段的划分，接着介绍无线电导航信号所占用的频谱，最后介绍航空无线电导航所感兴趣的若干传播特性。

1.4.1 无线电频段的划分

无线电频率,一般认为是从 3 kHz 到 300 GHz。这个范围的频谱,通常又分为如表 1-1 所列的几个频段。

表 1-1 无线电频段的划分

名称	英文全称及简称	频率	波长
甚低频	very low frequency, VLF	3~30 kHz	100~10 km
低频	low frequency, LF	30~300 kHz	10~1 km
中频	medium frequency, MF	300 kHz~3 MHz	1 km~100 m
高频	high frequency, HF	3~30 MHz	100~10 m
甚高频	very high frequency, VHF	30~300 MHz	10~1 m
超高频	ultra-high frequency, UHF	300 MHz~3 GHz	1 m~10 cm
特高频	super high frequency, SHF	3~30 GHz	10~1 cm
极高频	extremely high frequency, EHF	30~300 GHz	1 cm~1 mm

在较高的频段上,也经常使用如表 1-2 所示的划分频段的方法。虽然这种划分不具有法定的地位,但它们往往与标准的波导尺寸有关,因此也得到较为广泛的应用。

表 1-2 微波波段划分

字母代号	频率范围/GHz	字母代号	频率范围/GHz
L	1.00~1.88	X	8.20~12.40
L_S	1.50~2.80	K_u^*	12.40~18.00
S	2.35~4.175	K	16.00~28.00
C	3.60~7.45	K_a	26.00~40.00
X_b	6.00~10.65	Q	33.00~50.00

* 表示包括了 13.3 GHz 附近的 K_e 波段。

1.4.2 无线电导航系统占用的无线电频谱

无线电导航所占用的频谱是很宽的,如果包括用于导航的雷达系统,它几乎占用了上述所有频段。主要无线电导航系统在无线电频谱上的分布如图 1-18 所示。

1.4.3 无线电信号的传播特性

1. 无线电波传播的基本规律

人们对于自然界中可见光的传播规律是比较熟悉的。尽管无线电波的波长比光波长,但它们都是电磁波,因而具有许多相同的传播规律。

图 1-18 主要无线电导航系统占用频谱的分布

WWV：美国科罗拉多州的 WWV 短波时间台；WWVH：夏威夷的 WWVH 短波时间台；LOC：航向信标系统(localizer)；MB：指点信标(marker beacon)；G/S：下滑信标(glide slope)；LRA：低高度无线电高度表(low range radio altimeter)；WXR：气象雷达系统(weather radar system)

1）在均匀媒质中的传播

无线电波在均匀媒质中是以恒定的速度沿直线传播的。甚高频通信信号、甚高频导航信号、测距信号、空中交通管制应答信号等，都可以认为是沿直线在收发天线之间传播的。

2）在不均匀媒质中的传播

当无线电波通过不均匀的媒质——相对介电系数 ε_r 和相对磁导率 μ_r 不等的两种或两种以上的媒质时，电波的传播速度不仅会发生变化，而且其传播方向也会发生变化，产生反射、折射、绕射及散射现象，以下利用与光的传播相对比的方法，分别说明这几种电波方向变化现象的规律及原因。

(1) 反射。

光线遇到镜面会被反射。电波经过不同媒质的交界面时，也会产生反射现象。尤其是当电波遇到相对介电系数 ε_r 很大的金属或其他导电体时，电波的能量几乎全部被分界面所反射。

当反射面是平面且远大于电波波长时，电波的反射遵循光的反射规律——反射线与入射线及反射点处的法线处于同一平面内，且反射角等于入射角，如图 1-19 所示。

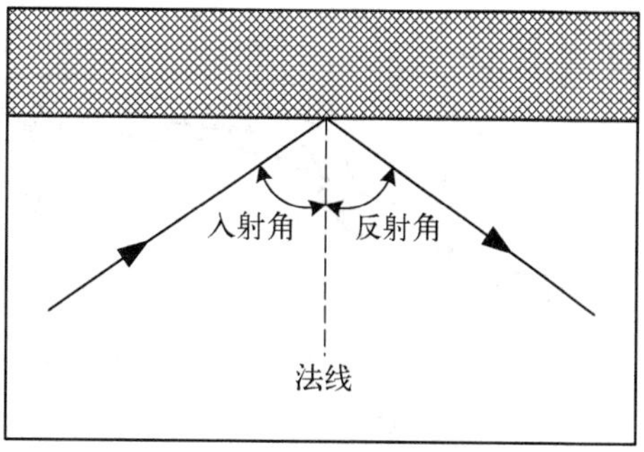

图 1-19 入射角与反射角

(2) 折射。

观察一根插入玻璃杯中的筷子，可以发现筷子在水中“变弯了”，这是由于光线由空气进入水中时产生折射而造成的现象。电波由一种媒质进入另一种媒质时，除了在交界面上产生反射以外，通常也会产生折射现象，如图 1-20(a) 所示。产生折射的原因如下：在两种介电系数不等的媒质中，电波的传播速度不同，经过交界面后波阵面发生偏转，从而改变了传播方向。这就如同当行进中的纵队一侧的人放慢速度时，队伍会向该侧偏转一样。

如图1-20(b)所示,设电波由相对介电系数较小的媒质进入介电系数较大的媒质,当波阵面 AB 左侧先经过交界面进入媒质2时,左侧的速度减小,而右侧仍在媒质1中速度不变,于是整个波阵面向速度较慢的左侧偏转。当整个波阵面都进入媒质2时,左右两侧的速度相等,传播方向不再改变。

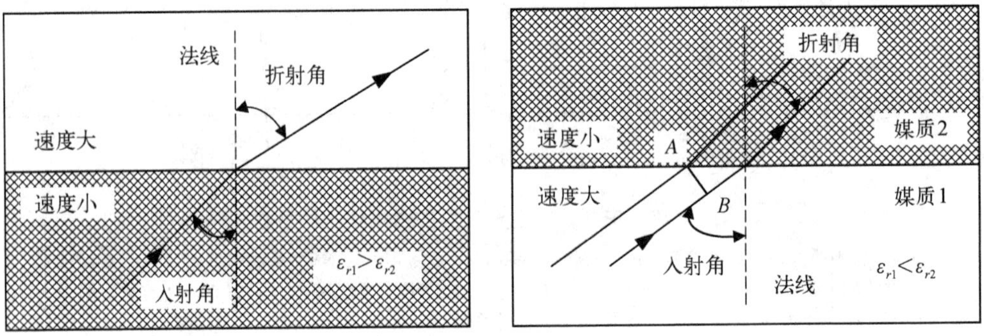

(a) $\varepsilon_{r1}>\varepsilon_{r2}$时的情形　　(b) $\varepsilon_{r1}<\varepsilon_{r2}$时的情形

图1-20　电波的折射

从以上分析可知,电波通过两种媒质的交界面时,其折射方向总是向着相对介电系数 ε_r 较大的媒质的法线方向偏折的。短波在进入大气层中的电离层时,就会发生这种折射现象。

(3) 绕射。

任何波通过障碍物时,都可能发生绕射现象。电波遇到某些障碍物时,同样能绕过障碍物继续向前传播,这种现象称为绕射。由于电波具有绕射特性,所以能够沿着起伏不平的地球表面传播,如图1-21所示。电波的绕射能力与波长有关。波长越长,绕射能力越强。

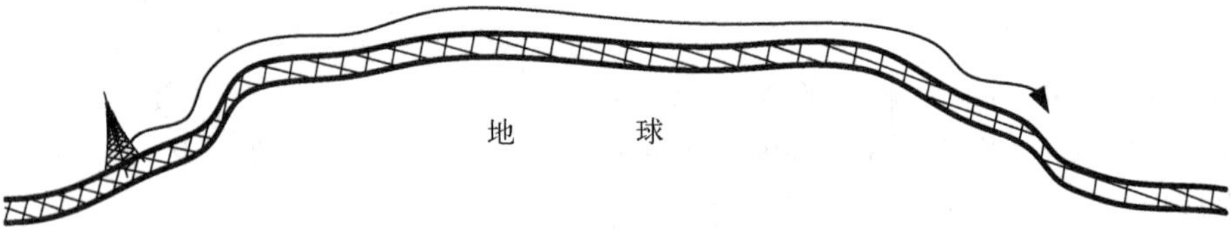

图1-21　电波绕过起伏的地面

(4) 散射。

观众可以看到放映机发出的光束,这是空气中的微尘引起光波散射的结果。电波在大气中的传播,有时也会产生散射。大气中的其他物质微粒(如水滴、尘土或其他物体)及不均匀的气团均可在电波的作用下激起电流,成为新的波源,散射就是这些新波源向各个方向辐射的结果。一般讲,甚高频电波的散射现象比较显著。

3) 电波传播过程中能量的变化

电波在传播过程中,由于扩散及媒质吸收两方面因素,会使电波的能量逐渐减小。如前所述,即使在真空中传播时,由于电波的扩散,波源形成的球面波的能量也是与距离的平方成反比地减小的。

实际上，电波总是在一定的媒质中传播的。在电波的作用下，媒质中的带电微粒随电场交变而往复运动，同其他微粒相互碰撞而发热，吸收电波的能量。一般说来，媒质的导电性能越好，电波的频率越高，媒质对电波能量的吸收就越多，电波能量衰减得越快。

4）导体与电波传播

电波只能在绝缘体中传播而不能穿过导体。电波是不能在导体中存在的，这是因为如果导体内部存在电场，会立即引起极大的感应电流，从而形成与原电场方向相反、大小相等的反电场，使合成电场为零——即导体内部不可能存在交变电场。同理，如果导体内部存在磁场，也会引起涡流而产生与原磁场大小相等、方向相反的反磁场，从而使合成磁场为零——即导体内部不可能存在交变磁场。因此，电波射向导体时全部被反射，这就是在分析波导原理时所说明的边界条件。

从一些维修技术资料中可以看到，对用于刷涂（或喷涂）雷达罩（机鼻罩）或其他天线密封盖及天线本身的油漆种类有着严格的规定，其主要依据之一就是不同类型的油漆对电磁波的传播有不同的影响。应遵守这些规定，否则会影响整个系统的性能。例如，如果误用具有一定导电性的金属磁漆涂刷雷达天线罩，则就会严重衰减雷达信号而降低雷达的作用距离。至于用金属或金属网来制成屏蔽电磁波的屏蔽室，则是对上述规律最直接的应用。不难理解，金属导电性越好，对电波的屏蔽效果就越佳，所以一些屏蔽罩的表面也是镀银的，并且屏蔽导体必须良好接地。

2. 电波的传播方式与各波段电波的传播特点

不同频率的无线电波在大气中传播时，由于本身的传播规律及地面和大气层的不同影响，形成了不同的传播方式，不同波段的电波的传播特点各有不同。

1）传播方式

（1）天波。

电波由发射天线向空中辐射，遇到电离层后反射到接收点，这种传播方式称为天波传播，如图1－22(a)所示。短波主要利用天波传播。

（2）地波。

电波沿地球表面传播到接收点，称为地波，或称表面波，见图1－22(b)。中波主要利用地波传播。

（3）空间波。

空间波包括直达波和地面反射波。电波沿视线直接传播到接收点，称为直达波；经地面反射后到达接收点的电波，称为地面反射波，见图1－22(c)。

超短波是利用空间波来传播的，利用空间波的传播称为视距传播。

（4）散射波。

电波利用电离层或对流层的不均匀性而散射传播到接收点，称为散射传播，见图1－22(d)。

2）各波段电波的传播特点

（1）超长波和长波的传播特点。

超长波和长波的绕射能力很强，地面的吸收很小，所以地波传播距离远；同时，长波和

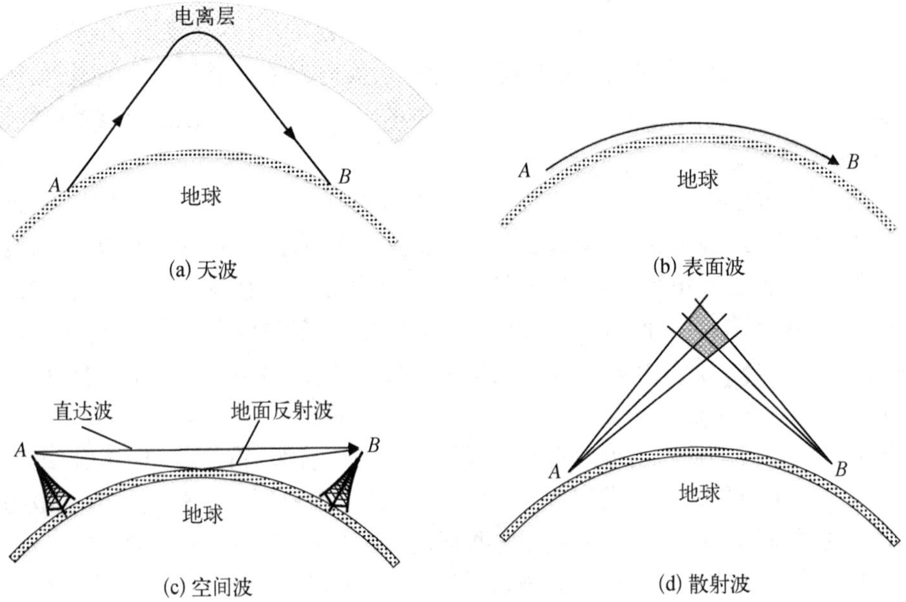

图 1－22　无线电波的传播方式

超长波可以有效地被电离层反射，电离层的吸收也很小。利用电离层和地面对电波的多次反射，可使电波传播到很远的地方。因此，超长波和长波的传播方式以表面波和天波为主。

超长波和长波的传播特点是传播稳定、传播距离远。由于波段很窄，故不能容纳大量的电台。这两个波段的天波干扰最大，超长波还可深入水下一定的距离，因此可供潜艇导航使用。奥米伽导航系统就是利用超长波（甚低频）信号传播距离远这一特点来实现全球导航的。

（2）中波的传播特点。

地面对中波的吸收比长波大，所以中波的地波比长波的传播距离近。

白天，中波能穿透电离层 D 层，并深入电离层 E 层后才被反射，吸收较大，因此在白天，中波不能用来有效地传播信号。夜间，D 层消失，E 层电子密度也减小，电离层对天波的吸收大为减少，因此在夜间，中波的天波可以比地波传播得更远。

中波的传播方式以地波为主。中波的地波与超长波一样，也具有稳定可靠的特点。无线电罗盘工作于中波波段。

（3）短波的传播特点。

短波传播以天波为主。电离层对短波的吸收比对中波、长波的吸收都小，因此短波可利用天波传播很远的距离；而地面对短波的吸收比对中波、长波大，故地波传播距离近。

短波利用电离层的反射来传播，受电离层变化的影响特别明显，因而导致传播的不稳定，产生衰落现象。所谓衰落现象，是指所接收的信号强度时起时落的不规则现象。

电波可能是经两个或两个以上的途径到达接收点的，而反射这些电波的电离层本身经常变化，因此两路电波的相对相位变化不定，造成了合成电波的时强时弱，见图1－23。

短波的传播有时会出现静区，如图1－24所示。发射点A发出的地波传播距离近，只能到达图1－24中的B点，而由A点发出的天波，又只能到达比C点更远的地区，这样在地波到达不了、天波又越过了的区域BC就接收不到信号，形成了静区。天波虽然具有不够稳定的特点，但使用中小功率的电台可利用天波传播较远的距离，所以在航空通信方面获得了广泛的应用。

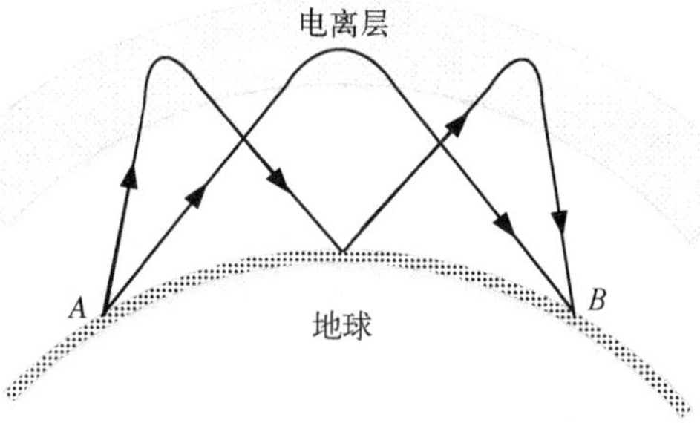

图1－23 衰落的形式

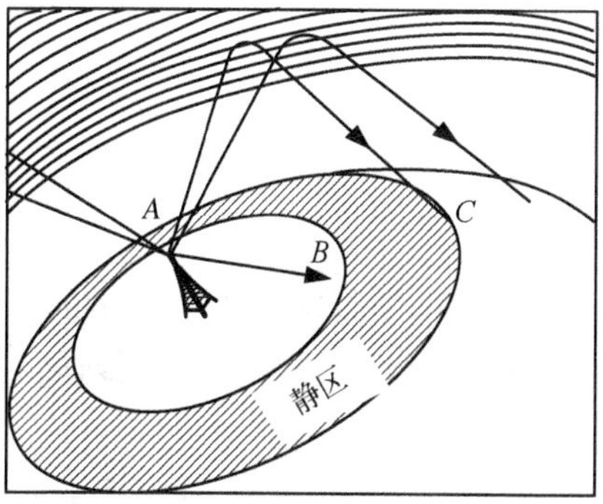

图1－24 静区的形成

(4) 超短波的传播特点。

超短波的频率很高，因而其地波衰减很快，天波又一般都会穿过电离层而不能被折射回地面，所以超短波的天波与地波都不能有效地传播，只能以空间波方式传播。

超短波受天电干扰较小；直线传播方式的保密性也较好。甚高频通信与甚高频导航系统的信号就是以直达波的方式在地面设备与机载设备之间传播的。

第2章 机载数据总线

2.1 ARINC429 总线介绍

机载电子系统需要将大量的信息在系统之间及系统和系统模块之间进行传输，而系统中采用数字信号进行信息传送，不仅可以增加数据的精度，并且可以减轻系统的重量和降低维护成本。

命名为“MARK 33 数字信息传输系统”（MARK 33 digital information transfer system, MARK 33DITS）的 ARINC429 规范，建立了航空电子系统组件之间进行数字信息传输的工业标准。ARINC 规范是由航空无线电公司（Aeronautical Radio Incorporated, ARINC）出版的一套规范。航空无线电公司的股东包括美国的大部分航空公司、飞机制造厂商、机场公司和一些其他国家的航空公司。

ARINC429 总线数据采用串行差分方式传输，传输距离较远，抗共模干扰强，而且数据丰富、精度高，技术简单且成本较低，也不会将一个分系统的错误传到另一个分系统，目前大多数民用飞机上数字信息的传输都采用此标准。

2.1.1 ARINC429 特性

ARINC429 采用单向串行总线设计，是为在航空电子设备之间传输数字信息而制定的点对点传输协议。收发器总是传送 32 位的数据字或者空状态。信息传输分为高速和低速两种，高速为 100 kb/s，即每位 10 μs；低速为 12.5 kb/s，即每位 80 μs。接收和发送是相互独立的。通信介质采用的是双绞屏蔽线，以串行方式单向传输数字数据信息，这里的单向传输是指总线上只允许有一个发送器，但可以有多个接收器，最多允许有 20 个接收器。信息只能从通信设备的发送口输出，经传输总线传至与它相连的需要该信息的其他设备的接收口，信息不能倒流至发送端。在需要两个通信设备间双向传输时，则在每个方向各用一根独立的传输总线，按开环进行传输，也就是不要求接收器通知发送源已收到信息。

2.1.2 ARINC429 信号特征

ARINC429 数据总线采用屏蔽双绞线传输 32 位信息，调制方式采用双极归零码（bi-polar return to zero, BPRZ），以三电平状态——HI、NULL 和 LO 传输信息，这种传输格式可以实现自时钟和自同步。

总线中传输的必要信息包括：数据、时钟和同步。

1. 电平——数据

数据是指以位传输的实际信息，高（HI）脉冲代表逻辑“1”，低（LO）脉冲代表逻辑“0”。每位的前半位为±10 V 电平，后半位为“NULL”表示该位信息的结束。图 2－1 中箭头所示即为数据信息。

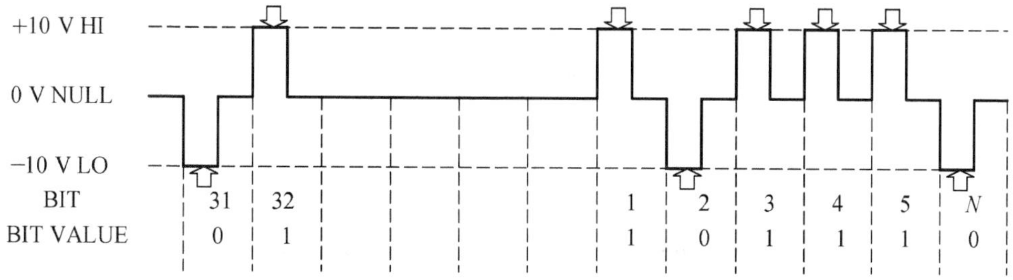

图 2－1　电平——数据

2. 时钟——自时钟

时钟功能建立了触发接收器解码的时间基准，通过每位信息传输中的脉冲转换完成，每位的前半位包含数据信息，而后半位电压归零或“NULL”，这种双极归零码的调制方式可以直接提取同步信号。

在接收端，根据接收波形归于零电平便可知道 1 比特信息已接收完毕，以便准备下一比特信息的接收。所以，在发送端不必按一定的周期发送信息，可以认为正负脉冲前沿起了启动信号的作用，后沿起了终止信号的作用，即收发之间无须特别定时，这就是所谓的自时钟方式。图 2－2 中箭头所示即为自时钟信息。

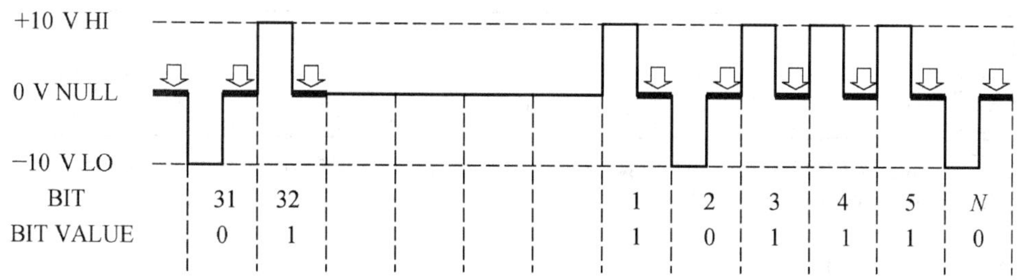

图 2－2　自时钟

3. 同步——自同步

同步是识别 32 位传输字的开始或结束，ARINC429 数据在连续传输时，每 32 位信息之间存在至少 4 个比特时间“NULL”的间隔，在 4 位“NULL”后紧跟新的一组 ARINC429 数据，因此能够实现“自同步”。图 2－3 中箭头所示即为自同步信息。

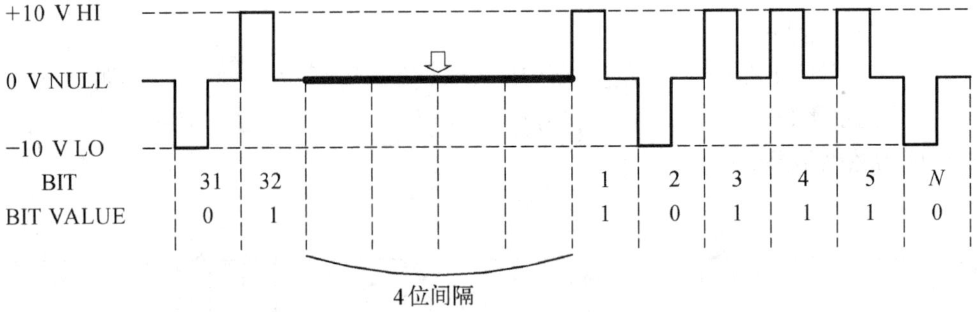

图 2-3　自同步

2.2　ARINC429 总线的编码方式

ARINC429 数据以 32 位字传输，数据类型可能是二进制编码的十进制（binary coded decimal, BCD）、二进制编码（binary, BNR）或者是混合格式。一般来说，机载计算机系统直接使用的参数采用 BNR 格式编码，如用于导航和性能计算的航向、高度、油量等；而用于人机交互的参数则采用 BCD 格式编码，如 VOR 系统的工作频率字、用于显示的 DME 距离等。

2.2.1　ARINC429 字结构

一个标准的 32 位数据字被分为 5 部分，如表 2-1 所示。

表 2-1　典型 ARINC429 数据格式

P	SSM		DATA							SDI		LABEL							
32	31	30	29	28	27	26~14	13	12	11	10	9	8	7	6	5	4	3	2	1

注：P 表示奇偶校验位（PARITY）；DATA 表示数据区；SDI 表示源-目的识别（source destination identity）；SSM 表示符号状态矩阵（sign status matrix）；LABEL 表示标志位。

1. 标志位（LABEL）

第 1~8 位，用于标识传输参数的内容。标志位采用八进制编码，可标识 255 种可能的参数，其用途是识别 BNR 和 BCD 数据区包含的信息。

标志位是唯一的，最低有效位在后，最高有效位在前，因此标志位是逆序排列的。图 2-4 中所列标志位读数为“201”。

2. 源/目的识别码（SDI）

第 9 位和第 10 位，当某系统安装有多套时，SDI 可用来识别信息发送的目的地，指定信息发往某套系统。同样，当某系统发送数据时，SDI 可用来识别信息来自某套指定系统。第 9 位和 10 位的编码与安装系统代码如表 2-2 所示。

CH4				CH5				SDI		LABEL								
8	4	2	1	8	4	2	1			1	2	4	1	2	4	1	2	权值
0	0	1	1	0	1	0	1	0	0	1	0	0	0	0	0	0	1	逻辑值
18	17	16	15	14	13	12	11	10	9	8	7	6	5	4	3	2	1	位数

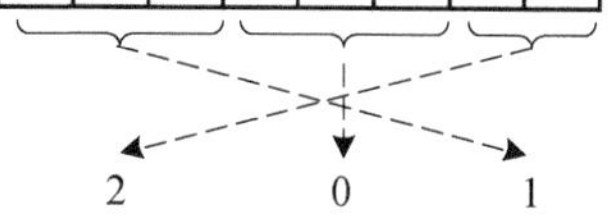

图 2－4　LABEL 编码

表 2－2　SDI 编码

第 10 位	第 9 位	系 统 代 码
0	0	所有
0	1	第 1 套系统
1	0	第 2 套系统
1	1	第 3 套系统

3. 数据区(DATA)

第 11～29 位的数据区域包含发送的编码数据，根据不同内容，该部分的编码方式不同，详见编码格式。

4. 符号状态矩阵(SSM)

第 30 位和第 31 位表示数字数据字的符号或者数据的状态，对于 BNR 和 BCD 数据字的 SSM 有不同的定义。SSM 也可以表明数据发生器硬件的状态，是无效数据还是实验数据。编码对应含义详见 BNR 与 BCD 编码格式。

5. 奇偶校验位(PARITY)

第 32 位为奇偶校验位。该位是根据前 31 位码中“1”的总数及奇校验或偶校验所确定的。若采用奇校验，则前 31 位中“1”的总数为偶数时，该位置“1”；否则置“0”。ARINC429 总线中采用的都是奇校验(ODD)。

2.2.2　BCD 数据编码

BCD 码是 ARINC429 总线和很多其他总线里通用的数据格式。这种格式用一个 4 位二进制数表示一个十进制数。一个通用的 BCD 数据编码见表 2－3，其数据区被分成 5 组(即表 2－3 中的 BCD1～BCD5)，第一组为最高有效字符，只有 3 位，可以表示十进制数 0～7；其他四组各含 4 位，可以表示十进制数 0～9。这样，BCD 数据字有效位可高达 5 位，如果要表示带小数点的数，则小数点的位置由分辨率决定，而分辨率是 ARINC429 对各种参数分别给定的。表 2－4 所示为传输的 BCD 数据，下面以 DME 距离为例说明。

表 2－3　BCD 数据编码

32	31	30	29～27	26～23	22～19	18～15	14～11	10	9	8～1
P	SSM		BCD1	BCD2	BCD3	BCD4	BCD5	SDI		LABEL

表 2－4　BCD 数据

29	28	27	26	25	24	23	22	21	20	19	18	17	16	15	14	13	12	11
0	1	0	0	1	0	1	0	1	1	1	1	0	0	0	0	1	1	0
(4　2　1)			(8　4　2　1)				(8　4　2　1)				(8　4　2　1)				(8　4　2　1)			
2			5				7				8				6			

注：参数为 DME 距离，测量单位为 n mile；八进制标志码＝201，分辨率为 0.01。

该数据所表示的十进制数就是表 2－4 中最后一行的数值 25 786，由于该标志码代表的数据分辨率为 0.01，所以小数点应该点在倒数第二位之前，因而 DME 距离＝257.86 n mile（1 n mile＝1.852 km）。

BCD 编码格式中 SSM 的各种含义如表 2－5 所示。

表 2－5　BCD 数据的符号/状态矩阵

位	号	含　义
31	30	BCD 数据
0	0	正、北、东、右、去往、上或不需要符号
0	1	非计算数据
1	0	功能测试
1	1	负、南、西、左、来自、下

2.2.3　BNR 数据编码

BNR 编码也是一种使用非常广泛的 ARINC429 数据格式，这种编码简单地将数据用二进制表达，就像每台计算机中的表达方法一样。表 2－6 就是用 BNR 格式表示的字。

表 2－6　BNR 数据编码

32	31	30	29～11	10	9	8～1
P	SSM		BNR DATA	SDI		LABEL

BNR 数据字的数据组从第 11 位到第 28 位，共 18 位。第 11 位是最低有效位（least significant bit，LSB），第 28 位是最高有效位（most significant bit，MSB）。根据数据组中的所有二进制表示的值最终均应以十进制读出。第 29 位是符号位，具体含义如表 2－7 所示。

表 2-7　BNR 第 29 位数据含义

位　号	含　义
29	BNR 数据
0	正、北、东、右、去往、上
1	负、南、西、左、来自、下

表 2-8 所示为传输的 BNR 数据。下面以马赫数的计算来举例说明如何读出十进制数。

表 2-8　BNR 数据组数据

28	27	26	25	24	23	22	21	20	19	18	17	16	15	14	13	12	11
0	0	1	1	0	1	0	0	0	0	0	0	1	0	0	0	P	P
2.048	1.024	0.512	0.256					…							0.000 062 5	0	0

注：参数为马赫数，MSB = *Ma* 2.048，八进制标志码 = 205，LSB = *Ma* 0.000 062 5。

28 位(MSB) = 马赫数最大值/2；13 位(LSB)是最低有效位，它表示最大值的 1/65 536；12 和 11 位为填充位(P 表示填充位，填充位为 0)；该数组所表示的马赫数就是逻辑值为"1"的各位表示值之和：马赫数 = (0.512+0.256+0.064+0.000 5) = 0.832 5。如果数据为负值，则符号反映在第 29 位，数组中是补码形式，要逐位取反后再加 1 才可以得到真值。

BNR 数据符号/状态矩阵的各种表示含义如表 2-9 所示。

表 2-9　BNR 数据的符号/状态矩阵

位　号		含　义
31	30	BNR 数据
0	0	故障警告
0	1	无计算数据
1	0	功能测试
1	1	正常操作

2.3　ARINC429 总线的收发器作用及工作原理

2.3.1　ARINC429 数据字的创建

ARINC429 数据字的创建如图 2-5 所示。将二进制数置于 ARINC429 总线之前，所有的识别符和数据需要填入 32 位的对应位置。这是由发送系统根据建立的规则执行的，当需要传送数据时，根据规则从随机存取存储器（random access memory, RAM）中读取相应数据并计算，将数据根据参数类型转换为对应 ARINC429 格式；参数的标志码是通过只读存储器（read only memory, ROM）查表得到；多套系统组件的程序销钉（安装构型）决定了哪套系统发送或接收数据，并通过多路器（mutiplexer, MUX）提供给中央处理器（central processing unit, CPU），CPU 根据该信息产生 SDI 编码；数据符号和系统状态信息由 CPU 控制，形成符号状态矩阵的编码；CPU 根据前 31 位逻辑值“1”的个数计算奇偶校验位的值，从而形成 32 位字结构。32 位信息置于 32 位移位寄存器并按序锁存，送入 ARINC429 发射器，同时在字与字之间保证 4 位间隔的同步信息。

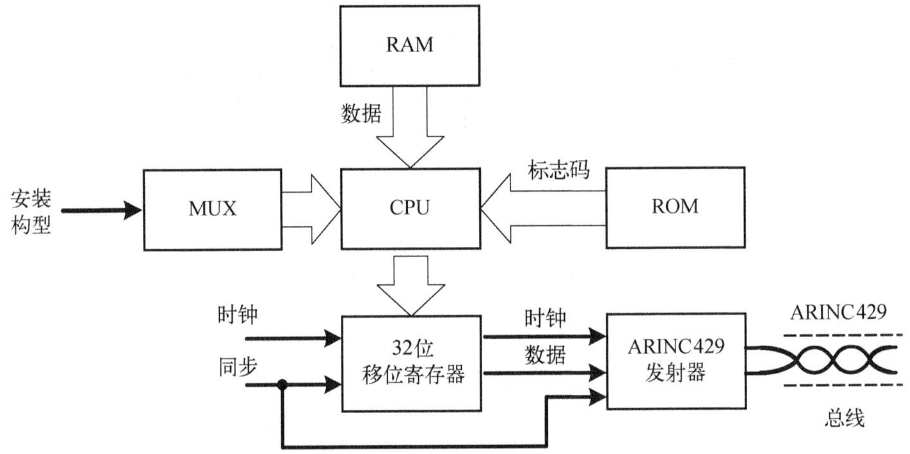

图 2-5 ARINC429 数据字的创建

2.3.2 ARINC429 发射器

ARINC429 发射器将系统生成的数据转换为定义的电信号格式。图 2-6 为发射器电路示意图。同步输入信号在发送数据字时保持高电平，在字传输间的 4 位“NULL”间隔时转为低电平，需要传输的数据通过系统时钟脉冲锁存在发射器。

当时钟或同步输入为低电平时，与非门 1 和 2 的输出都为高电平，放大器 1 的输入无电压差，从而输出为零电平，导致 Q_1 和 Q_2 截止，因此在 ARINC429 总线的上侧线（A）保持零电平。此零电平加到放大器 2，输出保持 Q_3 和 Q_4 截止状态，ARINC429 总线上的下侧线（B）保持零电平。双绞线中两线的电压差为“0”，即“NULL”状态。

当时钟和同步输入都为高电平时，系统数据转换为 ARINC429 格式，总线上传输数据“1”，这时逻辑“1”对应高电平（5 V）直接加到与非门 1，输出为低电平，同时逻辑“1”经过非门后加到与非门 2，输出为高电平。低电平加到放大器 1 的反相端，高电平加到放大器 1 的正相端，放大器 1 的输出使 Q_1 导通，ARINC429 总线的上侧线为正电压（+5 V），此正电压又加到放大器 2 的反相端，输出为负电压并使 Q_4 导通，ARINC429 总线的下侧线为负电压（-5 V）。双绞线中两线的电压差为+10 V，即“HI”状态。

当时钟和同步输入都为高电平时，总线上传输数据“0”，这时与非门 1 的输出为高电平，与非门 2 的输出为低电平。放大器 1 的输出使 Q_2 导通，ARINC429 总线上的上侧线为

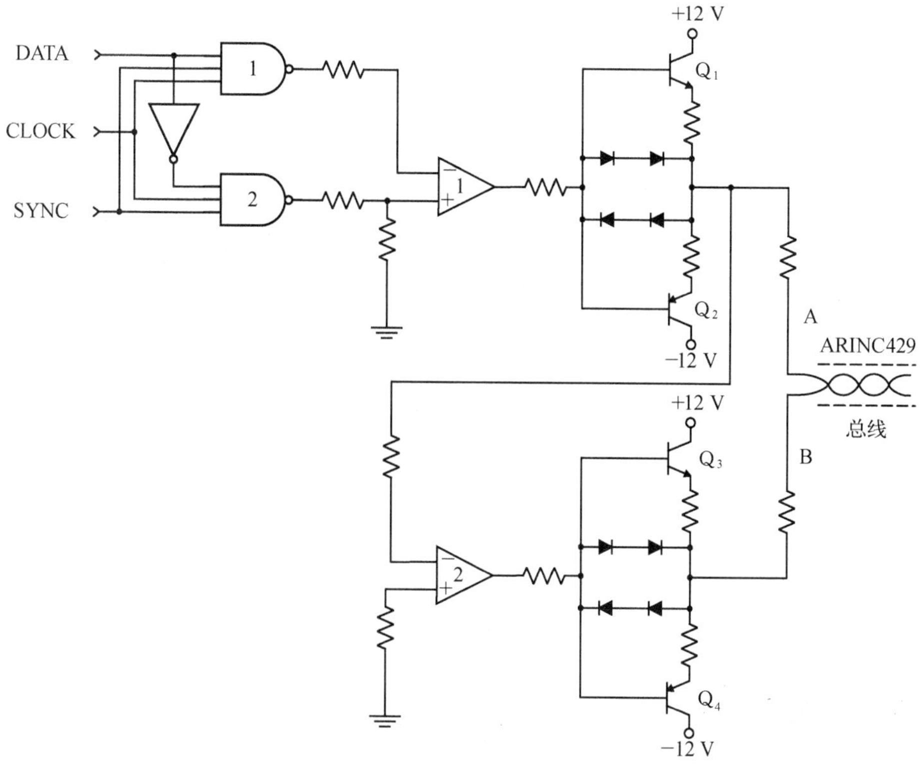

(a) ARINC429发射器电路

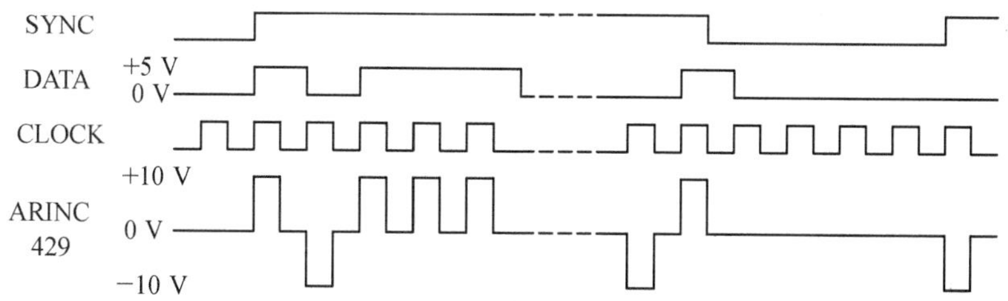

(b) ARINC429发射器波形

图 2－6　ARINC429 发射器电路与波形

负电压(−5 V),该负电压加至放大器 2,使 Q_3 导通,ARINC429 总线的下侧线为正电压(+5 V)。双绞线中两线的电压差为−10 V,即“LO”状态。

2.3.3　ARINC429 接收器

ARINC429 接收器将接收到的 ARINC429 总线数据转化为可用的电信号格式,图 2－7 为接收器电路示意图,图中 SYNC 表示同步(synchronize)。

ARINC429 总线连接到差分放大器 3 的输入端,当传输“NULL”状态时,差分放大器 3 输出为零电平,放大器 1 和放大器 2 的输出也为零电平,因此+5 V 电压经过 5 kΩ 电阻加至与非门 1、2、3 的输入端,此时与非门 3 的输出为低电平,而与非门 3 的输出生成时钟

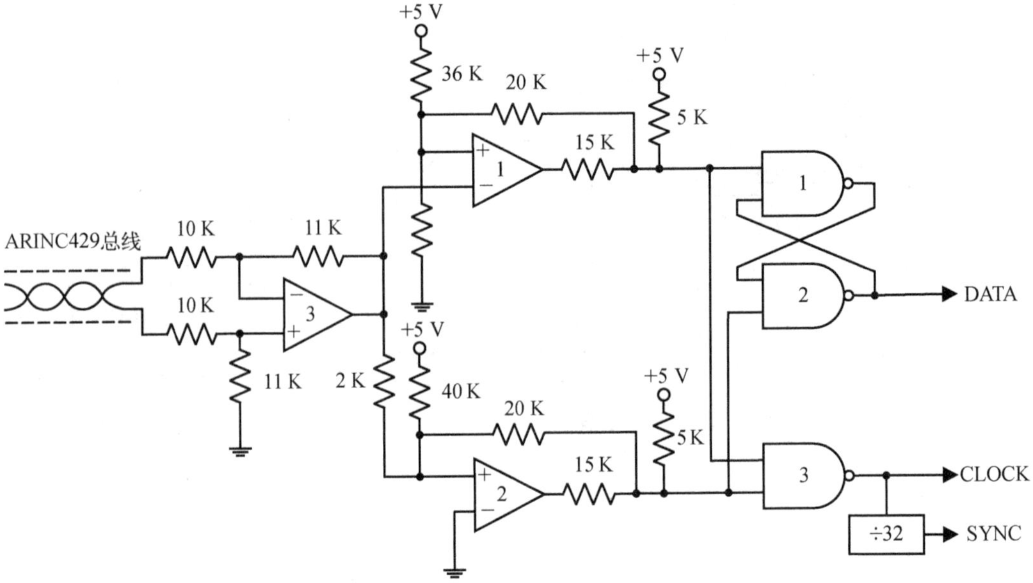

(a) ARINC429接收器电路

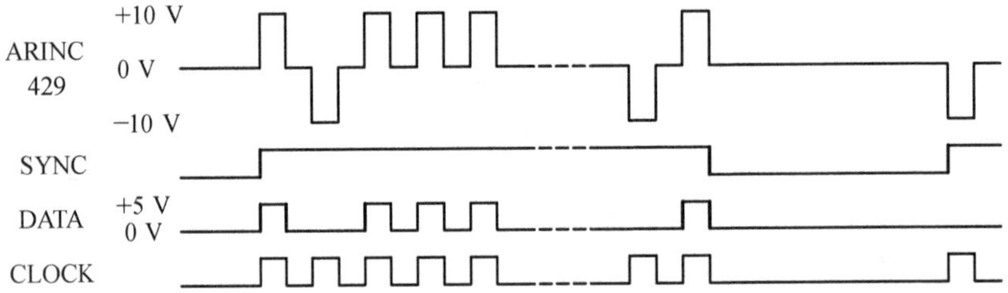

(b) ARINC429接收器波形

图 2-7　ARINC429 接收器电路与波形

信号;在时钟信号为低电平时,系统不考虑与非门 2 的输出。

当 ARINC429 总线接收到“1”的信息时,+5 V 电压加至放大器 3 的反相端,而-5 V 电压加到正相端,其输出为负电压,放大器 3 的输出分贝加到放大器 1 的反相端和放大器 2 的正相端,因此,放大器 1 输出为正电平,而放大器 2 输出为负电平。两个输出加至与非门 3,使与非门 3 的输出为高电平,形成时钟的“1”信号。与非门 1 的高电平和与非门 2 的低电平使数据输出为高电平(逻辑“1”)。

当 ARINC429 总线接收到“0”的信息时,-5 V 电压加至放大器 3 的反相端,而+5 V 电压加到正相端,其输出为正电压,从而使放大器 1 输出为负电压,放大器 2 输出为正电压。两个输出加至与非门 3,使与非门 3 的输出为高电平,形成时钟的“1”信号。与非门 1 的低电平和与非门 2 的高电平使数据输出为低电平(逻辑“0”)。

2.3.4　ARINC429 数据字的解码

ARINC429 数据字的解码如图 2-8 所示。

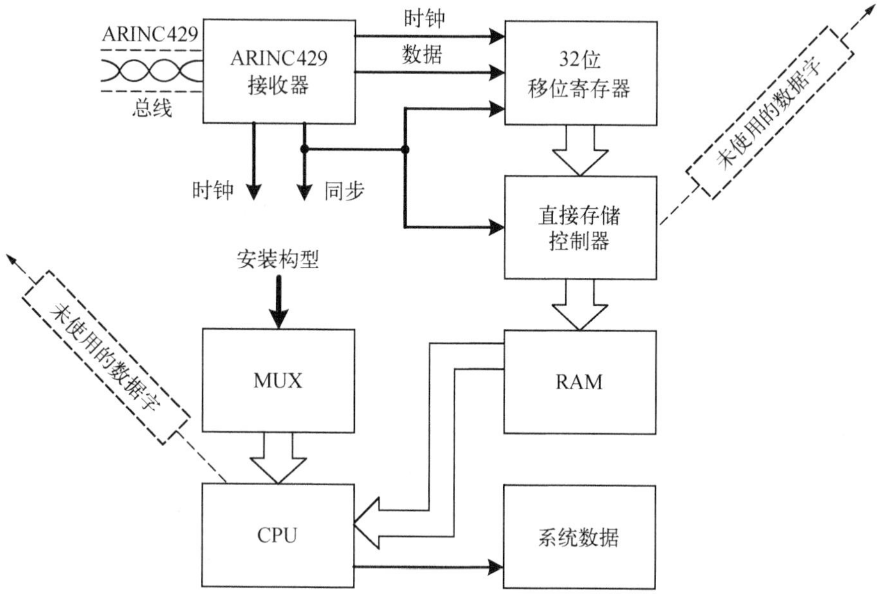

图 2-8　ARINC429 数据字解码

接收系统经由 ARINC429 接收器提取 ARINC429 总线的二进制数据字，并按序置入 32 位移位寄存器，该寄存器给直接存储控制器（direct memory access controller, DMAC）提供数据。DMAC 将 32 位字写入 RAM 对应位置，CPU 根据建立的规则读取数据并计算，指定的系统仅使用特定标志码对应的数据，其余数据直接被 CPU 或 DMAC 舍弃。

在正确标志码的数据字中，将接收到信息的 SDI 与多套系统组件的程序销钉相比较，仅对具有对应 SDI 码的信息进行处理。

CPU 决定了奇偶校验位是否正确。如果奇偶校验位的信息和前 31 位信息符合奇偶校验规则，则传输信息有效，否则视为无效数据字。CPU 根据符号状态矩阵在有用数据前加上相应符号形成其他系统可用的格式。

2.4　新型数据总线 AFDX 介绍

随着计算机技术、通信技术、微电子技术和网络技术的发展，航空电子系统从综合化向着以信息交换为中心、高度综合化的深层发展，对超高速数据连接的需要也日益增长，并且要求通过数据综合和高速网络来提高其性能。同时，在航空电子系统中，对于安全和关键的系统提供高速、可靠的实时通信也是必要的而且是基本的要求。空中客车公司（简称空客）在其研制的 A380 飞机上率先采用先进的航空电子全双工交换式以太网（avionics full-duplex switched ethernet, AFDX）机载数据总线（ARINC664 标准），能提供很高的数据传输速率，并大幅度减轻了机上电缆重量。

最新研制的空客 A350、波音 B787 及中国商用飞机有限责任公司（简称中国商飞）C919 等飞机上，均采用高速数据通信网络作为航电系统的主干连接网，用来实现系统的核心处理机或主要分系统之间的信息交换。当然在某些分系统内部仍然采用较成熟的ARINC429总线通信标准。这些飞机的航电系统设计中面向综合化、模块化航电总体需求，采用ARINC664标准，实现了传输速率为100 Mbit/s的AFDX网络。相比传统的IEEE－802.3，AFDX的载波侦听多路存取/冲突检测(carrier sense multiple access/collision detection, CSMA/CD)模式的100 Mbit/s以太网标准，通过带宽分配策略保证了其传输延时的确定性，适应了大飞机的实时分布式通信要求，其传输速率远远高于ARINC429的100 kpbs标准，能够满足未来大飞机主干网络的通信需求。

AFDX提供了可连接到交换机的多达24个终端节点的星形拓扑结构，该交换机又可以级联到网络中其他交换机，它是一种确定性网络，允许连接上的冗余(物理上的双连接)，以保证带宽和服务保障。在ARINC664标准的第7部分，允许其他总线(如ARINC429)映射到网络中，以便与ARINC664通信。AFDX的主要特点如下。

(1) 网络配置：在配置表中为各终端节点所定义的参数在启动时装入交换机中。

(2) 全双工：物理层的连接介质是两个双绞线对，一对用于接收，另一对用于发送。

(3) 交换式网络：网络连接采用星型拓扑结构，每个交换机最多连接24个终端节点，交换机可以级联，以实现更大规模的网络。

(4) 确定性：网络仿照点到点的网络，通过使用虚链接保证带宽。

(5) 冗余：双重的网络提供了更高的可靠性。

(6) 性能：网络传输速率可选择10 Mbit/s或100 Mbit/s，缺省是100 Mbit/s。

2.4.1 AFDX网络的组成结构

图2－9所示为AFDX网络的组成结构，包括以下部分。

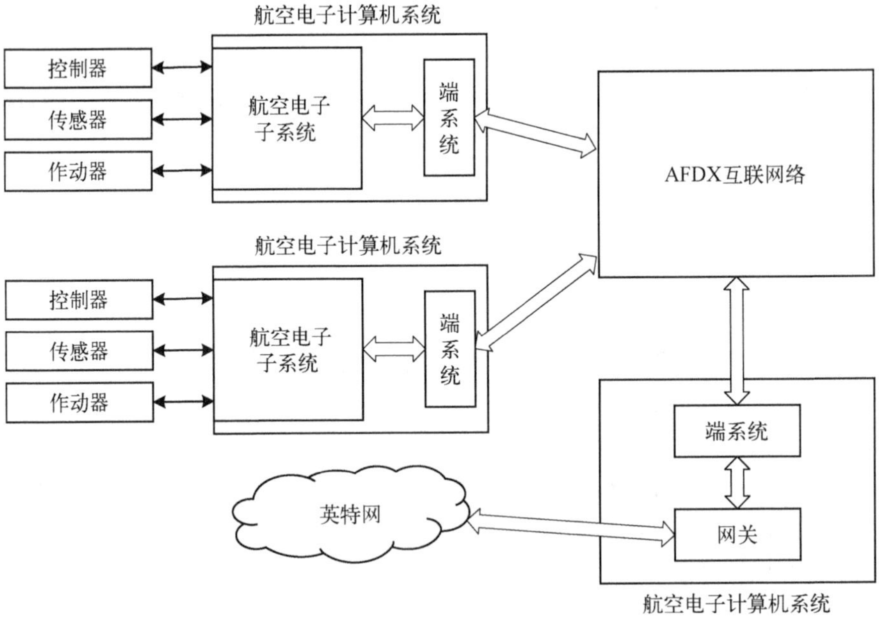

图2－9 AFDX网络的组成结构

航空电子子系统(avionics subsystem)：它是飞机上传统的航空电子系统，如飞行控制计算机、全球定位系统、发动机参数监测系统等。航空电子计算机系统为航空电子子系统提供了计算环境，航空电子计算机系统中包含的嵌入式的 AFDX 端系统(end system)用于实现航空电子子系统与 AFDX 的连接。

AFDX 端系统：它为航空电子子系统与 AFDX 的连接提供了"接口"，每一航空电子子系统的 AFDX 端系统接口保证了与其他航空电子子系统安全、可靠的数据交换，该接口向各种航空电子子系统提供了应用程序接口(application programming interface, API)，保证了各设备之间通过简单的消息接口实现通信。

AFDX 互联：它是一个 AFDX 互联装置，包含一个 AFDX 交换机，实现以太网消息帧在各端系统之间的相互传输，该 AFDX 交换机的网络切换技术基于传统的 ARINC429 单向、点到点的消息传输技术。

如图 2－9 所示，由两个 AFDX 端系统为两个航空电子子系统提供通信接口，第三个 AFDX 端系统为网关(gateway)应用软件提供接口，实际上它是为航空电子子系统与 IP 网络节点提供了通信路径，外部 IP 网络节点可以是数据存储设备或采集设备。

1. AFDX 端系统和航空电子子系统

如图 2－10 所示，航空电子计算机系统与 AFDX 网络通过 AFDX 端系统实现互联，一般情况下，航空电子计算机系统具有支持多个航空电子子系统的功能，同一航空电子计算机系统内各部分之间相互隔离，它是通过限制各部分的地址空间和限制各部分所分配的 CPU 时间来实现的，其目的是保证运行在一个区域的航空电子子系统不影响运行在另一个区域的子系统。

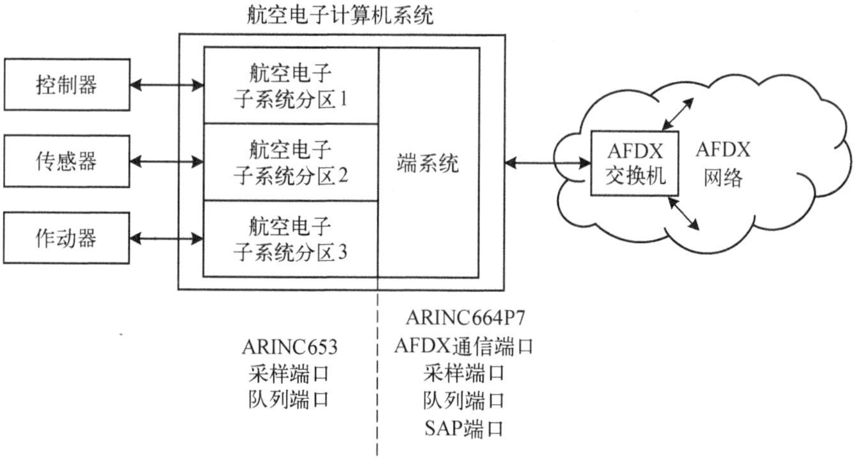

图 2－10　AFDX 端系统与航空电子子系统

航空电子应用程序之间的通信是通过通信端口消息传输实现的，在 ARINC653 中给出了编写便携式航空电子设备应用程序接口的说明，这里要强调的是，ARINC653 定义了两种通信端口：取样端口和队列端口。AFDX 端口在 ARINC664 中定义，包括取样、队列和服务存取点(service access point, SAP)端口，AFDX 取样端口和队列端口对应 ARINC653 的取样端口和队列端口，在 AFDX 中引入了第三种称为 SAP 的端口，用于

AFDX 系统与非 AFDX 系统之间的通信。

端系统使用两个 8 位标识符：网络 ID 和设备 ID，这些可以组合成 16 位，端系统标识符用于形成媒体访问控制(media access control, MAC)地址和 IP 地址。

2. AFDX 通信端口

航空电子子系统使用通信端口传输消息，实现它们之间的通信，通信端口是操作系统应用程序接口(API)的组成部分，为发送和接收消息提供了编程机制，在航空电子子系统中起着重要作用的有两类通信端口：取样和队列端口。AFDX 端系统必须提供 ARINC653 所描述的取样端口和队列端口服务。

如图 2－11 和图 2－12 所示(图中 BUF 表示缓冲区，即 buffer)，取样端口和队列端口的不同主要在于接收方式，取样端口缓冲区用于存储单个的消息，接收到的消息重写缓冲区中的消息；从取样端口读取消息时并未从缓冲区中删除消息，因此可以重复地读取。从而也要求每一取样端口必须设置一个指针，用于指示端口缓冲区中最新的消息位置，如果没有该指针，就不可能知道航空电子子系统传输是否停止，或者是否需要重新发送相同的消息。

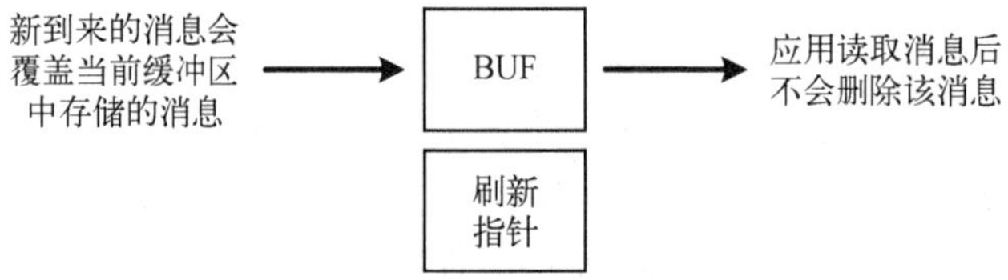

图 2－11　接收器的取样端口

图 2－12　接收器的队列端口

而队列端口有足够的存储空间保存一定数目的消息(该参数可配置)，保证新的消息可以合并到队列中。当从队列端口读取消息时就从先入先出(first in first out, FIFO)队列删除该消息。

2.4.2　AFDX 的虚链路

在传统的以太网交换机中，传入的以太网帧在基于以太网目标地址被路由到输出链路。在 AFDX 中，一个十六进制的被称作虚链路身份标识号(identity document, ID)的数值被用来在 AFDX 网络中进行路由。图 2－13 显示了在 AFDX 网络中的以太网目标地址格式。

48 bits

固定域：32 bits	虚链路 ID
0000 0011 0000 0000 0000 0000 0000 0000	16位无符号整数

图 2－13　AFDX 网络中以太网目标地址格式

AFDX网络中的交换机经过“配置”把传入的以太网帧路由到一个或更多个外向链路去。AFDX网络的一个重要属性就是与特定的虚链路ID关联的以太网帧必须源于一个，且只能是一个的端系统。AFDX交换机经过配置，可以把具有相同虚链路ID的帧传送到一个预定的端系统。因此，一个虚链路起始于一个单一端系统，并且发送数据包给一组固定的端系统；这就好像是ARINC429的多点总线。

在图2-14的示例中，当源终端系统(1)发送一个具有虚链路身份标识号(virtual link identity document, VLID)为100的以太网帧到网络的时候，AFDX交换机就会将此帧发送到一个预定好的一组目的终端系统(2和3)。不止一个虚链路可以始于一个终端系统，每个虚链路都可以从一个或多个通信端口传输消息。

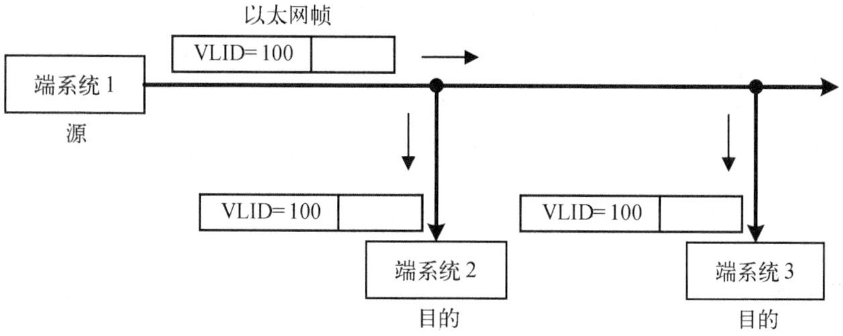

图2-14 打包路由示例

端系统100 Mbit/s带宽的链路可以支持多个虚链路，这些虚链路共享这物理链路的100 Mbit/s带宽。图2-15显示了三个虚链路通过一个单独的100 Mbit/s的物理带宽传输。图中也显示出，在AFDX端口1和2上发送的消息通过虚链路1传输，在AFDX端口3~5上发送的消息通过虚链路2传输，而端口6和7发送的消息通过虚链路3传输。

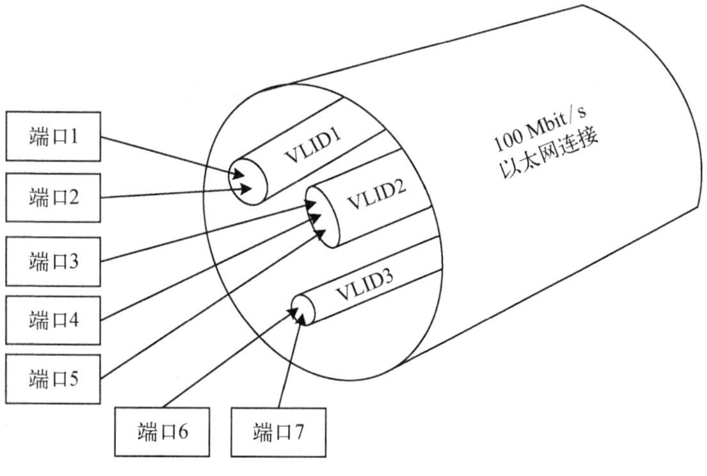

图2-15 通过物理链路传输的三个虚链路

就像分区用来隔离航空电子设备子系统一样,一个类似的机制也用来隔离每个虚链路,以防止在一条虚链路上的通信受到使用同一条物理链路的其他虚链路上通信的干扰。而这一点是通过限制在一个虚链路上以太网帧被发送的速率和大小来实现的。

每个虚链路都设置了两个参数:① 带宽分配间隔(bandwidth allocation gap, BAG),数值从 1~128 ms 不等;② L_{max},可以在虚链路中传送的最大以太网帧,以字节为单位。

BAG 代表可以在虚链路里传送的以太网帧之间的最少毫秒间隔。例如,如果一个具有 VLID 为 1 的虚链路有 32 ms 的 BAG,那么就不可能按照 VLID 为 1,以少于 32 ms 的间隔值来发送以太网数据包。如果 VLID 为 1 且 L_{max} 为 200 字节,那么 VLID 为 1 的最大传输带宽为 50 000(200×8×1 000÷32) bit/s。

为一个特定的虚链路选择 BAG 有赖于对于 AFDX 端口的需求,并且通过虚链路为这些端口提供了链路级传送。例如,假设一个航空电子子系统正在通过三个 AFDX 端口传输消息,并且这些消息都将通过虚链路进行传送。假设端口的消息频率分别是 10 Hz、20 Hz 和 40 Hz,相关消息(它们将会绑定在同一条虚链路上)的总频率是 70 Hz,消息传送的平均时段是 14.4 ms。据此,为了提供足够的带宽给虚链路,应该选择一个小于 14.4 ms 的 BAG。第一个可用的 BAG 是 8 ms,它对应的频率是 125 Hz。有了 8 ms 的 BAG,就可以认为这条虚链路能够从三个端口传送关联消息而没有任何延误。

为了满足每条传出虚链路的需要,要求源终端系统严格执行 BAG 的限制。大量的虚链路调度算法可以在终端系统上使用,选择的 L_{max} 应该可以容纳最大的以太网帧通过虚链路端口进行传送。

2.4.3 AFDX 中的冗余管理

在 AFDX 系统中有两个独立的交换式网络:A 和 B 网络。每个数据包都通过一个终端系统发送,并被发送到这两个网络。因此,在正常的操作之下,每个终端系统都将会接收到每个数据包的两个拷贝(图 2-16)。

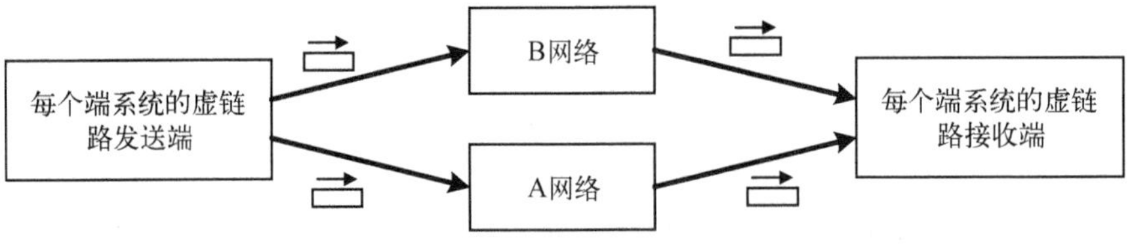

图 2-16 网络冗余

端系统需要一种方式,能够识别到达 A 和 B 网络的对应的数据包(拷贝)。在 AFDX 中,所有的经过虚链路发送的数据包都被提供了一个序列号字段。这个序列号字段出现在以太网帧的帧校验序列(frame check sequence, FCS)字段之前。这就意味着,在 AFDX 中,对于 IP/用户数据报协议(user datagram protocol, UDP)而言就少了一个可用字节。序列号起始于 0,持续到 255,然后又转回到 1。序列号 0 为终端系统的复位保留,每个序列号都是在虚链路的基础上提供的,一个具有嵌入式序列号的以太网帧可视为一个 AFDX 的框架。

图 2-17 表示当 UDP 有效载荷介于 17~1 471 字节时的 AFDX 帧结构。如果 UDP 有效载荷小于 17 个字节，那么增补字段就会被引入 UPD 有效载荷和序列号字段之间。

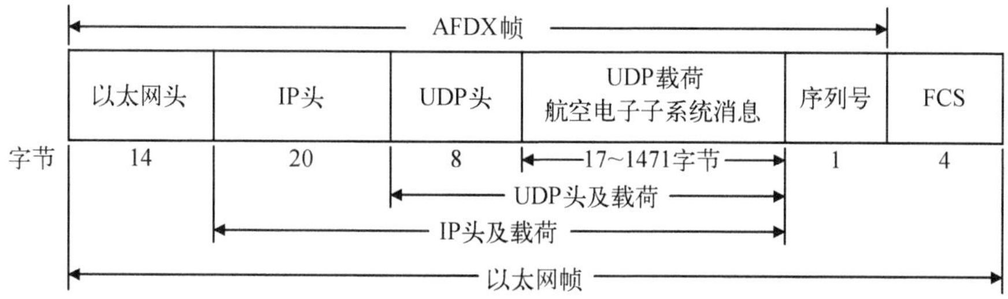

图 2-17　AFDX 帧和序列号

在每个虚链路和网络端口的基础上，接收端系统会检验在帧中的序列号是否按规则排列，这被称为“完整性检验”。在验证结束之后，终端系统将会决定是通过还是丢弃此数据包，称为冗余管理。图 2-18 展示了这个过程。

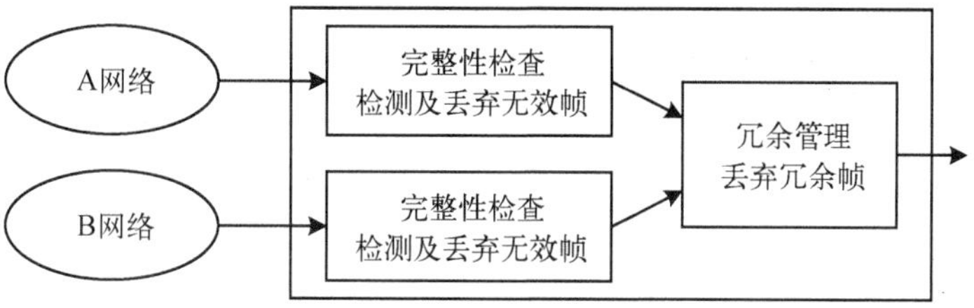

图 2-18　以太网帧的接收过程

2.4.4　AFDX 消息流及消息结构

当一个应用程序发送一则消息给通信端口时，源端系统、AFDX 网络和目标端系统都会通过设置来把消息发送给恰当的接收端口。

图 2-19 显示了消息(message, MSG)通过航空电子子系统发送到端口 1。终端系统 1 打包此消息到一个以太网帧并发送该以太网帧到虚链路 ID 为 101 的 AFDX 交换式网络(以太网目的地址制定为 VLID 为 101)。网络交换机中的转发表经过配置，以便能够确定包含在以太网帧中消息的目标端口。如图 2-19 中显示的示例，消息通过端系统 2 发送到端口 4，通过端系统 3 发送到端口 5。

目标端系统利用信息来找到消息恰当的目标端口，而这些信息被保存在所传输的以太网信息包头之中。

图 2-20 显示了组成以太网有效载荷的报文包头。以太网的有效载荷包括 IP 数据包(包头和有效载荷)，IP 数据包有效载荷包含 UDP 数据包(包头和载荷)，而它又包含了由航空电子子系统发送出的消息。只有当 UDP 有效载荷小于 18 位时，增补数据包 Pad 是必要的。这种情况下，增补后的 UDP 有效载荷就会是 18 位。当 UDP 有效载荷超过或者等于 18 位时，就无须增补。注意，该示意图只适用于当 UDP 有效载荷在多个 IP 有效

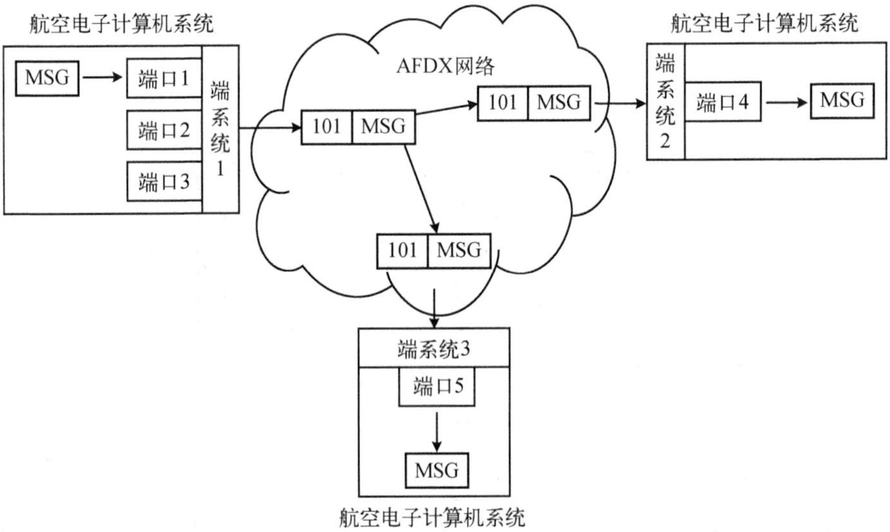

图 2-19　通过航空电子子系统发送消息至端口

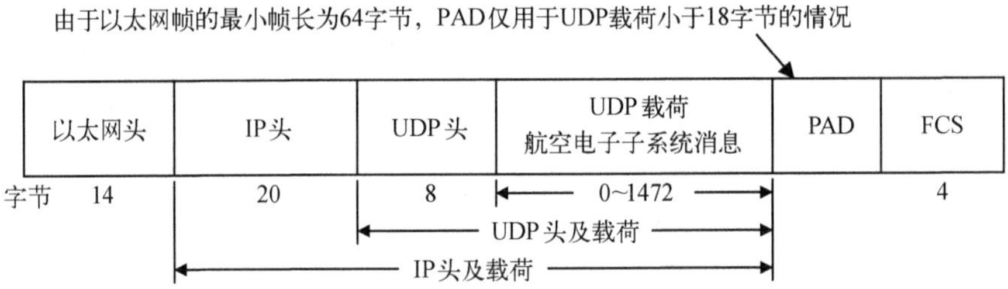

图 2-20　带有 IP 和 UDP 包头与有效载荷的以太网帧(没有 IP 分片)

载荷中没有 IP 分片的情况。IP 报文头的一个重要作用就是为大的 UDP 数据包提供 IP 分片管控。

IP 报文包头包含了一个目标端系统识别和分区识别或是多播地址,IP 目标地址包含了虚链路 ID(在目标以太网地址中的虚链路 ID)。UDP 报头包含了源 UDP 端口号和目标 UDP 端口号。一般来讲,在报文包头中都有足够的信息给终端系统来确定消息的目标端口。类似的,在创建包含有消息的以太网帧时,与发送 AFDX 通信端口相连的都具有足够的信息给源端系统,从而按照报文包头进行恰当的操作。

2.4.5　AFDX 传输协议栈

AFDX 的协议栈包括发送栈和接收栈,其网络协议层可细分为 AFDX 通信服务、UDP 传输层、连接服务层(虚链路)。

发送协议栈由发送到 AFDX 的消息开始,UDP 传输层负责添加 UDP 头,它包含源和目的 UDP 的端口号。大多数情况下,这些端口号由系统配置所决定,并且对每个 AFDX 通信端口是固定的。在 SAP 端口的情况下,应用程序动态地定义 IP 和 UDP 的目的地址。

IP 网络层接收 UDP 信息包并决定是否需要分割，同样 IP 网络层根据使用的虚链路长度决定是否进行分割，然后对每个分割段添加 IP 头，以及计算 IP 校验和。IP 层添加以太网头，并将以太网帧排队到虚链路队列中，虚链路层负责调度以太网帧，以便发送、添加队列号，以及传递帧到冗余管理单元，在冗余管理单元，帧被复制，并按照帧发送的物理端口 ID 修改以太网源地址。如图 2－21 所示为 AFDX 发送协议栈。

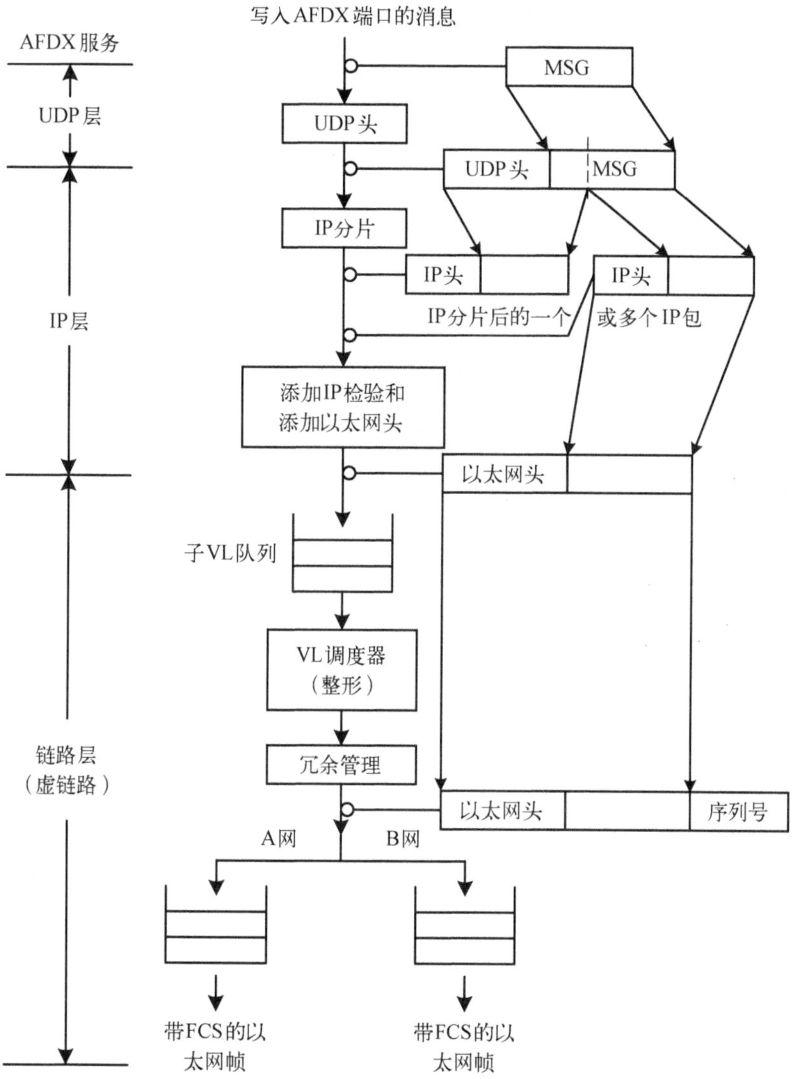

图 2－21　AFDX 发送协议栈

接收是发送的逆过程，它是从接收以太网帧开始的，使用帧校验序列 FCS 来检查其正确性。如果没有错误，对 AFDX 帧进行完整性检查和冗余处理，该功能的实现是在虚链路层，其结果就得到了 IP 信息包，并传递给 IP 网络层。网络层负责检查 IP 校验和，以及对 UDP 信息包的重新组装，如果需要，传递 UDP 信息包到 UDP 传输层，以便 AFDX 消息传输到 UDP 端口。如图 2－22 所示是 AFDX 接收协议栈。

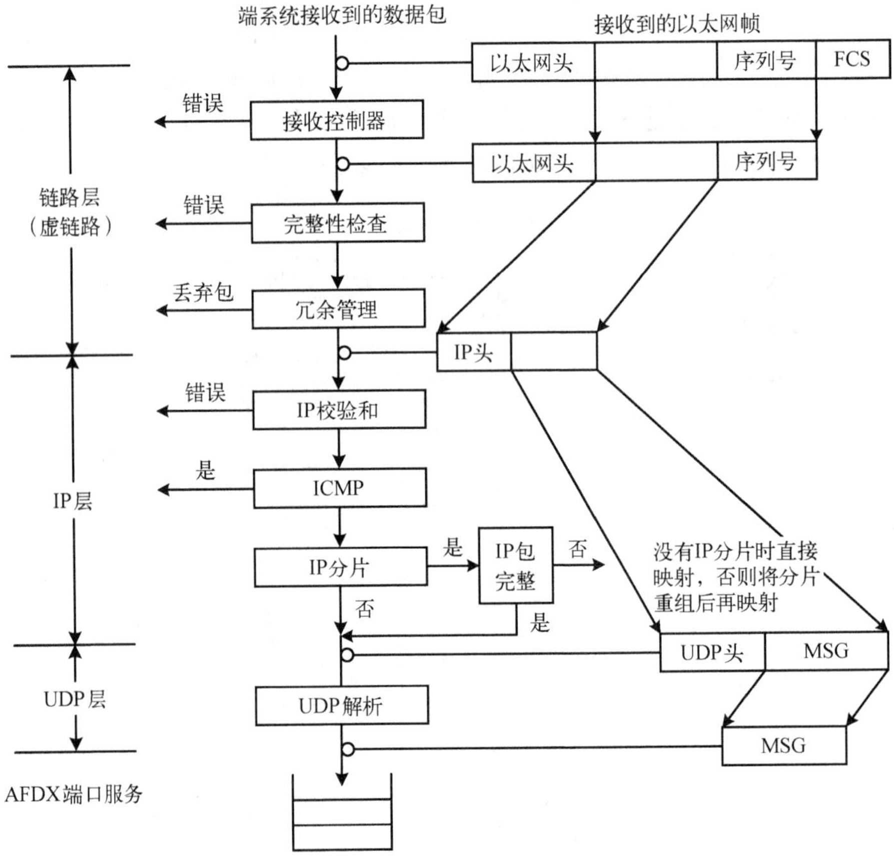

图 2-22　AFDX 接收协议栈

第3章 自动定向机

3.1 自动定向机概述

测定飞机在空间的角坐标是航空无线电导航的重要手段之一。通过无线电波确定飞机在空间角坐标的方法,实际上可归结为以下两种情况:

(1) 由地面定向设备(或雷达)测定飞机电台发射的(或反射的)无线电波的来波方向,得到飞机相对地面定向设备(或雷达)的角坐标,再由地面对空通信设备把测得的角坐标数据转发给驾驶员;

(2) 由机上定向设备测定地面信标台发射的无线电波的来波方向,直接在机上获得飞机相对地面信标台的角坐标数据。

根据与角坐标建立对应关系的辐射场电参量及不同的工作方式,测角设备可以分为振幅式和相位式两种。振幅式测角设备是将无线电波的载频振幅(称为振幅式E型)或调制深度(称为振幅式M型)与角坐标建立一定的依从关系的测角设备。相位式测角设备是将无线电信号的载频(或调制频率)的相位与角坐标建立一定依从关系的测角设备。

3.1.1 引言

自动定向机(ADF)也称无线电罗盘,是一种利用无线电技术进行测向的设备。它与地面无线电台配合,可测量无线电波的来波方向。这种设备通常装在飞机或舰船等航行体上,人们利用这种设备就可以确定飞机或舰船等航行体的航行方向。

在导航领域中,无线电测向设备是最先使用的设备,早在20世纪初,无线电测向仪(人工手动无线电罗盘)就已开始为导航服务。早期的无线电测向设备是由人工转动、具有方向性的环形天线,当环形天线平面对准地面无线电台的方向时,无线电测向设备的接收机接收到的无线电信号强度最小,因此接收机输出的音频信号强度最弱,称为“哑点”。如果测向设备在飞机上,那么,环形天线从飞机纵轴的机头方向顺时针所转过的角度称为“飞机到地面无线电台的相对方位角”(以下简称为相对方位角),即从飞机纵轴的机头方向顺时针转至地面无线电台与飞机连线之间的夹角 θ,如图3-1所示。飞机驾驶员便可根据无线电测向设备所

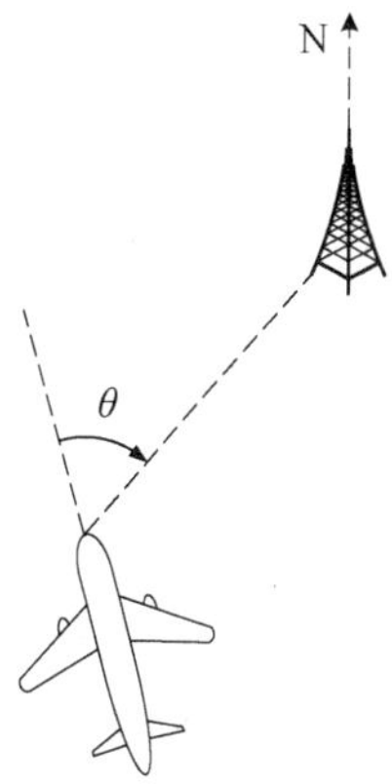

图3-1 飞机到地面无线电台的相对方位角

测得的相对方位确定飞机的飞行方向，引导飞机沿某一航线飞行，并可完成其他导航任务。

实际上，这种人工手动的无线电测向设备最先只在航海的舰船上使用，而不适宜在高速飞行的飞机上使用，因此，必须对它进行改进。随着科学技术的不断发展，无线电测向的理论与技术也在不断发展与完善，相继出现了无线电半自动罗盘、无线电自动罗盘[即今天的自动定向机(ADF)]。它们在采用的元件、电路结构、选择地面无线电台频率的方法、天线结构及其功能上都在不断地改进和发展。目前，现代自动定向机不仅实现了自动化，而且在定向速度、精度、灵敏度及可靠性等方面都大幅提高，并广泛用于各种飞机和直升机。

自动定向机的发展大致可分为三个阶段。20 世纪 40~50 年代采用电子管电路，对地面无线电台频率采用机械软轴进行调谐，定向天线为单个的旋转式环形天线，其典型设备为 R5/ARN7 和 APK－5 型定向机。60~70 年代采用晶体管电路，频率选择采用粗、细同步器调谐，有些设备通过晶体频率网采用“五中取二”方法调谐，定向天线采用两个正交的旋转式或固定式环形天线，如 APK－11、WL－7－6A 型定向机等。到 80 年代左右，自动定向机基本采用集成电路或大规模集成电路，并使用频率合成器、二-十进制编码数字选频及微处理器，天线系统有了较大的改进，例如，在 APK－15M，DF－206 型等自动定向机的天线系统中采用旋转测角器来代替环形天线的旋转，而新式的 900 型自动定向机则采用组合式环形垂直天线，从而在天线系统中取消了任何机械传动部件。为了便于维护和检修，现代自动定向机还装有故障自动检测电路，以便维修人员能迅速判断和排除设备的故障。

自动定向机不仅具有测量飞机相对方位角的定向功能，而且还可以利用飞机上装有的两套自动定向机分别调谐在两个不同的地面无线电台的频率上，以确定飞机的地理位置(定位)。当然，就飞机定位而言，在现代飞机上可使用磁罗盘、VOR、DME 或惯性导航系统(inertial navigation system, INS)等设备，但最简单的是自动定向机。

自动定向机具有结构简单、使用维护方便、价格低廉等优点，它可以在 190~1 750 kHz 频段，利用众多的民用广播电台和专用的无方向性信标(non-directional beacon, NDB)地面导航台为飞机定向定位，并可与无线电高度表、信标机等设备配合引导飞机进行着陆。因此，自动定向机虽然早在 1937 年开始就是第一个规定在运输机上使用的无线电导航设备，由于它具有以上优点，至今仍广泛应用于飞机导航，并成为目前各种飞机、直升机的一种常备设备。

3.1.2 自动定向机的功用

自动定向机是利用无线电技术进行导航测向的设备。无论机上测向还是地面测向，均包括机载设备和地面设备二部分。利用机载自动定向机和地面导航台(或称无方向性信标——NDB)组成的导航系统，可以引导飞机飞向导航台或飞离导航台，以及提供某些导航计算所需要的参数。

自动定向机的主要功用如下。

（1）测量飞机纵轴方向（航向）到地面导航台的相对方位角，并显示在方位指示器上。

（2）对飞机进行定位测量。在现代飞机上，一般都装有两部自动定向机，在使用中将它们分别调谐在两个不同方位的已知地面导航台或广播电台的频率上。两部自动定向机所测得的相对方位，分别显示在同一个指示器（无线电磁指示器）上，其中单指针指示第一部自动定向机所测得的相对方位角，双指针指示第二部自动定向机所测得的相对方位角。根据这两个相对方位角在地图上可画出飞机对地面导航台的两条相应的位置线，两条位置线的交点便是飞机的位置，如图 3－2 所示。

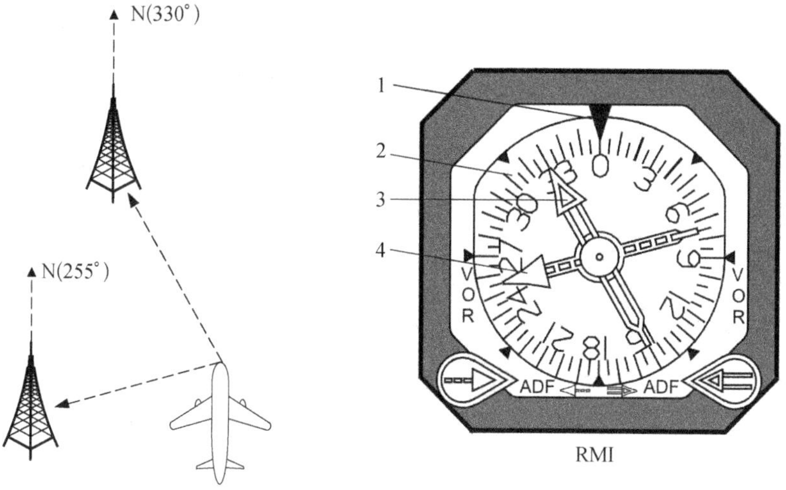

图 3－2　利用两个地面导航台为飞机定位

1－航向标记；2－罗牌；3－ADF2 方位指针；4－ADF1 方位指针；RMI 表示无线电磁指示器

（3）利用自动定向机判断飞机飞越导航台的时间。当飞机飞向导航台时，可根据相对方位角的变化来判断飞越导航台的时间。例如，当方位指示器的指针由 0°转向 180°的瞬间即为飞机飞越导航台的时间。

（4）当飞机飞越导航台后，可利用自动定向机的方位指示保持沿预定航线飞行，即背台飞行。向台（对准导航台）飞行或背台飞行时，还可以求出偏流修正航迹。驾驶员利用向台或背台飞行，可操作飞机切入预定航线，同时可进行穿云着陆和等待飞行。

（5）此外，由于自动定向机一般工作在 190~1 750 kHz 的中长波段范围内，因此可以接收民用广播电台的信号，并可用于定向；还可收听 500 kHz 的遇险信号（700 型自动定向机可收听 2 182 kHz 的另一海岸遇险信号），并确定遇险方位。

3.1.3　自动定向机系统

在飞机导航中完成自动定向功能的整个系统包括地面设备和机载自动定向机两大部分。

1. 地面设备

地面设备主要是地面导航台，它由中波导航机（发射机）、发射天线及一些辅助设备组成，安装在每个航站和航线中的某些检查点上，不断地向空间全方位地发射无线电信号，因此也称为无方向性信标（NDB）。

根据不同的用途，地面导航台又可分为两种，一种是供飞机在航线上定向和定位使用的，要求发射功率大，作用距离远，通常称为航线导航台；另一种是供飞机在着陆时使用的，安装在飞机着陆方向的跑道延长线上。因为需要两个导航台，所以称为双归航台。

1）航线导航台

航线导航台工作在 190~550 kHz 的频率范围内，发射功率为 400~1 000 W（我国一般用 500 W），有效作用距离不少于 150 km。不同的航线导航台使用不同的识别信号，识别信号由 2 个英文字母组成（如 EK），用国际莫尔斯电码拍发，拍发速度为 20~30 个字母/min，一般用等幅报方式发射识别信号，每隔 45 s 连续拍发两遍，跟着发一长划（约占 30 s），供机载自动定向机定向用；也可以用调幅报方式以相等的间隔发射识别信号，每 30 s 至少拍发 3 遍。

航线导航台可用于归航。当飞机要求飞往某导航台时，飞行人员首先调节机载自动定向机接收该导航台的信号，观察指示器所指刻度，然后改变飞机航向，使指针对准指示器的航向标记（即机头方向），并且在飞行中保持航向不变，飞机就能飞到该导航台上空。

驾驶员经常需要了解飞机在飞行中是否偏离了航线，飞机是在某一导航台的哪个方位上飞行，因此航线导航台可以与机载自动定向机配合为飞机定向。

此外，利用两个航线导航台与两部机载自动定向机配合，可确定飞机的地理位置（参见图 3－2）。航线导航台的开放与关闭由航站指挥调度部门控制和掌握。导航台的值班人员根据指挥调度部门的通知开放和关闭，也有的通过遥控装置直接由调度人员在塔台控制。

2）双归航台着陆系统

用于飞机着陆的导航台——双归航台，不仅可引导飞机进场，完成机动飞行和保持着陆航向，而且可在夜间或气象条件较差的白天，利用双归航台和机载自动定向机引导飞机对准跑道，安全地下降到一定高度（一般为 50 m）穿出云层，然后进行目视着陆。

双归航台系统要求安装在主着陆方向的跑道中心延长线上，分为近台和远台，近台离跑道头 1 000 m，远台离跑道头 4 000 m，近台和远台除有导航台外，还必须配有指点信标台，以便指示飞机过台的时刻（ICAO 规定要设远、中、近三个导航台）。在大型机场，跑道着陆方向的两端均安装有双归航台，通常称为双向双归航台。

双归航台系统的使用频率范围与航线导航台一样，也在 190~550 kHz，一般远台频率和近台频率的间隔不能小于 15 kHz，以保证机载自动定向机在工作中不致互相干扰。

远台一般都兼作航线导航台使用，故发射功率与航线导航台的规定相同，有效作用距离不小于 500 km。近台发射功率为 100 W 左右，有效作用距离为 50 km。远台发射的识别信号由 2 个英文字母组成，如 DF；近台识别信号用远台的头一个字母，如 D。两台的识别信号均采用国际莫尔斯电码发射，拍发速度为 20~30 个字母/min，拍发次数要求用相同间隔，每分钟拍发 6 遍。

远台和近台都要以调幅报方式发射识别信号，调制频率为 1 020 Hz。因为在调幅报方式下高频载波是连续发射的，这样可以防止拍发识别信号的过程中引起自动定向机指示器指针的摆动。同时，要求远归航台能够发话，以便当飞机上的通信设备发生故障时，驾驶员可用自动定向机来接收地面的指挥信号。

远台和近台所配有的指点标台是一个发射机，发射频率为固定的 75 MHz，通过一个方向性很强的天线向上垂直发射一个很窄的倒锥形波束。当飞机刚好飞过指点标台的上空时，飞机上的指点标接收机就可接收到该电波信号，在驾驶舱内就可显示灯光和音响信号，表示飞机正通过归航台上空。远指点标台发射的信号是每秒钟 2 个长划，近指点标台每秒钟拍发 6 个点。

指点标台和双归航台是同时开放和关闭的，都受指挥调度部门控制。因为远归航台兼作航线导航台使用，所以至少要在飞机到达前半小时开放，以便引导飞机进场，近台可以在飞机到达前 15 min 开放。如果装有双向双归航台，跑道两端的双归航台所使用的频率一般是相同的，但识别信号不同，在使用双归航台时，只能根据飞机着陆方向开放其中一边的双归航台，不能两边同时开放，以免影响飞行安全。

地面导航台是完成飞机自动定向任务的一个重要组成部分。虽然中波地面导航台易受地理环境的影响而使定向产生一定程度的误差，另外受夜间效应的影响，使导航台夜间的作用距离缩短，但由于地面设备简单，使用维护方便，工作可靠，所以目前国内外仍广泛使用中波地面导航台，我国民用各机场及航路上均设有此种设备。

2. 机载设备

几十年来，机载自动定向设备在技术上及结构上都有很大发展和改进，国内外都相继研制和生产出了各种不同的新型号。机载自动定向设备一般都包括自动定向接收机、控制盒、方位指示器、环形天线和垂直天线或组合式环形/垂直天线几大部分，如图 3－3 所示。

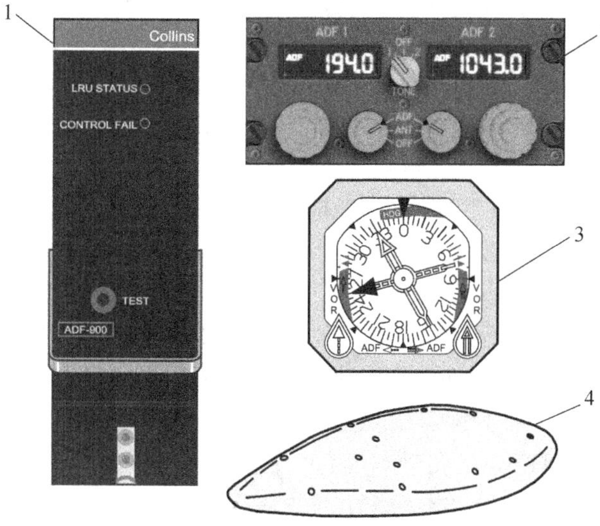

图 3－3 自动定向机系统的组成

1－自动定向接收机；2－控制盒；3－方位指示器；4－组合式环形/垂直天线

1）自动定向接收机

自动定向接收机是机载自动定向机系统的主要组成部分，它主要用来接收和处理环形天线和垂直天线收到的地面导航台的信号，并将处理后的方位信息送至自动定向机的方位指示器[数字式方位信息送至电子飞行仪表系统(electronic flight instrument system, EFIS)]显示出飞机与地面导航台的相对方位，分离出来的地面导航台的音频识别信号送至飞机音频系统。自动定向接收机还可以作为普通中波收音机使用，收听广播信号，接收和处理地面广播电台的信号，也能用中波广播电台进行定向。

现代的自动定向接收机采用集成电路和全固态数字化微处理器，与第一代(电子管电路)、第二代(晶体管电路)相比，其体积和质量更小，耗电更少，可靠性也大大提高。

现代自动定向接收机大多采用频率合成器、超外差二次混频电路，直接以二-十进制编码(BCD码)和数据总线的调谐方式。采用组合式环形/垂直天线和环形天线测角器电路，或采用正余弦调制的方位信息处理电路和监控电路。监控电路主要用来监视接收机信号是否有效，以及接收机自身的工作状态正常与否。例如，现代自动定向接收机ADF-900的机器面板上有一个测试(TEST)按钮(如图3-3中1所示)和两个监视灯，按下测试按钮后，如接收机工作状态正常，则绿色监视灯亮(PASS)；若不正常(故障)，则红色监视灯亮(FAIL)；如输入控制部分有故障，则另一个红灯亮(FAIL)。

2) 控制盒

控制盒与自动定向接收机配套使用，如图3-4所示为典型的ADF控制盒。

图3-4 控制盒面板图

控制盒用来控制接收机的工作方式和选择电台的频率，工作方式一般有断开(OFF)、天线(ANT)、定向(ADF)3个位置。选择的频率范围为190~1 750 kHz，频率间隔为0.5 kHz或1 kHz。现代飞机上采用ARINC429数据总线选频调谐方式。控制盒上装有音调电门(即报-话电门)，可选择接收等幅报信号，提供1 020 Hz音调。

ADF-900接收机的控制盒选频调谐为数字式，可预先调谐在沿航路各航线导航台的频率上，并输入飞机上的飞行管理计算机(FMC)，在飞行中由飞行管理计算机控制，可自动转换到各航线导航台的频率上。

3) 方位指示器

方位指示器也称航向指示器，早期的指示器称为方位表，有两种不同的型式。它们都是以飞机纵轴为基准，从指示器顶部固定标记开始，用顺时针转过的角度表示飞机与地面导航台的相对方位角。一种为固定刻度盘，直径3 in(1 in=2.54 cm)，刻度为5°等分的驾驶员方位表；另一种为可由人工转动刻度盘，直径5 in，刻度为1°等分的领航员方位表。后来又将二部定向机的指示合并在一个方位表中，用单针和双针来指示。IND-650即为人工转动刻度盘的方位指示器。现代飞机上的ADF方位指示器普遍使用无线电磁指示器(radio magnetic indicator, RMI)或导航显示器(ND)。

RMI在飞机上一般作为备用方位指示器，如图3-5所示。这种指示器的刻度盘，也称罗牌，是由磁罗盘或惯性基准组件(inertial reference unit, IRU)驱动的。指示器顶端固定标记(航向标记)所指罗牌的刻度数为飞机的磁航向，指示器指针指示罗牌上的刻度数为地面导航台的磁方位角,而指示器的航向标记与指针之间的夹角为飞机与地面导航台的相对方位角。三者之间的关系可由下述公式说明:

电台磁方位=飞机磁航向+电台相对方位

RMI 左右下角分别有两个系统选择开关,选择开关置于“ADF”位时,可指示飞机与地面导航台的相对方位角;当转换到“VOR”位时,指针将指示 VOR 方位。一般飞机上的 ADF 和 VOR 设备都是双套配置的,所以指示器 RMI 也为双指示。在 RMI 上还有方位故障旗和航向故障旗(均为琥珀色)。当方位(ADF 或 VOR)数据源失效或 RMI 内部方位电路失效时,方位故障旗出现;当 RMI 的罗盘卡电路故障或 IRU 供给的航向数据无效或者没有计算数据输入时,航向故障旗出现。

图 3－5 中右边系统(双实线表示)表示电台(地面导航台)磁方位为 330°,飞机磁航向为 0°(磁北),故飞机与右边系统对应电台的相对方位为 330°－0°＝330°。

ND 是现代飞机上的主要方位指示器,它是电子飞行仪表系统(EFIS)的其中一个显示组件(display unit, DU),ADF 接收机输出的方位信息加至 EFIS 的显示电子组件(display electronic unit, DEU)中,DEU 生成显示图像后显示在 ND 上。ND 显示画面如图 3－6 所示,细针指示第一部 ADF 方位,粗针指示第二部 ADF 方位,并在 ND 的左、右下角分别显示当前 ADF 系统的识别码信息。当 ADF 接收机或 EFIS 的 DEU 故障时,在 ND 上出现琥珀色的长方形故障旗,左框内的 ADF 1 表示第一部(左)故障,右框内的 ADF 2 表示第二部故障。

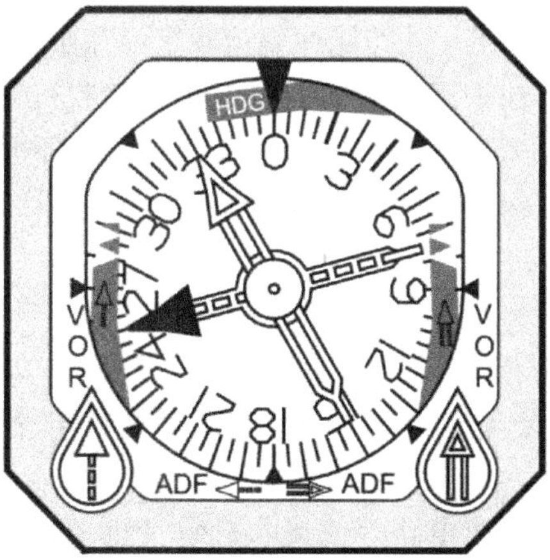

图 3－5　无线电磁指示器(RMI)

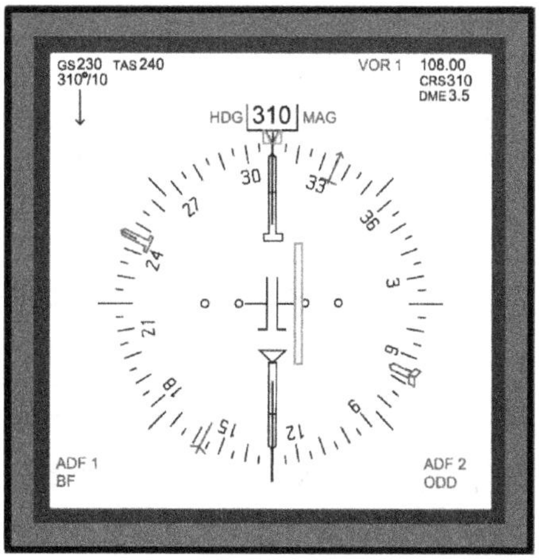

图 3－6　导航显示器(ND)

4) 天线

自动定向机在进行自动定向时需要两个天线,一个是无方向性天线,称为垂直天线或辨向天线,其接收的信号用来调谐接收机,并与环形天线接收的信号叠加,为自动定向机提供单值定向;另一个是方向性天线,称为环形天线,用以提供方位信息。两种天线都工作于 190～1 750 kHz 波段。

现代飞机使用的环形天线一般都制成与飞机蒙皮平齐的两个正交的偏平型固定式环

形天线,它不仅可以减小环形天线安装对飞机在飞行中空气的阻力,而且由于采用测角器旋转代替环形天线的转动,可以减少大量的机械传动部件,从而可提高定向机工作的可靠性,维护更为简便。

最新式的自动定向机的天线是在两个正交的铁氧体上绕成正交的固定环形天线并与垂直天线组装在一起,形成组合式环形/垂直天线。两种天线的输出信号分别经前置放大器放大后,由高频电缆送至接收机,并经正、余弦平衡调制得到方位信息,再经微处理器的方位解算,输出方位数据,从而取消了机械转动部件。

这种组合式天线的环形天线部分是正交的两个环形天线,在飞机上安装时,其中一个环面与飞机纵轴垂直,称作正弦环形天线,安装在飞机纵轴中心线上,当飞机正对准地面导航台时,接收信号最小;另一个环形天线平面与飞机横轴垂直,称作余弦环形天线,当飞机正对准地面导航台时,接收信号最强。

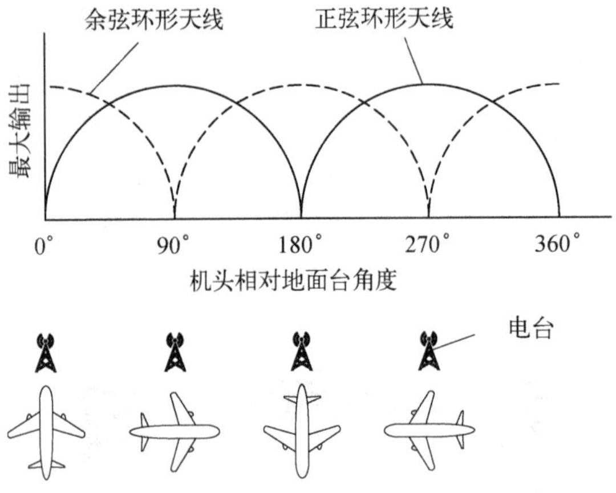

图 3-7　正、余弦环形天线输出幅值

图 3-7 示出了飞机航向(机头方向)与地面导航台成不同角度时,正、余弦环形天线输出信号的幅值变化情况。

在早期的飞机上,垂直天线也安装在机身外部,为水平式张线天线。后来为防止大气静电干扰,用绝缘罩壳封闭起来,突出在机身表面。到了 20 世纪 80 年代,飞机制造厂都将垂直天线安装在机身上,如波音 737 飞机就是在机翼根部的一块绝缘体整流罩上喷涂金属膜,做成垂直天线,通过匹配器与接收机连接起来。现代飞机上的垂直天线与环形天线组装在一起,即组合式环形/垂直天线。

3.1.4　现代自动定向机的主要特征

现代最新式自动定向接收机均为全固态数字化设备,符合 ARINC712 规范,如美国 Collins 公司生产的 ADF-700 接收机和 Bendix 公司生产的 DFA-75A 接收机等,目前已广泛用于民航各种新型客机上,其主要特征如下。

(1) 利用数字技术,如采用微处理器和数字集成电路等使接收机数字化,例如,接收机频率的选择和功能选择(ANT/ADF,报/话等)均通过 ARINC429 数据传输总线进行控制,接收机输出的方位信息经 CPU 及 ARINC429 数据传输总线送至方位显示部件。

(2) 采用组合式环形/垂直天线,且天线接收的信号分别经 3 个前置放大器放大后,由同轴电缆接到接收机尾部插头,不需要单独的天线电缆和插头,而且连接电缆的长度不受限制,也无临界值。这不仅可以减小杂波干扰,便于维护,而且无须考虑接收机与天线的匹配等问题。

(3) 最新式自动定向机不需要单独象限误差修正器,其象限误差的修正只需改变接收机尾部插头上不同插钉的连接组合。同时,最新式自动定向机(如 ADF-900)不仅能进行人工自试验，来检查系统的功能正常与否，而且接收机可每隔 30 s 自动地进行系统的故障检测，并可存储被检测到的故障，以便于维修人员检查。

3.2 自动定向原理

利用无线电技术确定空间目标(如飞机)相对于地面导航台的角度坐标，实际上是确定发射或接收无线电波的传播方向。

无线电波在空间的传播方向可以用仰角 γ 和相对方位角 θ 来表示，如图 3-8 所示。

当采用中长波段测向时，由于它是表面波传播，因地球表面空气介质的不均匀性(如随高度的增加，介电系数减小等)及上层空气游离的影响，使电波的传播轨道在垂直平面内发生弯曲，在确定仰角 γ 时将有很大误差。因此，除超短波(直达波)定向外，中长波测向设备(如 ADF 自动定向机)不测量仰角 γ 而测量相对方位角 θ。

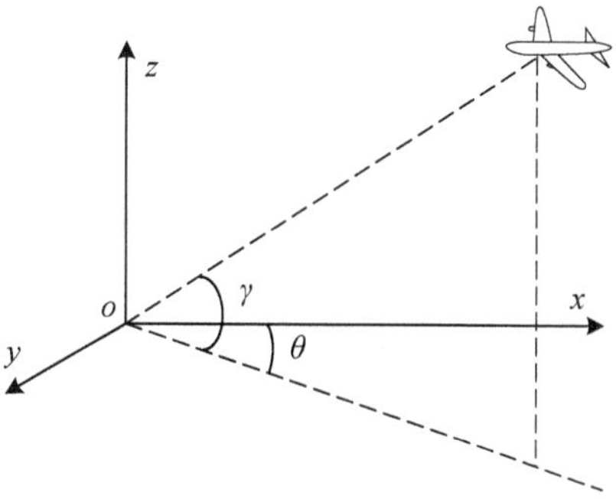

图 3-8 飞机相对于地面台 o 的角坐标

无线电测向设备按其技术特性，可分为振幅式测向设备和相位式测向设备两大类。利用发射信号的载波振幅(称为 E 型)或接收信号的调制深度(称为 M 型)与无线电波到达方向间的关系来测定方向的设备，称为振幅式测向设备。

这里主要讨论机载 ADF 自动定向机采用中长波的 M 型测向的基本工作原理。

3.2.1 天线的方向性

当天线上通过有高频交变电流时，就可以形成向空间的电磁波辐射，但天线向空间各个方向辐射的电磁场能量是不相等的。

由于天线可以看作由许多单元振子组成的，天线辐射到空间任意一点的电磁场可以看作由许多单元振子辐射到该点的电磁场的叠加。根据天线理论可知，单元振子的辐射是有方向性的。例如，与振子轴线平行并包括振子的平面(也称子午面)的方向性图是一个“8”字形，见图 3-9(a)，这说明在子午面 0°~360°的方向上，单元振子辐射的场强是不一样的；而与振子轴线垂直的平面(也称赤道面)的方向性图为一个圆，见图 3-9(b)，它说明在赤道面的任意方向上单元振子辐射的场强都相等。将上述两个平面的方向性图加以综合，或将电场平面的方向性图绕振子旋转一周，所得到的曲面就是单元振子的立体(或空间)方向性图，如图 3-9(c)所示。它表明在振子轴线方向上场强为零，而在所有垂直于振子轴并通过振子中心的方向上，场强均为最大。

在分析天线的方向性时，除了考虑单元振子的方向性是形成天线方向性的基本因素之外，还必须考虑到构成天线的各单元振子辐射的电波到达空间各点的行程差。如图 3-10(a)所示，天线的各单元段所辐射的电波到达空间各点的行程(即距离)并不一定相等，于是就会产生行程差，而行程差将引起电波间的相位差。各单元段辐射到空间某点的场强是按矢量相加的。图中示出了由对称天线振子上的两个对应单元段所发出的电波，

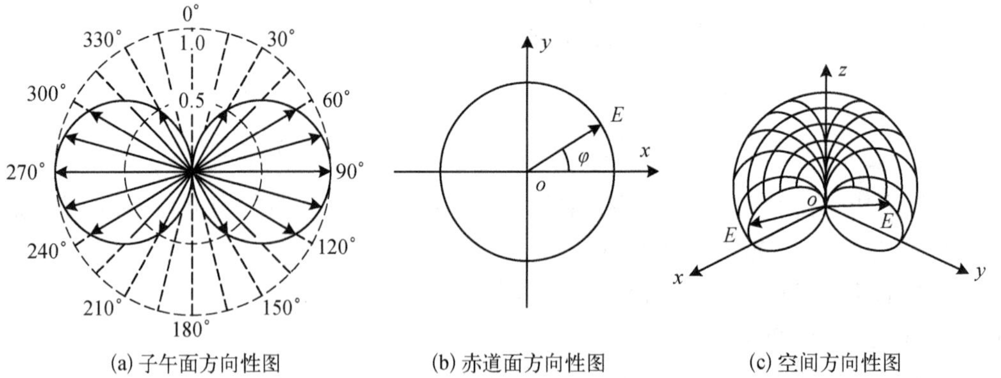

(a) 子午面方向性图　(b) 赤道面方向性图　(c) 空间方向性图

图 3－9　单元振子的方向性图

在 A 和 A'方向上,存在行程差 Δy,因而产生了相位差,影响到合成场强的大小。如果此行程差为二分之一波长,即相位差为 180°时,则该方向上的合成场强就抵消为零。可见,行程差也是形成天线方向性的基本因素之一。

同时,天线对称振子上电流分布是不均匀的,且当振子每臂长度(称臂长)大于二分之一波长时,振子上将出现反向分布的电流。如图 3－10(b)示出了臂长等于一个波长的对称振子上电流的分布情况。由于振子上载有正向电流的线段长度,等于载有反向电流的线段长度,同时正向电流和反向电流分布的平均值相等,所以在 B 和 B'方向上,各单元段所辐射的电波互相抵消,合成场强为零。因此,天线振子上电流分布的情况,同样也是形成天线方向性的基本因素之一。

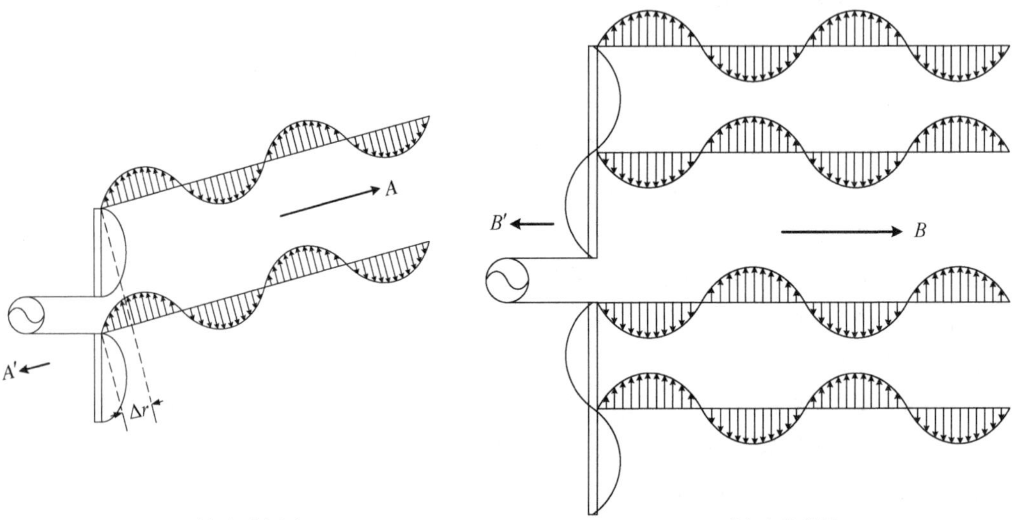

(a) 半波振子　(b) 全波振子

图 3－10　行程差及电流分布对天线方向性的影响

对接收天线而言,由于天线上产生的感应电势的大小,与电波中平行于天线轴线(子午面)的电场分量成正比,所以对于与接收天线等距离但方向不同的等场强来波,天线的接收能力也将不同。下面以半波对称振子为例来说明(图3-11)。

如图3-11(a)所示,当电波从 S_1 方向传来时,电场分量与天线振子轴线平行,所以产生的感应电势最大,接收能力最强;而电波从 S_3 方向传来时,其电场分量与振子轴线垂直,不能产生感应电势,即天线不能接收;电波从 S_2 方向传来时,天线接收能力介于上述两者之间,其接收天线的方向性图如图3-11(b)所示,与用作辐射时的天线方向性图完全一样。这说明同一天线可以用来辐射电波,又可以用来接收电波,而且无论天线作辐射或接收,天线的各个系数,如效率、方向性、输入阻抗等,均保持不变。即接收天线同样具有方向性,例如,当转动普通半导体收音机时,可以听到接收的声音大小会发生变化。

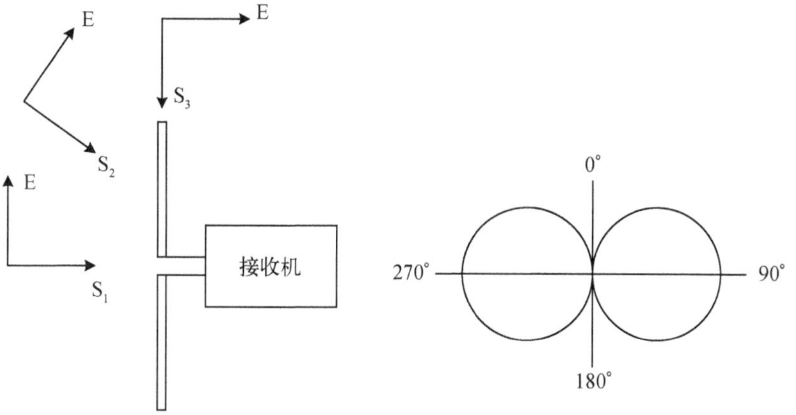

(a) 接收不同方向电波　　(b) 方向性图

图3-11　半波对称振子接收电波的方向性

3.2.2　环形天线的方向性

环形天线最基本的结构是一个用导线制成的矩形或圆形的线环。由于其辐射电阻、效率都很低,实用中只当作接收天线使用。

图3-12中示出了环形天线的矩形结构形式。当环形天线平面与地平面垂直时[如图3-12(a)所示],分析其赤道面的方向性。

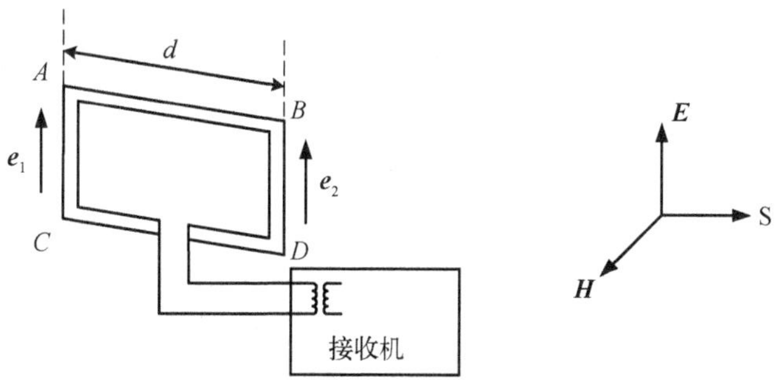

(a) 环形天线结构　　(b) 电波矢量关系

图3-12　简单矩形环形天线

E 表示电磁波的电场分量;***H*** 表示电磁波的磁场分量;S表示电磁波的传播方向

由远处传来的电波为垂直极化波[如图 3-12(b)所示],电场分量与铅垂边平行,所以电波只能在 AC 和 BD 两个铅垂边上产生感应电势 $\boldsymbol{e}_1$ 和 $\boldsymbol{e}_2$ 且在线环中的方向相反,所以在线环输出端的合成电势 $\boldsymbol{e}_\Sigma = \boldsymbol{e}_1 - \boldsymbol{e}_2$。下面分析当线环平面与远处电台所在方向(电波传播方向)成不同角度时,合成电势的大小。

(1) 线环与电台所在方向垂直时,$\theta = 90°$,参见图 3-13(a)。因为电波到达两个铅垂边的行程相等,所以在铅垂边 AC 与 BD 上产生的感应电势 $e_1 = e_2$,则合成感应电势 $e_\Sigma = e_1 - e_2 = 0$。

(2) 线环与电台所在方向一致时,$\theta = 0°$,参见图 3-13(b)。电波先到达铅垂边 AC,产生感应电势 $\boldsymbol{e}_1$,后到达铅垂边 BD,产生感应电势 $\boldsymbol{e}_2$,且 $\boldsymbol{e}_1$ 超前 $\boldsymbol{e}_2$ 一个相角 φ。φ 的大小取决于两个铅垂边间的距离 d,即电波传播的行程差,$\varphi = 2\pi d/\lambda$,其中 λ 为电波波长。又因为 d 远小于线环与电台之间的距离,所以可认为两个铅垂边所产生的感应电势的幅度相等,即 $\boldsymbol{e}_1 = \boldsymbol{e}_2 = \boldsymbol{e}$。

此时的行程差 d 最大,相角 φ 也最大,而合成感应电势也为最大,$e_\Sigma = 2e\sin(\varphi/2)$。

(3) 线环与电台所在方向成 θ 角,$\theta \neq 0°$、90°、180°、270°,参见图 3-13(c)。电波先到达 AC 边产生 $\boldsymbol{e}_1$,后到达 BD 边产生 $\boldsymbol{e}_2$,由于电波传播的行程差为 $\Delta r = d\cos\theta$,所以 $\boldsymbol{e}_1$ 与 $\boldsymbol{e}_2$ 的相位差 $\varphi = 2\pi d\cos\theta/\lambda$,此时的合成感应电势为

$$e_\Sigma = 2e\sin\frac{\varphi}{2} = 2e\sin\left(\frac{\pi}{\lambda}d\cos\theta\right) \approx 2e\frac{\pi d}{\lambda}\cos\theta = K\cos\theta \tag{3-1}$$

式中,$\cos\theta$ 为环形天线的方向性因数;系数 $K = 2e\pi d/\lambda$。

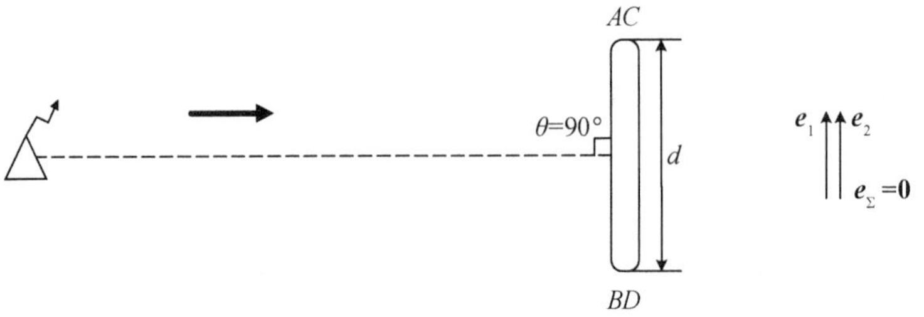

(a) θ=90°

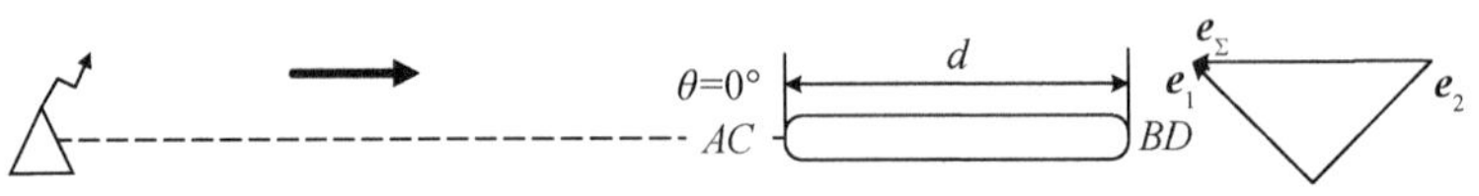

(b) θ=0°

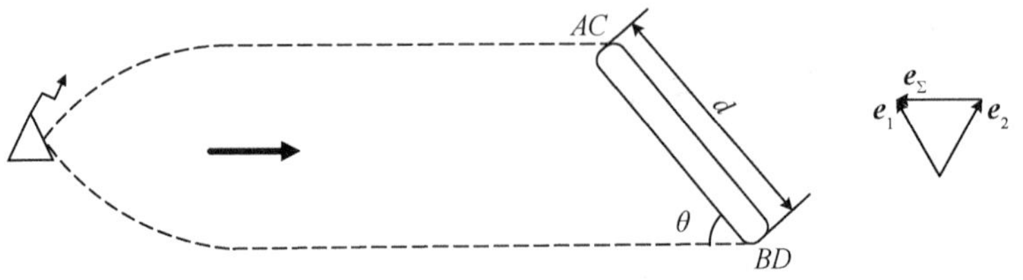

(c) $\theta \neq$ 0°、90°、180°、270°

图 3-13 不同来波方向时产生的合成感应电势

从以上分析可知，电波来向与环形天线平面所成的角度 $\theta=90°$、$270°$时，合成电势 $e_\Sigma=0$；$\theta=0°$、$180°$时，合成电势 e_Σ 为最大；而当 θ 在 $0°\sim90°$时，合成电势 e_Σ 在 0 与最大值之间，且按余弦规律变化。如图 3－14 所示，环形天线的方向性图为“8”字形。当电波从环形天线零接收方向（90°、270°）左侧或右侧来时，环形天线的合成感应电势反相 180°，如图 3－14 中用“+”“－”号标出。

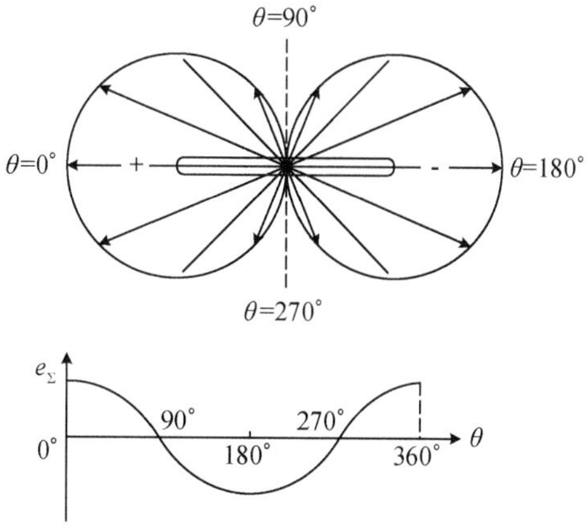

图 3－14　环形天线的方向性图

3.2.3　心脏形方向性图

环形天线具有“8”字形的方向性，也就是说，当相同场强的电波从不同方向传来时，被环形天线接收所产生的合成感应电势大小不同。在 90°、270°上接收的合成电势为零，而且在零点附近场强变化最敏感，可以用于定向。但是在 $0°\sim360°$方位上出现两个零点，从而造成定向的多值性。为了准确地测定方向，还必须加入无方向的垂直天线（也称为辨向天线）。将环形天线产生的合成感应电势与垂直天线产生的感应电势叠加在一起，将形成新的组合合成电势 $\boldsymbol{e}_T$。

为了实现环形天线合成感应电势与垂直天线感应电势的叠加，应首先分析两个感应电势之间的相位关系。因为环形天线合成电势的大小与电波传播的行程差有关，所以新的组合合成电势 $\boldsymbol{e}_T$ 也必然与电波传播的行程差有关。因此，环形天线与垂直天线之间的位置关系将决定两个感应电势的相位关系。

（1）当垂直天线位于环形天线线环的中间位置，如图 3－15（a）所示。如电波从 S_A 方向来时，在 AC 边上产生的感应电势 $\boldsymbol{e}_1$ 比垂直天线上产生的感应电势 $\boldsymbol{e}_S$ 超前 $\varphi/2$，$\boldsymbol{e}_S$ 又比 BD 边上产生的感应电势 $\boldsymbol{e}_2$ 超前 $\varphi/2$。那么环形天线合成感应电势 $\boldsymbol{e}_\Sigma$ 比 $\boldsymbol{e}_S$ 超前 90°，参见图 3－15（b）。

如电波从 S_B 方向来时，在 BD 边上产生的感应电势 $\boldsymbol{e}_2$ 比垂直天线上产生的感应电势 $\boldsymbol{e}_S$ 超前 $\varphi/2$，$\boldsymbol{e}_S$ 又比 AC 边上产生的感应电势 $\boldsymbol{e}_1$ 超前 $\varphi/2$。那么环形天线合成感应电势 $\boldsymbol{e}_\Sigma$ 比 $\boldsymbol{e}_S$ 落后 90°，参见图 3－15（c）。

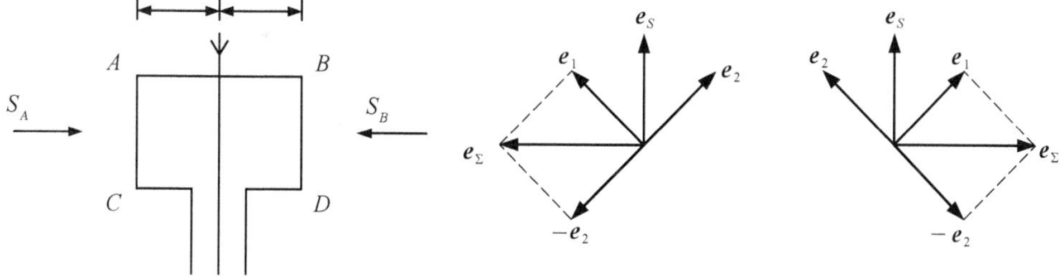

(a) 垂直天线与环形天线位置　(b) 电波从 S_A 方向传来　(c) 电波从 S_B 方向传来

图 3－15　环形天线合成感应电势与垂直天线感应电势的相位关系

此外，电波从其他方向来时。由于行程差的不同，使 φ 角减小，环形天线合成感应电势的幅度减小，但 $\boldsymbol{e}_{\Sigma}$ 与 $\boldsymbol{e}_S$ 仍保持 90°的相位差。

(2) 垂直天线不在线环面的中间位置，这是自动定向机(ADF)天线在飞机上安装的实际情况。环形天线合成感应电势 $\boldsymbol{e}_{\Sigma}$ 仍在水平位置，而垂直天线上产生的感应电势 $\boldsymbol{e}_S$ 与垂直天线位于线环中间位置时所产生的感应电势相比，由于电波传播的行程差而产生了相位差，即此时 $\boldsymbol{e}_S$ 与 $\boldsymbol{e}_{\Sigma}$ 的相位差不等于 90°。但是由于电波的波长很长($\lambda \approx 200 \sim 2\,500$ m)，而环形天线与垂直天线在飞机上的安装位置相差仅有几米，环形天线平面的中间位置与垂直天线的实际位置的距离 $d' \ll \lambda$，由电波传播的行程差而引起的相位差 $\varphi = 2\pi d'/\lambda$ 很小，因此可近似地认为环形天线产生的合成感应电势与垂直天线产生的感应电势仍有 90°的相位差。垂直天线在赤道面上是无方向性的，其方向性图为一个圆，规定其产生的感应电势 $e_S = 1$。

环形天线在赤道面上的方向性图为一个“8”字形，其合成感应电势 $e_{\Sigma} = K\cos\theta$，又因为环形天线产生的合成感应电势与垂直天线产生的感应电势相位差为 90°，若将环形天线产生的合成感应电势移相 90°，使其与垂直天线产生的感应电势同相或反相，再与垂直天线产生的感应电势叠加而形成组合合成电势 e_T：

$$e_T = e_S + e_{\Sigma} = 1 \pm K\cos\theta \tag{3-2}$$

假设 $\boldsymbol{e}_S$ 与 $\boldsymbol{e}_{\Sigma}$ 同相，则 $e_T = 1 + K\cos\theta$。当 $K=1$ 时，$e_T = 1 + K\cos\theta$，为一心脏形曲线，如图 3-16(a)所示；当 $K<1$ 时，其方向性图如图 3-16(b)所示；当 $K>1$ 时，其方向性图如图 3-16(c)所示。

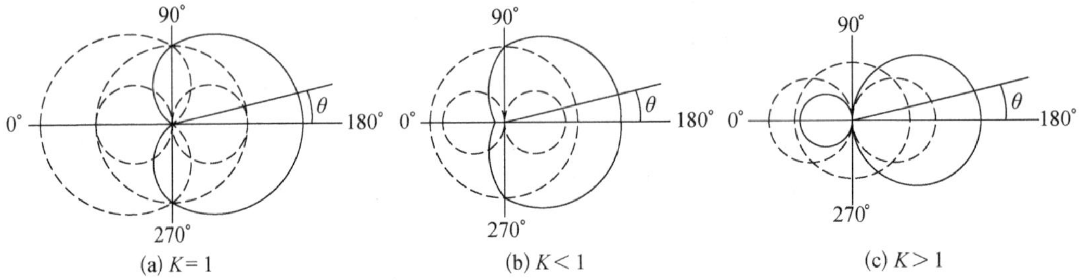

图 3-16　组合方向性图

图 3-16 中最小值的方向不与环形天线平面垂线相一致，此时最小值的轴线为一折线。

假如 $\boldsymbol{e}_S$ 与 $\boldsymbol{e}_{\Sigma}$ 反相，则 $e_T = 1 - K\cos\theta$。当 $K=1$ 时，$e_T = 1 - K\cos\theta$，也为一心脏形曲线，不过与图 3-16(a)实线所示的心脏形相反(差 180°)，是如虚线所示的心脏形曲线。

如果环形天线产生的合成感应电势 $\boldsymbol{e}_{\Sigma}$ 不移相 90°，即与垂直天线产生的感应电势 $\boldsymbol{e}_S$ 相差 90°时，则组合方向性图如图 3-17 所示。

此时，$K=0$ 时相当于只有一根无方向性的天线(垂直天线)在接收，其他方向性图相当于如下条件：

$$1 < K_1 < K_2 < K_3 < \cdots < K_n \tag{3-3}$$

这种情况下的每个方向性图都是对称的，而且在环形天线平面垂直方向上具有两个变坏了的最小值。

当 $\boldsymbol{e}_\Sigma$ 与 $\boldsymbol{e}_S$ 两个感应电势相位差为 0～π 的任意值时，最小值变得模糊不清，其最小值的轴线为一条折线，如图 3－18 所示。

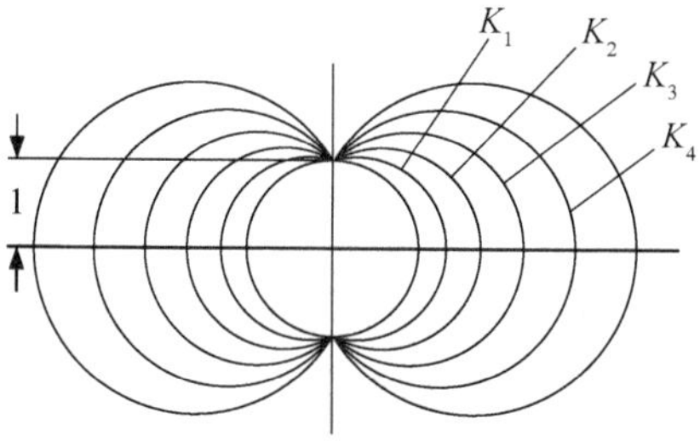

图 3－17 e_S 与 e_Σ 相位差 90°时的组合方向性图

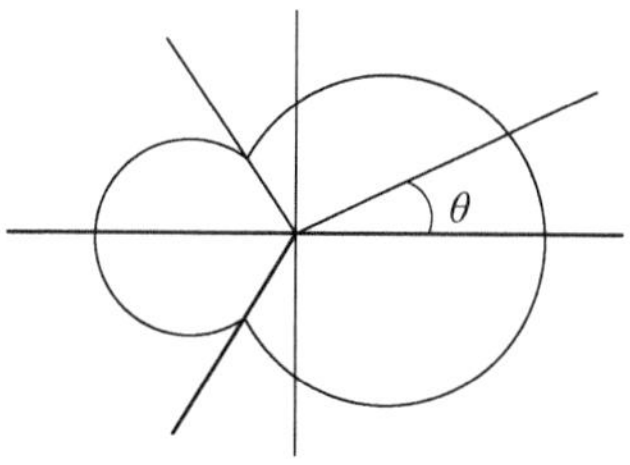

图 3－18 e_S 与 e_Σ 相位差为任意值时的组合方向性图

3.2.4 旋转环形天线移相式自动定向

由上节分析已知，环形天线与垂直天线的组合合成感应电势的振幅表达式为 $e_T = 1 + K\cos\theta$。为了使环形天线平面的法线方向与飞机纵轴一致（即环形天线在飞机上安装的实际情况），令 $\varphi = 90° - \theta$，那么 $e_T = 1 + K\cos\varphi$，其方向性图为图 3－19 所示的心脏形方向性图，与图 3－16（a）所示方向性图相同，只是将坐标移动了 90°。

自动定向机并不是以心脏形方向性图的零点作为定向零点，而是以环形天线"8"字形方向性图的零点作为定向零点，也称哑点。

这样就必须用一个低频调制信号，如 50 Hz 信号，使环形天线信号周期地改变 180°，也就是当 50 Hz 信号的半周如图 3－19 所示右"+"左"－"时，合成实线心脏形方向性图；而在 50 Hz 信号的另一半周时，为左"+"右"－"，合成虚线心脏形方向性图。

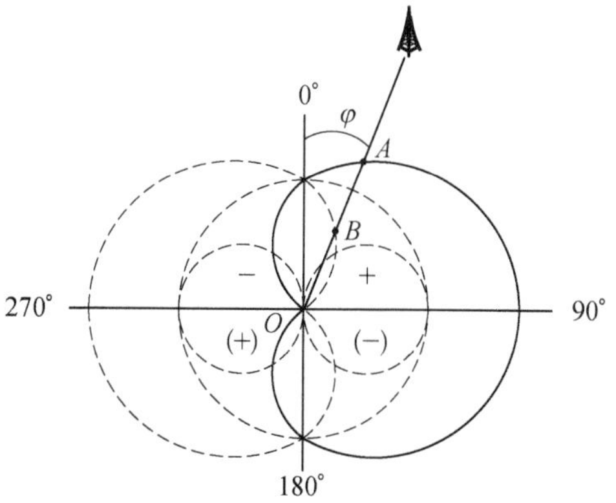

图 3－19 组合方向性图

那么，电波从任意方向传来时，接收机所接收到的组合感应电势的振幅将在下述两值上按 50 Hz 的规律阶跃地变化：$e_{T_1} = 1 + K\sin\varphi$，$e_{T_2} = 1 - K\sin\varphi$。

例如，电波从图 3－19 所示的电台方向传来时，在 50 Hz 的一个半周，接收的组合感应电势为 OA，而在 50 Hz 的另一半周，接收的组合感应电势为 OB。实际上，地面电台传来的等幅高频信号（中、长波信号）被接收机接收后所形成的组合感应电势，变成一个以 M 为调制系数的调幅波，其中：

$$M=\frac{\frac{1}{2}(e_{T_1}-e_{T_2})}{\frac{1}{2}(e_{T_1}+e_{T_2})}=K\sin\varphi \tag{3-4}$$

从该式可以看出：当环形天线平面对准地面台时，即 $\varphi=0°$，$\sin\varphi=0$，$M=0$；当 $\varphi=90°$ 时，$\sin\varphi=1$，$M=K$(最大)；当 $0<\varphi<90°$(在其中一个象限)时，$0<M<K$。

可见当电波从不同方向传来时(φ 不同)，则接收的组合感应电势的调制系数 M 不同(在 0 与最大值 K 之间变化)，说明调制系数 M 是飞机与地面台相对方位角 φ 的函数，即 $M=f(\varphi)$。

利用测定调制系数 M 的方法来定向的方式也称为振幅式 M 型定向，其方位辨别的方法及工作原理可由图 3-20 所示的简单方块图及图 3-21 的波形图说明。

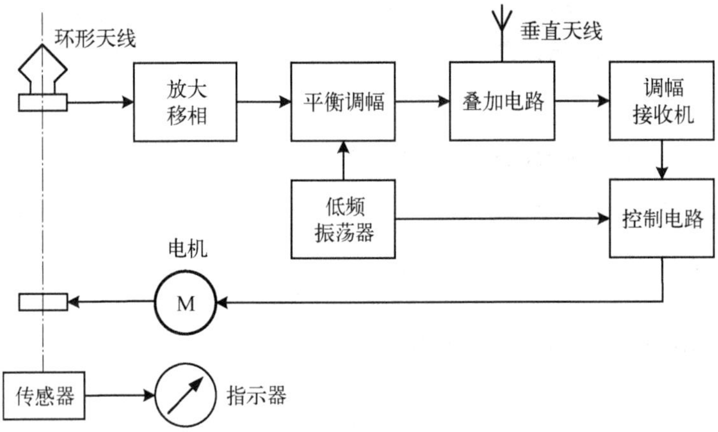

图 3-20　M 型定向的简单方块图

1. 电波从飞机左方传来时

被环形天线接收的信号首先经放大和移相 90°，以使环形天线产生的感应电势振幅 e_L 与垂直天线产生的感应电势的振幅 e_S 相等($K=1$)，且使两个感应电势同相(或反相)。再由平衡调幅器产生的 50 Hz 低频信号对移相后的环形天线信号进行调制，即使其周期地换相 180°。如果 50 Hz 信号的前半周平衡调幅器输至叠加电路的高频信号与垂直天线信号同相，那么 50 Hz 信号的后半周时间内，两个高频信号反相，从而使叠加电路内的组合合成信号变为具有低频(50 Hz)振幅调制的信号，该信号的调制系数 M 为方位角 θ 的函数。经过放大、检波后，将低频 50 Hz 信号加至控制级，音频辨别信号由控制级送至耳机，同时控制级接收 50 Hz 低频振荡器加来的 50 Hz 信号，与检波输出的 50 Hz 信号进行比相，其结果控制电机转动并带动环形天线向左旋转，使其环面法线对准地面台的来波方向，同时带动指示器指针指示相应的 φ 角。

2. 电波从飞机右方传来时

这种情况与电波从飞机左方传来时的情况基本相同，只是环形天线的高频信号的相位与前者反相 180°。因此经接收机移相、换相、叠加及检波后得到的低频 50 Hz 信号也与

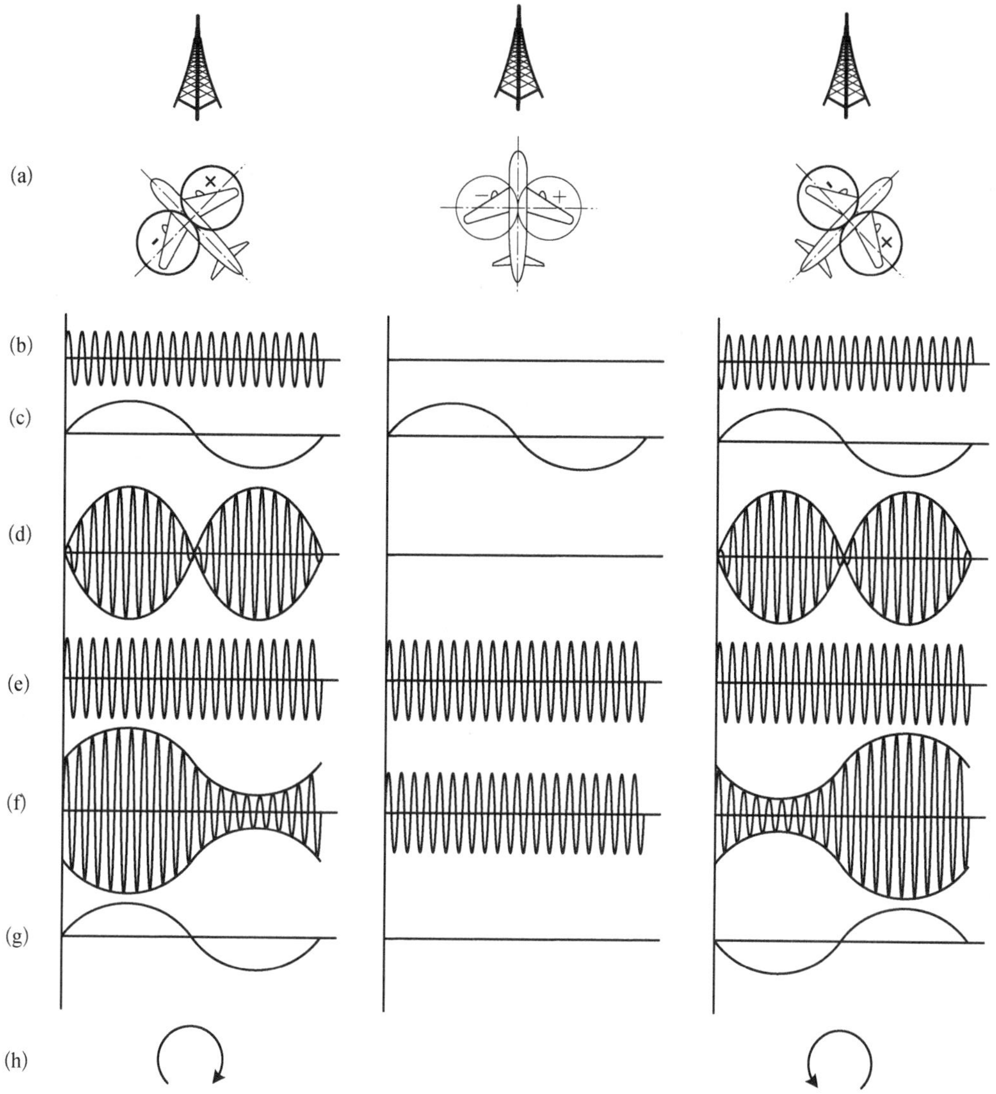

图 3－21 M 型定向的部分波形图

(a) 飞机相对于电台的角度;(b) 环形天线的电压;(c) 低频振荡电压;(d) 平衡调幅器的输出电压;(e) 垂直天线的电压;(f) 叠加后的调幅信号输出;(g) 电动机的控制电压;(h) 环形天线和指示器的转向

前者反相 180°,在控制级中与 50 Hz 低频振荡信号的比相结果与前者也反相 180°。因此,控制电机带动环形天线及指示器指针向相反方向转至对准地面台来波方向。

3. 当电波从飞机正前方来时

此时环形天线平面的法线方向与飞机纵轴一致,环形天线合成感应电势为零,只有垂直天线接收信号,所以电机不转动,环形天线也不转动,指示器指针所指的位置即表示飞机航向与地面台的相对方位角。此时,自动定向机只输出地面台的高频辨别信号。

从以上分析可知,只要调制系数 $M \neq 0$,就会控制电机带动环形天线转动,最终使环形天线平面的法线对准地面台的来波方向,使 $M=0$,从而转至稳定。但从图 3－19 所示的组合方向性图来看，使 $M=0$ 的点有两个，两者相差 180°，那么电机能否带动环形天线及指示器指针停在与地面来波方向的相反的方向上呢？回答是否定的。因为由于噪声等因素，不可能使环形天线准确地停留在 $M=0$ 的方向上，一般允许环形天线有 ±2° 的摆动。当环形天线向左摆动时，电机必然带动环形天线向右旋转；当环形天线摆向右方时，电机又使环形天线向左回转，也就是环形天线及指示器指针始终围绕着对准地面台来波方向摆动，该 $M=0$ 的点称作稳定定向点。而在另一个 $M=0$ 的方向上（与前者相差 180°），只要环形天线摆动稍偏离 $M=0$ 的点，由于环形天线接收的高频信号的相位不同，将使电机带动环形天线向左或向右转至稳定定向点，与稳定定向点相差 180° 的点称作不稳定定向点。这就是此种定向的单值性。

3.2.5　固定环形天线式自动定向

以上所述的自动定向机是利用环形天线的旋转实现自动定向的，最新式的自动定向机将两个正交的环形天线固定在飞机上，但不采用任何转动部件，其定向的基本原理如下。

纵向（正弦）环形天线与横向（余弦）环形天线接收的信号分别被低频（如 96 Hz）调制信号调幅，两个调制信号相位相差 90°。经调制后的两个信号合成后产生一个组合调制信号。这个组合调制信号与低频（96 Hz）调制信号的相位差与飞机至地面电台的相对方位成正比，但存在 0° 和 180° 的两个定向点，即可能产生 180° 的定向误差。当组合调制信号与垂直天线信号叠加后，则可消除错误定向点，其叠加信号的外包络相位即包含有相对方位信息。经接收机相干检波后输出外包络复合音频（含有 96 Hz 方位信息），再由微处理器采用相关技术与低频（96 Hz）调制信号进行比相，以确定飞机与地面电台的相对方位。

下面根据接收信号在接收机内各点的相位解析说明这种最新式自动定向的基本原理。图 3－22 示出了自动定向机的方位解算方块图。

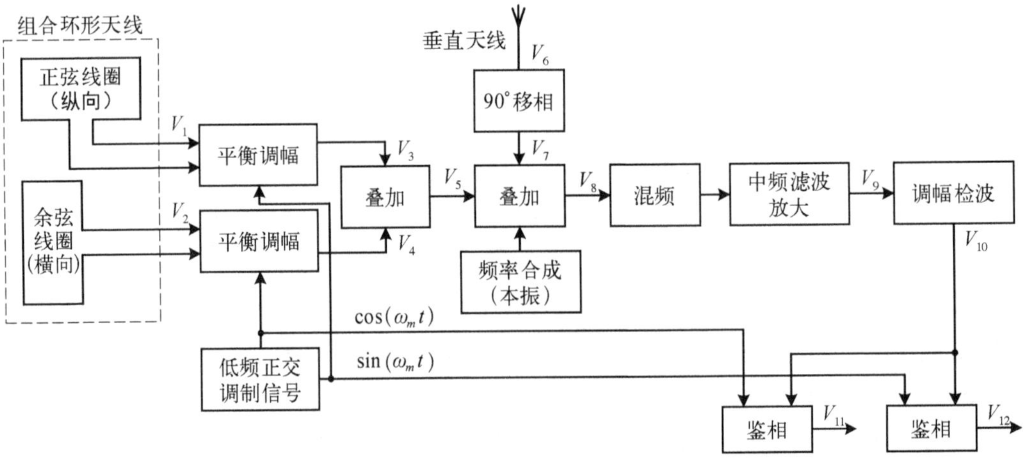

图 3－22　方位解算方块图

组合型环形/垂直天线的纵向（正弦）环形天线和横向（余弦）环形天线接收地面电台信号加至各自平衡调制器的信号电压分别用 V_1 和 V_2 表示：

$$V_1 = A\sin\theta\cos(\omega_c t),\quad V_2 = A\cos\theta\cos(\omega_c t) \tag{3-5}$$

式中,A 是信号电压的幅值;θ 是飞机与地面电台的相对方位角;ω_c 是接收地面电台信号的载波角频率(如 190~1 750 kHz)。

两个平衡调制器分别受低频 ω_m(如 96 Hz)正弦和余弦调制信号的调制,经调制后的输出信号分别为 V_3 和 V_4:

$$V_3 = V_1\sin(\omega_m t) = A\sin\theta\cos(\omega_c t)\sin(\omega_m t),\quad V_4 = V_2\cos(\omega_m t) = A\cos\theta\cos(\omega_c t)\cos(\omega_m t) \tag{3-6}$$

将 V_3 和 V_4 合成后可得到组合调制信号 V_5:

$$V_5 = V_3 + V_4 = A\cos(\omega_c t)[\sin\theta\sin(\omega_m t) + \cos\theta\cos(\omega_m t)] = A\cos(\omega_c t)\cos(\omega_m t - \theta) \tag{3-7}$$

从式(3-7)中可见,组合调制信号 V_5 是一个包含相对方位角 θ 的函数。垂直天线接收的信号及将其移相 90°后的输出信号分别为 V_6 和 V_7:

$$V_6 = B\sin(\omega_c t),\quad V_7 = B\cos(\omega_c t) \tag{3-8}$$

将移相后的垂直天线信号 V_7 与组合调制信号 V_5 叠加,得到 V_8:

$$V_8 = V_5 + V_7 = A\cos(\omega_c t)\cos(\omega_m t - \theta) + B\cos(\omega_c t) = B\cos(\omega_c t)\left[1 + \frac{A}{B}\cos(\omega_m t - \theta)\right] \tag{3-9}$$

V_8 可视为以低频 ω_m(如 96 Hz)调制的调幅波信号,其调制系数为 A/B。此时,组合调制信号 V_5 与移相 90°的垂直天线信号 V_7 叠加可得到一条以 θ 角为函数的心脏形方向性图。高频调幅信号 V_8 与本振信号混频后得到中频信号 V_9,可认为 V_8 与 V_9 的电压和相位不变($V_8 = V_9$)。V_9 经检波后输出音频识别信号(加到音频系统)和包含方位角 θ 的低频(ω_m)余弦函数 V_{10}:

$$V_{10} = K\cos(\omega_m t - \theta) \tag{3-10}$$

式中,K 为常数。

将 V_{10} 加到两个鉴相器,同时调制器的两个低频正弦[$\sin(\omega_m t)$]和余弦[$\cos(\omega_m t)$]信号也分别加到两个鉴相器,经鉴相后得到 V_{11} 和 V_{12}:

$$\begin{aligned} V'_{11} &= V_{10}\cos(\omega_m t) = K\cos(\omega_m t - \theta)\cos(\omega_m t) \\ &= K[\cos(\omega_m t)\cos(\omega_m t)\cos\theta + \sin(\omega_m t)\cos(\omega_m t)\sin\theta] \\ &= \frac{K}{2}[1 + \cos(2\omega_m t)\cos\theta + \sin(2\omega_m t)\sin\theta] = \frac{K}{2}[\cos\theta + \cos(2\omega_m t - \theta)] \end{aligned} \tag{3-11}$$

$$
\begin{aligned}
V'_{12} &= V_{10}\sin(\omega_m t) = K\cos(\omega_m t - \theta)\sin(\omega_m t) \\
&= K[\sin(\omega_m t)\cos(\omega_m t)\cos\theta + \sin(\omega_m t)\sin(\omega_m t)\sin\theta] \\
&= \frac{K}{2}\{\sin(2\omega_m t)\cos\theta + [1 - \cos(2\omega_m t)]\sin\theta\} \\
&= \frac{K}{2}[\sin\theta + \sin(2\omega_m t - \theta)]
\end{aligned} \tag{3-12}
$$

再经低通滤波器滤波后,鉴相器的输出为

$$
V_{11} = K'\cos\theta, \quad V_{12} = K'\sin\theta \tag{3-13}
$$

最后求出,飞机相对地面电台的相对方位角:

$$
\theta = \arctan\frac{\sin\theta}{\cos\theta} \tag{3-14}
$$

3.3 误差与干扰

机载自动定向机是依赖于地面电台发射的无线电波进行定向的,而无线电波在传播过程中,会受到飞机金属机身的影响,也会受到电离层、大气条件(如温度、湿度)、大地表面的性质、地理环境及人为干扰等因素的影响,使定向产生误差。同时,因为自动定向设备本身结构的问题,也会引起一定的定向误差。这些误差大致可分为环形天线附近金属导体的干扰误差、电波传播误差和设备误差。

3.3.1 象限误差的形成

象限误差也称为罗差,主要是环形天线附近金属导体的干扰误差。

当地面电台辐射的无线电波射到飞机机身等金属物体上时,将在金属物体上产生交变的感应电流,该电流又在机身等金属物体周围产生辐射电波,这种现象称为二次辐射。二次辐射电波与原信号电波叠加后,合成电波作用到环形天线的方向与原电波传播方向相差一个角度,从而改变了定向方向,造成了定向误差,该角度称为象限误差或罗差。

造成二次辐射的金属物体一般分为两类:一类为垂直的环状导体,如飞机机身等,它类似回路,所以称为类回路辐射体;另一类为长度比截面大很多倍的不闭合导体,如天线杆、金属杆等,它类似于天线,所以称为类天线辐射体。通常类回路辐射体比类天线辐射体对定向的影响大得多(即产生的罗差大),因此只分析类回路辐射体所产生的罗差。

可以把飞机看作两个回路,即飞机纵轴向形成的纵向回路及飞机横轴向形成的横向回路。如图 3-23 所示,飞机纵轴回路为 XX' 轴上的回路,飞机横轴回路为 YY' 轴上的回路。为了便于分析,将环形天线置于两个回路的中点。

假设地面导航台射来的电波与 YY' 轴的夹角为 α,飞机与地面台的相对方位角为 θ。根据电波传播的方向,按右手定则可确定它的磁场为 $\boldsymbol{H}_0$(参见图 3-23)。

无线电波是由电场和磁场合成的,为了分析方便起见,仅考虑磁场的情况。磁场 $\boldsymbol{H}_0$

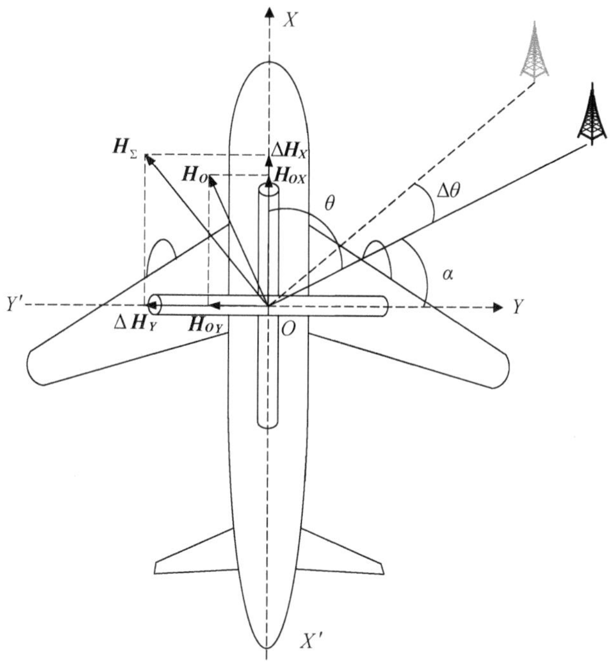

图 3-23　罗差的形成

可分解为纵轴向磁场 $\boldsymbol{H}_{OX}$ 与横轴向磁场 $\boldsymbol{H}_{OY}$。同时,由于二次辐射,在飞机的横轴回路(YY'轴回路)将产生附加的二次辐射纵向磁场 $|\Delta\boldsymbol{H}_x| = kH_{Om}\sin\theta$($k$ 为比例系数,H_{Om} 为磁场矢量 $\boldsymbol{H}_O$ 的幅值);在飞机的纵轴(XX'轴回路)将产生附加的二次辐射横向磁场 $|\Delta H_y| = \mu H_{Om}\cos\theta$($\mu$ 为比例系数)。因此,总的纵向磁场为

$$|\boldsymbol{H}_X| = |\boldsymbol{H}_{OX} + \Delta\boldsymbol{H}_X| = (1+k)H_{Om}\sin\theta = H_{Xm}\sin\theta \tag{3-15}$$

总的横向磁场为

$$|\boldsymbol{H}_Y| = |\boldsymbol{H}_{OY} + \Delta\boldsymbol{H}_Y| = (1+\mu)H_{Om}\cos\theta = H_{Ym}\cos\theta \tag{3-16}$$

总的合成磁场的矢量为

$$\boldsymbol{H}_\Sigma = \boldsymbol{H}_X + \boldsymbol{H}_Y \tag{3-17}$$

合成磁场的幅值为

$$H_{\Sigma m} = \sqrt{H_{Xm}^2 + H_{Ym}^2} \tag{3-18}$$

从以上分析可知,由于二次辐射的影响,总的合成磁场(矢量)$\boldsymbol{H}_\Sigma$ 与原真实的磁场 $\boldsymbol{H}_O$ 之间出现一个角偏移 $\Delta\theta$,也就是相当于此时的电波传来的方向偏移真实地面台电波传来的方向一个 $\Delta\theta$ 角,如图 3-24 中的虚线所示。此时,自动定向机将按虚线方位定向,即产生定向误差 $\Delta\theta$,称为罗差。

根据图 3-23 所示的各矢量关系可求出罗差 $\Delta\theta$ 的数学表达式:

$$\sin\Delta\theta = \frac{H_{Ym}\sin\theta - H_{Xm}\cos\theta}{H_{\Sigma m}} \tag{3-19}$$

$$\Delta\theta = \frac{\arcsin(\mu - k)\sin\theta\cos\theta}{\sqrt{[(1+k)\sin\theta]^2 + [(1+\mu)\cos\theta]^2}} \tag{3-20}$$

因为,在一般情况下,纵向类回路产生的二次辐射横向磁场增量的幅值 μH_{0m} 大于横向类回路产生的二次辐射纵向磁场增量的幅值 kH_{0m},即比例系数 $\mu>k$,所以当相对方位角变化 360°时,合成磁场矢量 $\boldsymbol{H}_{\Sigma}$ 的轨迹为一椭圆(长轴在 Y 轴上)。

从上述数学表达式中还可以看出,如地面电台的相对方位角 θ 在 0°、90°、180°、270°时,罗差 $\Delta\theta=0$(无罗差)。而罗差 $\Delta\theta$ 的符号只取决于 θ 角的度数,如航向指示器指示在 0°~90°时,$\Delta\theta$ 为正,也就是指示的相对方位角小于电台的相对方位角,称为正罗差,如要修正罗差必须增加度数;在 90°~180°时,$\Delta\theta$ 为负,即指示的相对方位角大于电台的相对方位角,称为负罗差,修正罗差时要减小度数;在 180°~270°时,$\Delta\theta$ 为正罗差;在 270°~360°时,为负罗差。相对方位角 θ 在 45°、135°、225°、315°时,罗差 $\Delta\theta$ 最大。

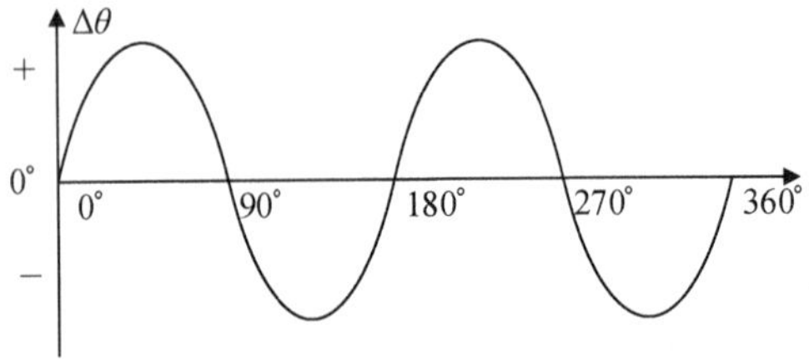

图 3-24　罗差曲线

可见,由二次辐射引起的罗差为四次性的,其变化规律如图 3-24 所示。

当地面电台的相对方位为 0°和 180°时,纵向回路产生的二次辐射横向磁场与原电波磁场平行,横向回路产生的二次辐射纵向磁场为零,所以在这两个方位上不产生罗差。同理,地面电台的相对方位为 90°和 270°时,罗差也为零。

根据比例系数 $\mu>k$ 的矢量分析,也可以得出地面电台的相对方位为 45°和 225°时有正的最大罗差,而在 135°和 315°时有负的最大罗差。可见,在 0°~360°罗差的变化规律还具有象限的特征,所以罗差也称作象限误差。

3.3.2　自动定向机的象限误差修正

目前最新式自动定向机象限误差的修正,是在接收机尾部中间插头上的 5 个插钉由跨接线按不同的连接组合来完成。每一个组合都产生一个确定的象限误差修正量(表 3-1),ADF 接收机通过读取插钉状态信息,使用软件进行象限误差的修正。

表 3-1　插钉的组合和象限误差修正角度(示例)

象限误差修正度数/(°)	连接到插钉 5(公共端)			
	插钉 1	插钉 2	插钉 3	插钉 4
+10		×		×
+12		×	×	
+18	×			×

根据前面的分析可知,象限误差的规律是,当飞机与地面台的相对方位为 0°、90°、180°和 270°时无象限误差,而在 45°、135°、225°和 315°附近时象限误差最大,且随相对方

位的改变误差大小也改变。同时,相对方位在右前方(0°~90°)的第一象限或左前方(270°~360°)的第四象限时,指示的方位通常偏向飞机机鼻方向;当相对方位在右后方(90°~180°)的第二象限或左后方(180°~270°)的第三象限时,指示的方位通常偏向机尾。

当飞机与地面台的相对方位在第一、三象限时有正误差,在第二、四象限时有负误差。那么在修正时应将相对方位在0°~90°时的指示方位朝右机翼尖方向移动(修正),在90°~180°时的指示方位也要向右机翼尖方向修正;而当地面台在180°~270°或270°~360°方位时,应使指示方位朝左机翼尖方向修正。也就是说,修正量的符号应与象限误差的符号相反,如负的象限误差需要正的修正量,反之亦然。

在掌握这一规律之后,可以采用在地面和空中两种方法进行修正。地面修正是将飞机拖至宽阔的跑道头,在飞机周围无建筑物或其他反射目标的情况下,选定适当的地面电台(电台频率应选用200~400 kHz),使飞机在0°~360°方位转动,记录指示方位并配合地面瞄准仪,计算出象限误差的修正量,改变接收机尾部插钉的组合。在地面修正后必须经过空中验证,在空中进行验证时,要收集飞行期间的方位数据,然后计算需要修正的量。

需要指出的是,象限误差修正的"+""-"符号和度数,一律以第一象限45°时的象限误差符号和度数为准。

3.3.3 电波传播误差

由于受电离层、大地和海面等的影响,地面无线电台发射的电波在传播过程中会发生复杂的变化而形成电波传播误差,这种误差的大小一般随接收的地点、时间和季节等有所不同。

电波传播对无线电定向造成的误差主要有极化误差(夜间效应)、山地效应误差和海岸效应误差等。

1. 极化误差

自动定向机工作在中波波段,电离层对电波的吸收白天比夜间强,因此白天在200海里距离之内接收机只能收到地波信号。而在夜晚,电波受电离层的损耗比白天小,由电离层反射的天波分量加强,所以定向机可能同时接收到地波与天波信号。这一方面会形成电波衰落;另一方面,由于反射的天波将使垂直极化波变为椭圆极化波,在环形天线的水平部分产生感应电势,不仅会使接收信号减弱,同时使环形天线的最小接收方向模糊不清,从而造成定向误差(极化误差)。由于夜间电离层变化较大,工作在中波的自动定向机在夜间受的影响较大,所以这种极化误差也称为夜间效应。

夜间效应通常出现在日落前2 h到日出后2 h的一段时间内(电离层变化最大),由夜间效应引起的定向误差一般为10°~15°。

减小夜间效应的根本办法是避免接收天波信号。由于波长越长,电离层反射越弱,所以应尽量选择波长较长、距离较近的地面导航台,并在测定方位时注意读取方位角的平均值。

2. 山区效应误差

电波在传播过程中,遇到山峰、丘陵和大的建筑物时会发生绕射和反射。因此,在山区低空飞行，自动定向机指示器的方位指针有可能出现偏离正确位置或摆动，这种现象称为山区效应。图 3－25 示出了在山区电波绕射引起的方位误差。

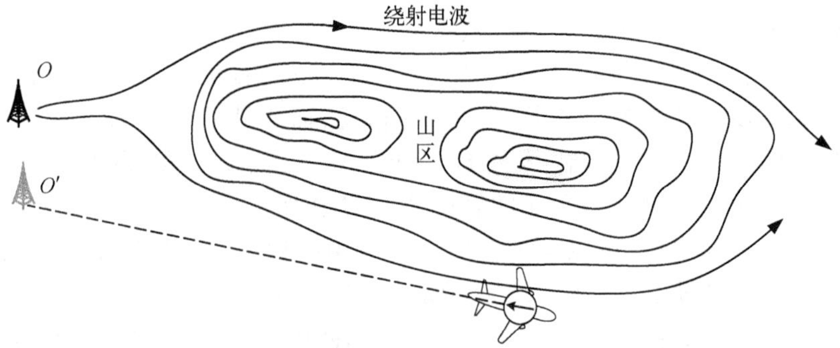

图 3－25　电波绕射引起的方位误差

设 O 是地面电台的所在位置，由于电波绕射，使 A 点的飞机接收的电波好像是从 O' 方向传来的，测得的方位角因而产生误差。一般，电波的波长越长，绕射能力越强，对中、长波定向影响较大。

如图 3－26 所示，由于电波在山区的反射，使 A 点的飞机不仅接收 O 点电台直接传来的电波，还接收来自 B 点的反射波，所测得的相对方位既不是 AO 方位，也不是 AB 方位，而是 AO'方位。一般情况下，电波的波长越短，反射能力越强，因此地面导航台的频率在多山地区应选得低些（波长较长）为好。

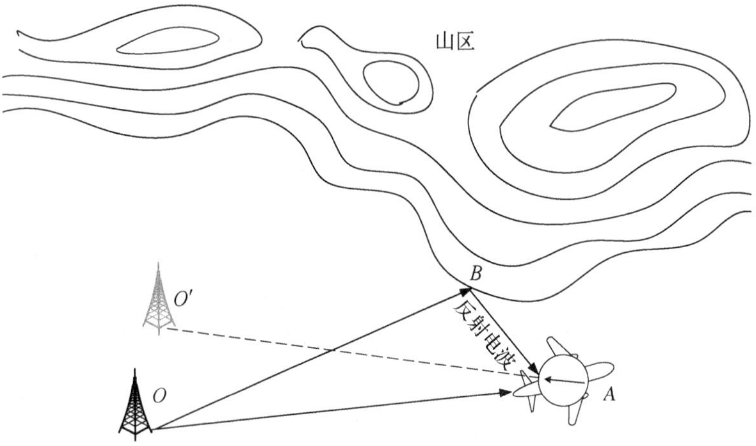

图 3－26　山区反射引起的方位误差

山区效应只存在于靠近山区 30~40 km，山区效应的大小取决于飞行高度和离山的距离。飞行高度越低，离山的距离越近，山区效应也越大。因此，在多山地区飞行时，应随时观测飞机的高度，前方山峰的位置，检查飞行的方向。

为了避免和减小山区效应的影响，应尽可能利用熟悉的地形在目视条件下飞行，或在干扰范围之外测定方位，并适当地提高飞行高度和选择合适的地面导航台。

3. *海岸效应误差*

通常,电波从陆地传向海面或从海面传向陆地时,电波传播方向改变的现象称为海岸效应。产生海岸效应的主要原因是电波经过两种不同媒介的交界面,导电系数不同,使电场相位结构发生畸变。

因为在陆地上(特别是干燥土地)电波传播的速度比在海上传播速度慢,所以在陆海交界面上,电波传播路径会发生折射。如图 3-27 所示,当地面电台位于陆地上 O 点,而在海上 A 点接收到电波的方向与 A 点电台的方向相差 α 角,在自动定向时,将产生方位误差。

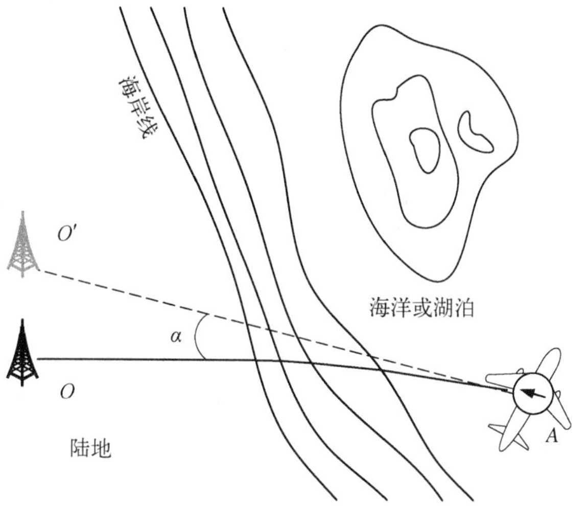

图 3-27 电波穿过海岸线产生折射

地面电台辐射电波的传播方向与海岸线的夹角越小,则误差越大,当传播方向与海岸线垂直时,不产生误差。海岸效应只在飞机接近海岸线的地面或海面时发生,随着高度的升高,误差逐渐减小,高度在 3 000 m 以上时,海岸效应可以忽略不计。

3.3.4 设备误差

设备误差是自动定向机系统本身的结构引起的定向误差,包括机械误差和电气误差:

(1) 机械误差是环形天线测角器安装和制造上的不准确等原因引起的;

(2) 电气误差主要指天线效应、测角器的电气耦合,以及接收机与调谐线圈屏蔽不良,环形天线屏蔽不良使环形线圈存在分布电容等原因引起的误差。

目前,制造厂都通过采取各种措施,使设备误差控制在 1°以内,因此,在实际使用中设备误差可以忽略不计。此外,由于相近频率邻近电台的干扰,也会给接收机的调谐和定向带来困难,因此,在实际使用中,必须仔细操作,辨别所选电台的识别信号,避免错调到其他电台,造成定向错误。

3.4 机载 ADF 系统

现代飞机上的 ADF 系统由组合式环形/垂直天线、ADF 接收机、ADF 控制盒及显示部分组成,如图 3 - 3 所示,本节将以波音 737NG 系列飞机上的 ADF 系统为例,详细介绍 ADF 机载系统的组成及其工作概况。

3.4.1　B737NG 飞机机载 ADF 系统

B737NG 系列飞机上,ADF 系统通常作为备用导航设备,它可用于接收来自地面 NDB 信标的调幅(amplitude modulation, AM)信号,并计算出飞机相对 NDB 台的方位角;同时,ADF 还可以接收地面无线电广播电台的标准调幅广播。B737NG 系列飞机机载 ADF 系统的组成及工作概况如图 3 - 28 所示(图中部分组件的释义见后续内容)。

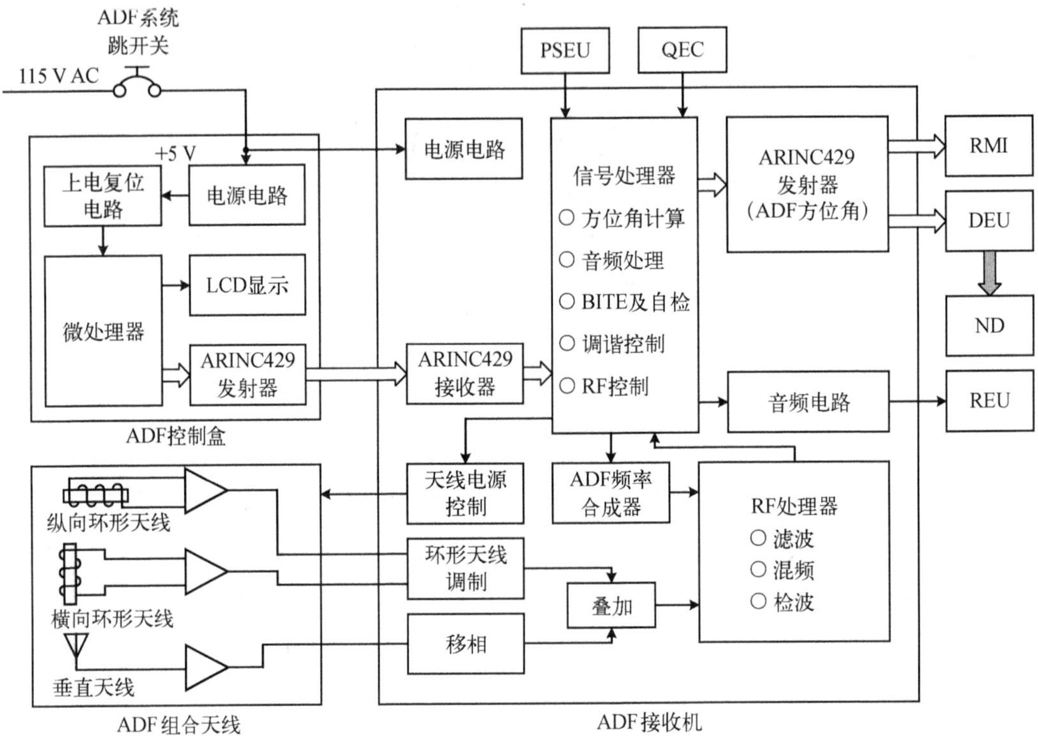

图 3 - 28　B737NG 系列飞机机载 ADF 系统

B737NG 系列飞机上,一般安装有一套或两套 ADF 系统,每一套 ADF 系统具有自己的组合式天线及 ADF 接收机,ADF 控制盒可以是一个或两个。

1. 电源

ADF 系统工作使用 115 V 交流电源,115 V 交流电通过 ADF 系统跳开关首先供给 ADF 控制盒,并经由控制盒再提供给 ADF 接收机,如图 3 - 28 所示。ADF 控制盒及 ADF 接收机内部的电源电路将 115 V 交流电变换成其工作所需的+5 V 直流、+12 V 直流等。

2. 天线

ADF 系统的天线采用组合式的环形/垂直天线,其中环形天线有两个天线单元,分别沿着飞机的横轴和纵轴安装,还有一部用于辨向的垂直天线,也称为感应天线。

天线的工作受 ADF 接收机天线电源控制电路的控制,当 ADF 处于 ANT 工作模式时,两部环形天线均不工作,只有垂直天线用于接收,这时 ADF 不具备定向功能,只能接收地面广播;当 ADF 处于关断模式时,组合天线全部不工作,此时不接收任何信号;只有处于 ADF 工作模式时,组合天线中所有天线才都处于工作状态,此时可以接收地面广播,也能进行定向。

3. 离散量接口

近地开关电子组件(proximity switch electronic unit, PSEU)提供给 ADF 接收机一个空/地(air/ground)离散信号,ADF 接收机使用这个空/地信号来对飞行航段进行计数,飞行航段计数主要用于机内测试装置(build in test equipment, BITE)的内部存储故障信息。

ADF 接收机还通过外部销钉设置象限误差修正(quadrant error correction, QEC),这也是一个离散信号,这部分内容参考前述象限误差的修正。

4. 调谐

ADF 控制盒通过 ARINC429 总线将设置好的地面台工作频率发送给 ADF 接收机,这个频率字中还包含有 ADF 工作模式信息。ADF 接收机根据频率字控制其内部的 ADF 频率合成器,产生用于接收相应频率 ADF 地面信号的本振信号,并提供给射频(radio frequency, RF)处理器。同时,也根据 ADF 工作模式设置,控制相应天线的工作状态。

ADF 控制盒发射的 ARINC429 总线信号编码格式如图 3-29 所示,它使用 LABEL 为 032 的数据字进行传输。

功能	校验位 P(奇校验)	SSM	1 000 kHz	100 kHz	10 kHz	1 kHz	0.5 kHz	空闲	ANT	BFO	SDI	LABEL(032)
位序	32	31 30	29 28 27	26 25 24 23	22 21 20 19	18 17 16 15	14	13	12	11	10 9	8 7 6 5 4 3 2 1

图 3-29 ADF 频率的 ARINC429 数据字编码

ADF 频率字中,1 000 kHz、100 kHz、10 kHz 和 1 kHz 均使用 BCD 的编码方式,而数据字的第 14 位则对 0.5 kHz 进行编码,14 位为 0 时,频率是 1 kHz 的整数倍;14 位为 1 时,频率是 0.5 kHz 的整数倍。数据字的第 12 位表示 ADF 工作模式,12 位为 0 时,为 ADF 模式;12 位为 1 时,为 ANT 模式。第 11 位表示拍频振荡器(beat frequency oscillator, BFO)是否有效,为 0 时关闭 BFO,为 1 时开启 BFO。

5. RF 信号接收与处理

两部环形天线的接收信号到达 ADF 接收机后,经过环形天线调制电路,并与垂直天线移相后的信号进行叠加,叠加之后的信号进入 ADF 接收机中的 RF 处理器。

RF 处理器根据 ADF 频率合成器产生的本振,将合成信号经过滤波、混频、检波后,输出信号通过 A/D 采样进入 ADF 接收机的信号处理器。信号处理器通过解调后的合成信号,计算得到 ADF 相对方位角,同时也获取地面台的音频信号(广播及识别音)。

音频信号通过遥控电子组件(remote electronic unit, REU)传送到飞机的音频综合系统。ADF 相对方位角经过 ARINC429 编码后,经由 ADF 接收机内部的 ARINC429 发射器输出。

6. ADF 相对方位角输出与显示

ADF 接收机通过两个 ARINC429 发射端口同时输出相对方位角信息，其中一路直接给 RMI，这个信号由 RMI 中的处理器接收后，产生一个控制伺服电机的信号，由伺服电机带动 RMI 指针，指示出相对方位角。

ADF 接收机输出的另一路相对方位角信息则传送给显示系统的显示电子组件（DEU），DEU 根据相对方位角信息产生用于指示的图像，并将图像发送给 ND 进行显示。

ADF 相对方位角的输出均采用 ARINC429 数据编码的方式，其相应的编码使用 LABEL 为 162 的数据字，具体的数据字编码格式如图 3－30 所示，其中 PAD 表示填充位（padded）。

功能	P	SSM	DATA	PAD	SDI	LABEL (162)
位序	32	31 30 29	28 27 26 25 24 23 22 21 20 19 18 17	16 15 14 13 12 11	10 9	8 7 6 5 4 3 2 1
(权)值	X	X X X	$180°\times1/2 \longrightarrow 180°\times1/2^{-12}$	0 0 0 0 0	X X	0 1 0 0 1 1 1 0

图 3－30　ADF 相对方位角的 ARINC429 数据字编码

ADF 相对方位角数据字采用 ARINC429 的 BNR 编码方式，有效数据位从 17 位开始到 28 位，其中 29 位为数据的符号位，符号位与有效数据位共同使用，以二进制补码形式表示数据，数据使用角度(°)为单位。17 位是数据位的最低有效位 LSB，其对应的权值为 $180°\times1/2^{-12}$；28 位是数据位的最高有效位 MSB，其对应的权值为 $180°\times1/2$；从 17～28 位依次按照二进制编码进行计算。数据字的 11～16 位未使用，使用 0 填充。

3.4.2　B737NG 飞机 ADF 系统自测试

通过按压 ADF 接收机前面板上的 TEST 开关，可以启动 ADF 系统的自测试。测试结果会通过 ADF 接收机前面板的 LED 状态灯指示（如图 3－31 所示），同时也可以在驾驶舱的 RMI 及 ND 上看到测试结果。

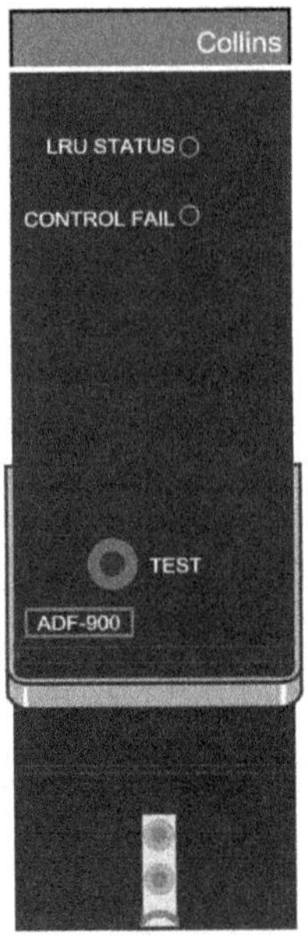

图 3－31　ADF 接收机前面板

1. 接收机前面板的测试结果显示

当按压 TEST 开关时，ADF 接收机会检查接收机内部的工作状态及与 ADF 控制盒的接口是否正常，整个自测试持续约 30 s，在此过程中，ADF 接收机前面板上的 LED 状态灯会按照以下顺序指示测试结果：

（1）第 0～2 s，前面板上的航线可更换组件（line replaceable unit，LRU）状态灯（LRU STAUTS，参见图 3－31）和控制故障（CONTROL FAIL）灯均亮起，且都是红色；

（2）第 2～4 s，LRU STAUTS 灯变为绿色，而 CONTROL FAIL 灯保持红色；

（3）第 4～12 s，LRU STAUTS 和 CONTROL FAIL 灯均熄灭；

（4）第12~42 s,通过发光二极管（light emitting diode, LED）指示灯显示测试结果：①若LRU无故障,则绿色的LRU STAUTS灯亮；②若出现LRU故障,则LRU STAUTS灯亮红色；③如果来自ADF控制盒输入的数据有效,则CONTROL FAIL灯保持熄灭状态；④如果没有ADF控制盒的输入数据或者输入的数据无效,则红色的CONTROL FAIL灯亮。

2. 驾驶舱仪表的测试结果显示

由于ND上的ADF方位角信息可以显示在VOR或APP（进近,approach）方式,因此测试前需要先在EFIS控制板上选择显示模式为VOR或APP中的任一种,同时还需要在EFIS控制板上将相应系统的VOR/ADF开关打到ADF位。

测试时,需要一个维护人员在电子设备舱中按压要测试的ADF接收机前面板上的TEST开关,同时另一个维护人员在驾驶舱观察ND的显示。测试过程中,ND上的显示如图3-32所示（图中以测试ADF2系统为例,测试ADF1系统时情况类似）。

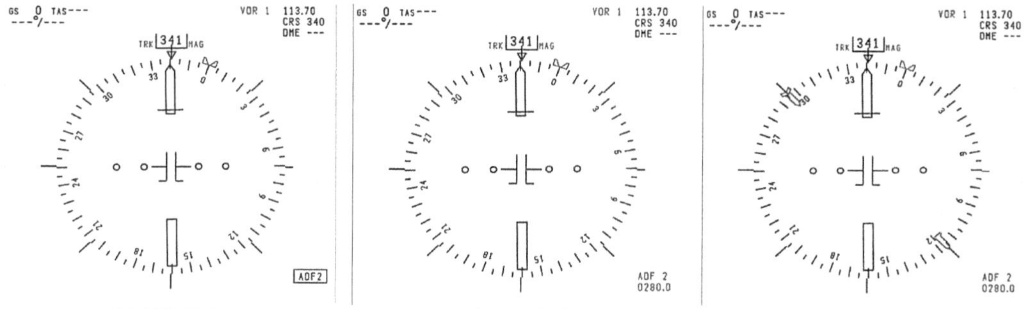

(a) 故障状态　(b) NCD状态　(c) 测试结果显示

图3-32 ADF自测试时的ND显示

（1）测试最开始2 s,接收机输出一个故障状态,此时ND上显示琥珀色的ADF2故障旗,如图3-32(a)中右下角带框的ADF2所示；

（2）接下来的2 s,接收机输出一个无计算数据（no computed data, NCD）状态,此时ND上的琥珀色ADF2故障旗消失,ADF2指针也消失,如图3-32(b)所示；

（3）紧接着一直到测试结束,ND上显示一个135°的相对方位角测试位置信息,图3-32(c)中航向角为341°,相对方位角指示135°时,指针指示度数为116°（341°+135°-360°）。

第 4 章
甚高频全向信标

4.1　VOR 系统概述

甚高频全向信标(very high frequency omnidirectional range)系统,简称 VOR(伏尔),它是一种近程无线电导航系统。1946 年,VOR 已成为美国的标准导航设备,1949 年被国际民航组织(ICAO)采用,正式作为国际标准航线的无线电导航系统。

VOR 系统属于他备式导航,或称地面基准式导航(ground-based navigation),由地面发射台和机载设备组成。地面设备通过天线发射从 VOR 台到飞机的磁方位信息(以磁北为基准零度),机载设备接收和处理地面台发射的方位信息,并通过有关的指示器指示出从 VOR 台到飞机或飞机到 VOR 台的磁方位角。

4.1.1　有关的角度定义

VOR 导航系统的功能之一是测量飞机的 VOR 方位角,而 VOR 方位角在无线电磁指示器(RMI)上的指示又是通过磁航向加相对方位指示的。因此,了解这些角度的定义和相互关系,有助于理解 VOR 机载设备的工作原理。

1. VOR 方位角

VOR 方位角是指从飞机所在位置的磁北方向顺时针测量到飞机与 VOR 台连线之间的夹角。VOR 方位也称电台磁方位,它是以飞机为基准来观察 VOR 台在地理上的方位,如图 4－1 所示。

2. 飞机磁方位

从 VOR 台的磁北方向顺时针测量到 VOR 台与飞机连线之间的夹角,称为飞机磁方位(图 4－1),它是以 VOR 台为基准来观察飞机相对 VOR 台的磁方位。

3. 磁航向

磁航向是指飞机所在位置的磁北方向和飞机纵轴方向(机头方向)之间以顺时针方向测量的夹角,如图 4－2 所示。

4. 相对方位角

飞机纵轴方向和飞机到 VOR 台连线之间以顺时针方向测量的夹角,称为相对方位角,或称电台航向(图 4－2)。

从上述 4 个角度的定义,可以得到如下的结论:

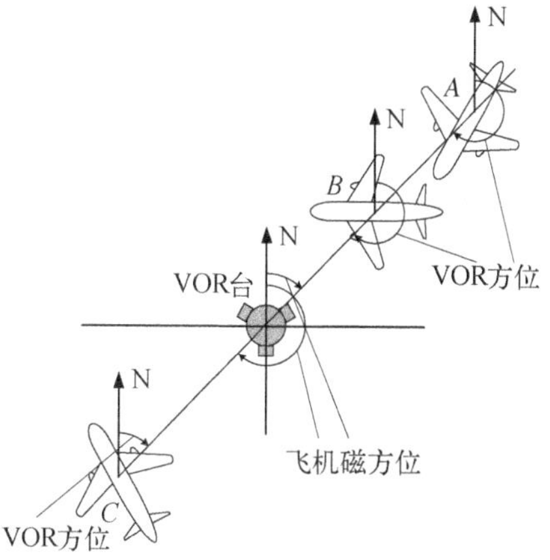

图 4－1　VOR 方位、飞机磁方位

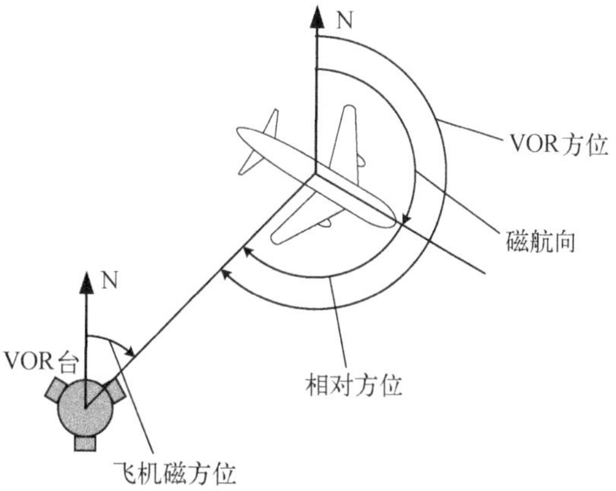

图 4－2　VOR 方位、磁航向和相对方位

（1）从图 4－1 可以看出，VOR 方位与飞机磁航向无关，只与飞机相对 VOR 台的地理位置相关；

（2）飞机磁方位和 VOR 方位相差 180°；

（3）从图 4－2 可知，VOR 方位等于磁航向加相对方位。

在图 4－1 中，画出了 *A*、*B*、*C* 三架飞机相对 VOR 台的姿态。为了加深对角度定义的理解，以具体的度数来表示每架飞机的 4 个角度值，如表 4－1 所示（假定飞机磁方位为 45°或 225°）。

表 4－1　飞行导航定向方位对照表

飞　机	飞机磁方位	磁航向	相对方位	VOR 方位
A	45°	210°	15°	225°
B	45°	270°	135°	225°
C	225°	330°	75°	45°

4.1.2　VOR 导航系统的用途

VOR 系统在航空导航中的基本功能有两个方面。

1. 定位（position-fixing）

利用 VOR 设备定位有以下两种方法。

（1）VOR 机载设备测出从两个已知的 VOR 台到飞机的磁方位角，便可得到两条位置线，利用两条位置线的交点便可确定飞机的地理位置。这种定位方法称为测角定位，即 $\theta-\theta$ 定位。

（2）VOR 台通常和测距台（DME）安装在一起，利用 VOR 设备测量飞机磁方位角 θ；利用 DME 测量飞机到 VOR/DME 台的距离 ρ，也可确定飞机的地理位置。这种方法称为测角-测距定位，即 $\rho-\theta$ 定位（极坐标定位）。

2. 沿选定的航路导航(navigation along established airways)

VOR台能够辐射无限多的方位线或称径向线(radial),每条径向线表示一个磁方位角(磁北为基准零度)。驾驶员通过机上全向方位选择器(omni-bearing selector, OBS)选择一条要飞的方位线,称预选航道。飞机沿着预选航道可以飞向(to)或飞离(from)VOR台,并通过航道偏离指示器指出飞机偏离预选航道的方向(左边或右边)和角度,以引导飞机沿预选航道飞往目的地。

在一条"空中航路"上,根据航路的长短,可以设置多个VOR台。VOR台在航路上的安装地点称为航路点(waypoints),航路点也可以只是一个拥有固定经纬度的虚拟航路点(如图4-3中的*B*),飞机从一个航路点到另一个航路点按选定的航道飞行。图4-3表示一架飞机利用VOR台导航的情况:假定飞机从起飞机场*A*选定300°方位线飞向VOR台1;在飞越VOR台1上空后,再选90°方位线飞离VOR台1;在航路点*B*(频率转换点,此时选择VOR台2的工作频率),再按290°方位线飞向VOR台2,接着按75°方位线飞离VOR台2,……,这样,一段接一段地飞行,直至到达目的地机场*C*。

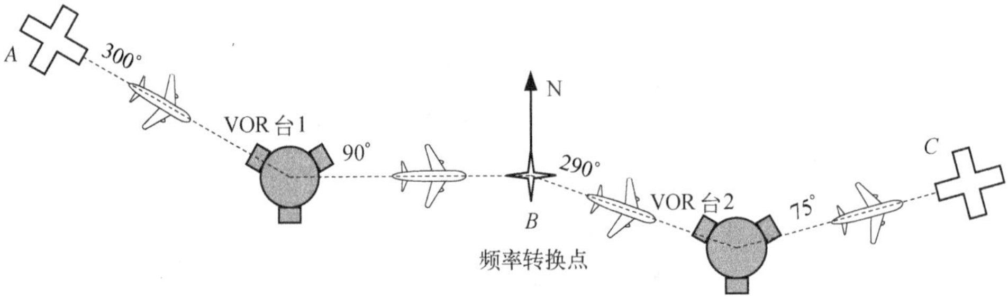

图4-3 沿选定航路导航

4.1.3 VOR工作频率分配

在现代飞机上,VOR导航系统的机载系统与仪表着陆系统(ILS)的航向信标(LOC)的机载系统的部分设备是共用的,如天线、控制盒、指示器、接收机的高频和中频部分,在航路上用于VOR导航,而在进近着陆时用于航向信标。因此,VOR和LOC工作在同一甚高频频段的不同频率上。

VOR/LOC的工作频率范围为108.00~117.95 MHz,频率间隔50 kHz,共有200个波道。其中,108.00~111.95 MHz之间的频率由VOR/LOC共用,有40个波道分配给ILS系统的LOC,具体分配情况如下:

108.00 MHz——用于试验;

108.05~111.85 MHz——凡100 kHz位为偶数的频率用于VOR;

108.10~111.95 MHz——凡100 kHz位为奇数的频率用于LOC;

112.00~117.95 MHz——全部用于VOR。

108.00 MHz的频率没有分配给导航设备,留作试验用。也有一些波道(导航波段的低频率端)留做ILS的试验用,而不用于VOR。如果VOR/LOC接收电路共用的话,试验频率使用 117.95 MHz。机载接收机能够接收 108.00~117.95 MHz 的所有波道,包括这些留作试验的频率。

4.1.4　地面台的配置

安装在机场的 VOR 台称为终端(terminal)VOR(TVOR)台,使用 108.00~111.95 MHz 的 40 个波道,发射功率为 50 W,工作距离为 25 n mile(1 n mile = 1.852 km)。TVOR 台之所以采用低功率发射,其一是不干扰在相同频率上工作的其他 VOR 台;其二,TVOR 台位于建筑物密集的机场,多路径干扰严重影响 VOR 的精度,因此,只能用于短距离导航。

TVOR 台通常和 DME 或 LOC 装在一起,VOR 台和 DME 组成极坐标定位系统;VOR 台和 LOC 装在一起,利用和跑道中心延长线一致的 TVOR 台方位线,可以代替 LOC 对飞机进行着陆引导。

安装在航路上的 VOR 台称为航路(enroute)VOR,台址通常选在无障碍物的地点,如山的顶部。这样,因地形效应引起的台址误差和多路径干扰可以大大减小。航路 VOR 使用 112.00~117.95 MHz 的 120 个波道,发射功率为 200 W,工作距离为 200 n mile。

VOR 系统的工作范围取决于接收机灵敏度、地面台的发射功率、飞机高度及 VOR 台周围的地形。工作范围主要受视距(line-of-sight)限制,而视距又受地球曲率的限制。在地球表面上,随着高度的上升,视距逐渐增大。只有飞机高度达到 30 000 ft(1 ft = 0.304 8 m)时,VOR 系统的工作距离才达到 200 n mile。

4.1.5　VOR 系统的基本原理

可以把 VOR 地面台想象为这样的一个灯塔:它向四周发射全方位光线的同时,还发射一个自磁北方向开始顺时针旋转的光束,如图 4-4 所示。如果一个远距观察者记录了从开始看到全方位光线到看到旋转光束之间的时间间隔,并已知光束旋转速度,就可以计算出观察者磁北方位角。

实际上,VOR 台发射被两个低频信号调制的射频信号。这两个低频信号,一个称为基准相位信号,另一个称为可变相位信号。基准相位信号相当于全方位光线,其相位在 VOR 台周围的各个方位上相同;可变相位信号相当于旋转光束,其相位随 VOR 台的径向方位而改变。飞机磁方位取决于基准相位信号和可变相位信号之间的相位差(相当于看到全方位光线和光束之间的时间差)。

机载设备接收 VOR 台的发射信号并测量出这两个信号的相位差,这样就可以得到飞机磁方位角,再加 180°就是 VOR 方位。下面就具体地说明 VOR 台是怎样产生基准相位信号和可变相位信号的,以及机载设备是如何测量这两个信号相位的。

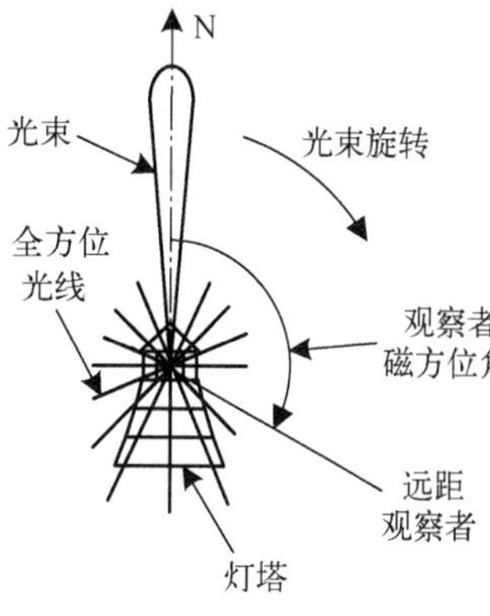

图 4-4　VOR 工作原理

4.2 VOR 地面台发射信号

4.2.1 两种信号的调制方式

VOR 机载设备接收和处理地面台发射的方位信息,并通过有关的仪表指示出来,驾驶员根据指示的方位信息来确定飞机的地理位置和沿选定的航路飞行。因此,了解地面的发射信号和天线辐射的方向性图,有助于理解 VOR 机载设备的工作原理。

VOR 地面台的发射机有两种形式:普通(conventional)VOR(CVOR)和多普勒(Doppler)VOR(DVOR),两种形式的发射机所使用的机载设备是相同的。VOR 机载设备的基本工作原理是测量地面台发射的基准相位 30 Hz 信号和可变相位 30 Hz 信号的相位差,两个 30 Hz 信号的相位差正比于 VOR 台的径向方位(以磁北为基准零度)。为了在接收机中分开两个 30 Hz 信号,VOR 台发射信号采用两种不同的调制方式。

先用 30 Hz 信号对 9 960 Hz 副载波调频,最大频偏为±480 Hz,然后调频副载波再对载波调幅。对于 CVOR,30 Hz 调制信号的相位是固定的,与方位无关,称为“基准相位信号”;对于 DVOR,30 Hz 调制信号的相位是随方位同步变化的,称为“可变相位信号”。

另一个信号使用 30 Hz 信号对载波调幅。对于 CVOR,该成分由一个“8”字形旋转场形成,其相位随方位同步改变,称为“可变相位信号”;对于 DVOR,该成分在所有方位上相位均相同,全方向辐射,称为“基准相位信号”。

这样,接收机能够用包络检波器检出调幅 30 Hz 信号,用频率检波器检出调频 30 Hz 信号,之后进行相位比较,测出 VOR 方位。

VOR 系统还可以用于地-空通信。地面台提供话音发送,VOR 台还发射台识别码,保证对所选用的 VOR 台进行监视。

4.2.2 CVOR 台工作原理

图 4-5 所示的是 CVOR 台发射机工作原理图,下面根据该图来说明基准相位和可变相位信号的产生过程。

1. 基准相位信号

30 Hz 信号产生器生成基准相位 30 Hz 信号[$\cos(\Omega t)$],并用该信号对 9 960 Hz 副载波调频,频偏为±480 Hz,调频副载波的表达式为

$$U(t) = U_m\cos\left[\Omega_s t + \frac{\Delta\Omega_s}{\Omega}\cos(\Omega t)\right] = U_m\cos[\Omega_s t + m_p\cos(\Omega t)] \tag{4-1}$$

式中,Ω 为 30 Hz 角频率;Ω_s 为 9 960 Hz 角频率,$\Delta\Omega_s$ 为频偏;m_p 为调频指数;U_m 为调频信号振幅。

调频副载波再对载波调幅,然后由全向天线发射,其辐射场为

$$U_R(t) = U_{Rm}\{1 + m\cos[\Omega_s t + m_p\cos(\Omega t)]\}\cos(\omega t) \tag{4-2}$$

式中，U_{Rm} 为基准相位信号振幅；ω 为载波信号角频率。

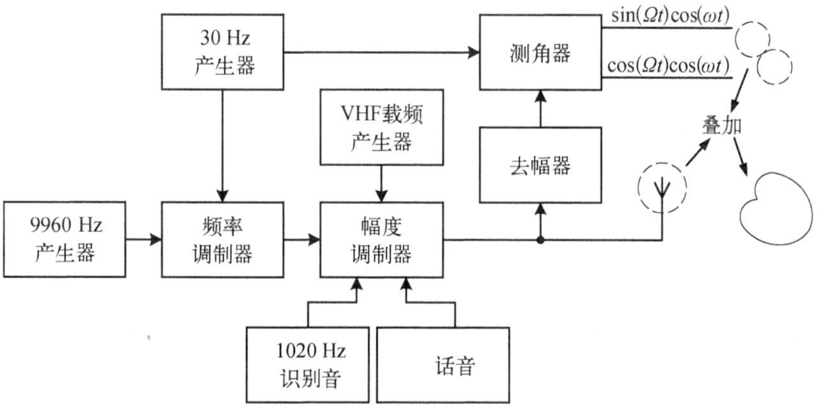

图 4-5　CVOR 台发射机工作原理方框图

基准相位信号由 VOR 天线系统中的基准天线发射，在空间形成全向水平极化辐射场。

由于调制过程是在发射机内完成的，在 VOR 台周围的 360°方位上，30 Hz 调制信号的相位相同。基准相位信号产生的过程如图 4-6 所示。

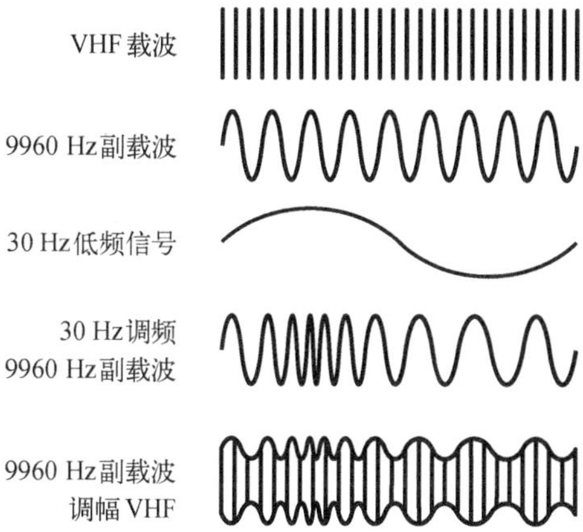

图 4-6　基准相位信号波形图

在进行地-空通信时，经音频放大的话音，同副载波一起对载波调幅。话音频率主要集中在 300～3 000 Hz，它不会干扰基本的导航功能，在接收机电路中可通过带通滤波器分开。在发射台识别码时，键控的 1 020 Hz 音频信号对载波调幅。识别码是由 2～3 个字组成莫尔斯电码，每 30 s 重复一次。

2. 可变相位信号

可变相位信号在空间形成一个“8”字形旋转辐射场。有两种方法可以产生旋转的“8”字形方向性图：其一是旋转具有“8”字形方向性图的天线（如半波振子、裂缝天线等）；其二是天线不动，采用电气的方法使“8”字形方向性图旋转。由于旋转天线比较困难，大多采用后一种方法。下面说明采用电气的方法产生“8”字形旋转方向性图的原理。

如图 4-5 所示，从高频发射机取出一部分功率（约 10%）加到调制抑制器（去幅器），去掉调幅部分，并进行功率放大，输出没有调制的纯载波。它与基准相位信号的载波是同频率、同相位的，然后加到测角器。测角器把载波分解成 30 Hz 正弦和余弦调制的边带波，即 $\sin(\Omega t)\cos(\omega t)$——正弦调制的边带波和 $\cos(\Omega t)\cos(\omega t)$——余弦调制的边带波。

正弦和余弦调制的边带波分别由 VOR 天线阵中的可变相位天线发射。可变相位天线包括方向性因子分别为 $\cos\theta$ 和 $\sin\theta$ 的两个分集天线，在水平面内形成两个正交的“8”字形辐射场，其数学表达式为

$$U_{正弦} = U_{vm}\sin\theta\sin(\Omega t)\cos(\omega t),\quad U_{余弦} = U_{vm}\cos\theta\cos(\Omega t)\cos(\omega t) \tag{4-3}$$

式中，U_{vm} 为可变相位信号的幅度；θ 为方位角（磁北为 0°）。

两个“8”字形方向图的空间合成辐射场为

$$U_v(t) = U_{vm}[\sin\theta\sin(\Omega t) + \cos\theta\cos(\Omega t)]\cos(\omega t) = U_{vm}\cos(\Omega t - \theta)\cos(\omega t) \tag{4-4}$$

可见，可变相位信号的合成辐射场也是一个“8”字形辐射场，两个波瓣的相位相反，并以 Ω 的角速率旋转（30 rad/s）。图 4－7 示出了在不同方位角 θ 时，两个正交的“8”字形方向性图合成一个旋转的“8”字形方向性图的示意图，这也就达到了与直接转动天线使方向性图旋转的相同的目的。

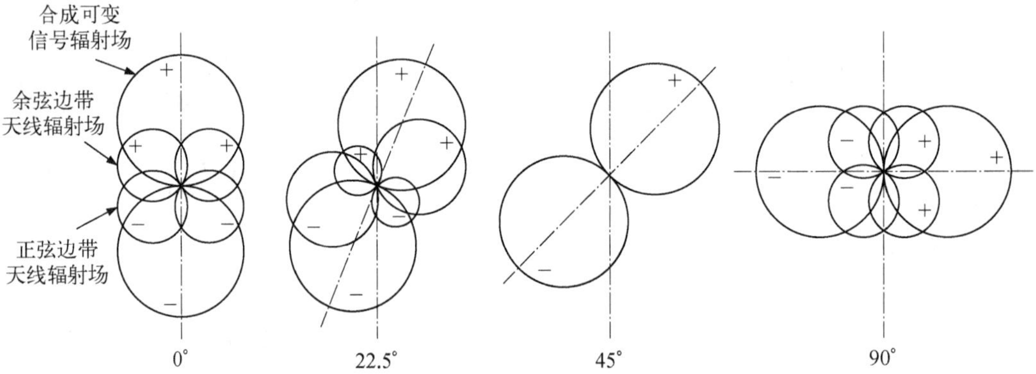

图 4－7　可变相位信号的形成

从图 4－7 中可以看出，合成的“8”字形方向性图最大值出现的时刻决定于方位角 θ。

3. 合成空间辐射场

可变相位信号和基准相位信号虽然是分开发射的，但空间某一点（具体说是飞机）的接收信号是基准相位和可变相位信号的合成信号，因而空间辐射场等于两者的叠加，即

$$\begin{aligned} U_\Sigma(t) &= U_R(t) + U_v(t) \\ &= U_{vm}\cos(\Omega t - \theta)\cos(\omega t) + U_{Rm}\{1 + m\cos[\Omega_s t + m_f\cos(\Omega t)]\}\cos(\omega t) \\ &= U_{Rm}[1 + m_A\cos(\Omega t - \theta) + m\cos(\Omega_s t + m_f\cos\Omega t)]\cos(\omega t) \end{aligned} \tag{4-5}$$

式中，$m_A = \dfrac{U_{vm}}{U_{Rm}}$ 为可变相位信号的调幅系数。

从式（4－5）可以得出如下结论。

(1) 合成辐射场是一个心脏形方向性图(图 4-8),并以 30 rad/s 的角频率旋转,最大值出现的时刻随方位角 θ 而变。从物理概念来讲,"8"字形方向性图与全向方向性图同相的一边加强了全向方向性图,而反相的一边减弱了全向方向性图,所以合成是一个心脏形方向性图。由于"8"字形方向性图以 30 rad/s 的角速度旋转,因而合成心脏形方向性图也以 30 rad/s 的角速度旋转。

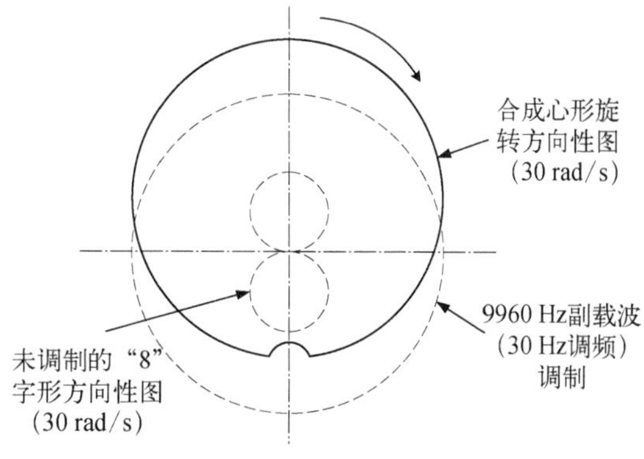

图 4-8　合成辐射场为旋转的心脏形方向性图

(2) 合成辐射场的包络包括两种成分的信号,一种是 $[1+m_A\cos(\Omega t-\theta)]$,它是由心脏形方向性图旋转产生的附加调幅部分,其相位(最大值出现的时刻)随方位角 θ 而变,这就是可变相位 30 Hz;另一种是 $m\cos[\Omega_s t+m_f\cos(\Omega t)]$,它是 9 960 Hz 调频副载波产生的调幅部分,其相位与方位角 θ 无关。基准相位 30 Hz 隐含在 30 Hz 调频的 9 960 Hz 副载波中。图 4-9 所示是 VOR 空间合成信号的调制波形图。

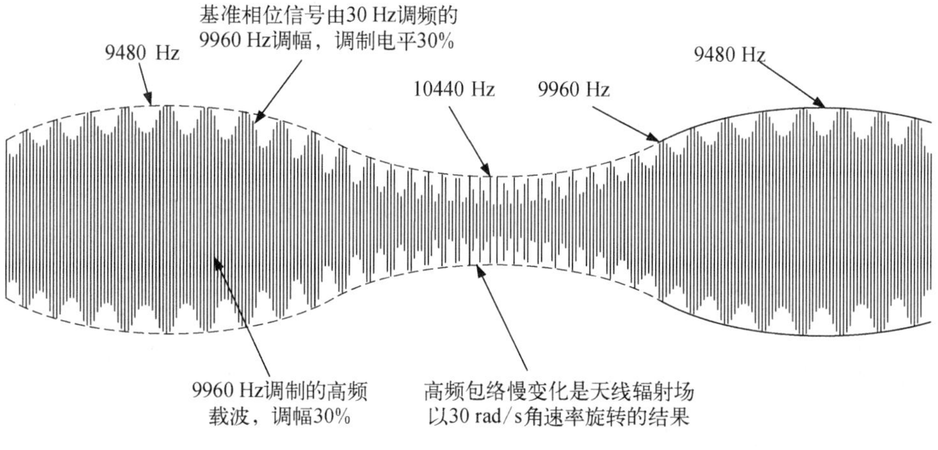

图 4-9　VOR 空间合成信号的调制波形图

4. VOR 信号的产生

前面已经介绍过,9 960 Hz 副载波的 30 Hz 频率调制是在发射机内完成的,并由全向天线发射。因此,30 Hz 调频信号的相位与方位角 θ 无关,也就是说,在 VOR 台的 360°方位上,相位是相同的。接收机首先通过幅度检波器检出 9 960 Hz 调频副载波的包络信号,并通过一个双向限幅器变成等幅调频信号,如图 4-10 所示。再由频率检波器检出 30 Hz 调频信号,即基准相位 30 Hz。

可变相位 30 Hz 是由心脏形方向性图旋转产生的,因此,心脏形图最大值在某一方位上出现的时刻随方位角 θ 而变。由于心脏形图以 30 rad/s 的角速度旋转,接收机所接收的信号幅度也以 30 Hz 的速度变化,相当于用 30 Hz 信号对载波调幅,经接收机包络检波

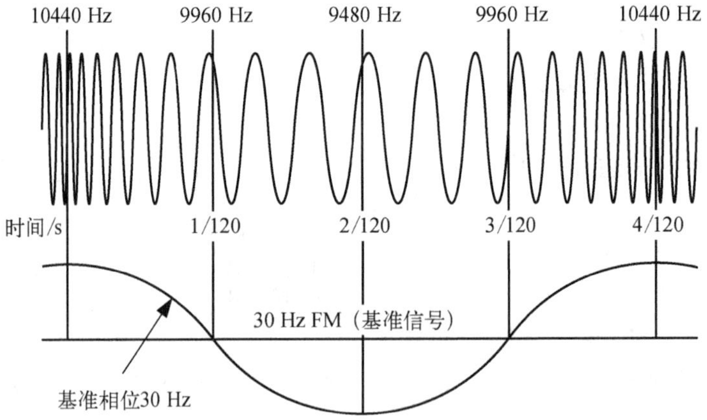

图 4-10　由双向限幅器变成的等幅调频信号

器检出 30 Hz 调幅部分，称为可变相位 30 Hz。

可变相位 30 Hz 和基准相位 30 Hz 的相位关系可用图 4-11 加以说明。

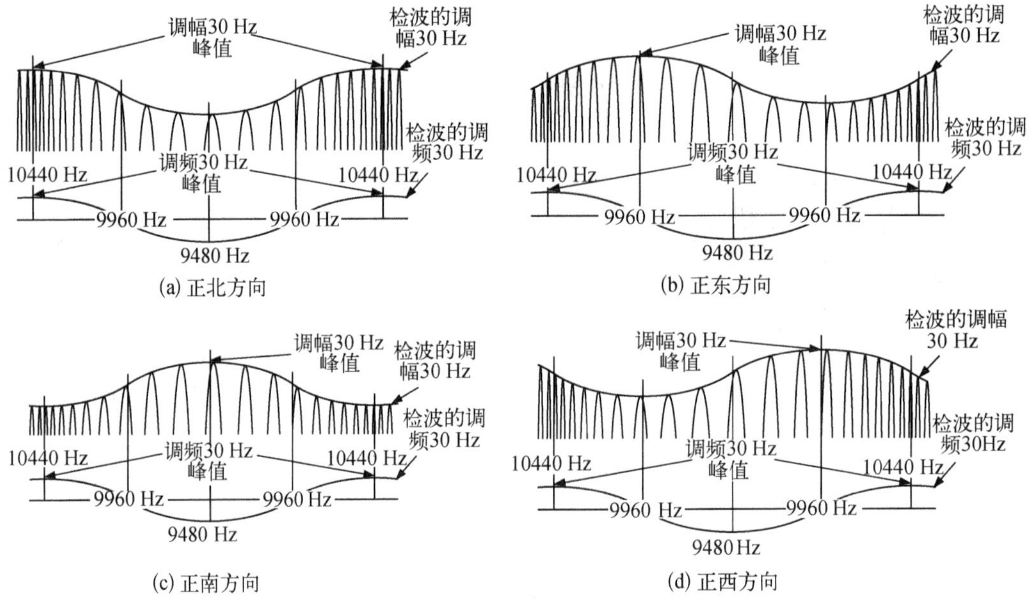

图 4-11　可变和基准相位 30 Hz 的相位关系

在心脏形方向性图最大值对准磁北时，使调频副载波的频率为最大值 10 440 Hz，以磁北方向作为相位测量的起始方位。若有 4 架飞机分别位于 VOR 台的北（磁北）、东、南、西四个方位上，同时接收 VOR 台的发射信号，4 架飞机接收的基准相位 30 Hz 和可变相位 30 Hz 的相位关系如图 4-11 所示。

在磁北方位上，两个 30 Hz 信号幅度最大值同时出现（同相），如图 4-11（a）所示。在正东方位上的飞机，当心脏形方向性图最大值旋转 90°指向正东时，30 Hz 调幅信号的峰值最大，而调频副载波的频率变成 9 960 Hz，30 Hz 调频信号的幅度变到“零点”。因此，在 VOR 台的 90°方位线上，接收的调幅 30 Hz 落后于调频 30 Hz 的相角为 90°，如图 4 − 11(b)所示。在正南方位上的飞机，当调幅 30 Hz 为最大值时，副载波频率变成 9 480 Hz，而基准相位 30 Hz 变成负的最大值，这时调幅 30 Hz 落后于调频 30 Hz 信号 180°，如图 4 − 11(c)所示。同样，在正西方位上的飞机接收的调幅 30 Hz 落后于调频 30 Hz 信号的相角为 270°，如图 4 − 11(d)所示。

由于调频 30 Hz 和调幅 30 Hz 是同步变化的，也就是说，当心脏形方向性图旋转一周时，9 960 Hz 副载波的频率变化一个周期。因此，在磁北方位上，调频 30 Hz 和调幅 30 Hz 总是同相的，在其他方位上，调幅 30 Hz 落后于调频 30 Hz 的相角也总是等于飞机磁方位角(VOR 台径向方位)。

4.2.3　DVOR 台工作原理

DVOR 为对应的机载系统提供辐射场，辐射场中主要包括两个 30 Hz 的正弦信号和话音及识别音频信息，其中含有飞机磁方位信息的 30 Hz 信号，称为 30 Hz 可变相位信号，该信号在 DVOR 台中是通过多普勒效应产生的，这也是这种信标台被称为 DVOR 的原因。

如图 4 − 12 所示为 DVOR 台实物图：图中在圆周上布置的为 DVOR 的边带天线，边带天线用于辐射 30 Hz 可变相位信号；边带天线均匀布置在圆周上，其数目一般有 48、50、52 之分，圆周直径一般为 13.5 m。圆心则放置载波天线，载波天线用于辐射 30 Hz 基准相位信号。边带天线和载波天线安装在离地面大约 5 m、直径约 30.5 m 的金属反射地网上。

图 4 − 12　DVOR 台实物图

1. *多普勒效应*

当发射天线与接收天线之间存在相对运动时，接收天线感应的电动势的频率就不再等于发射天线馈电的频率，这种现象称为多普勒效应。

若发射机馈入天线固定频率 f_T 的信号，但发射天线与接收天线之间存在相对运动，那么接收机接收到的信号频率 f_R 将不再等于发射机的馈电频率 f_T，而是在 f_T 之上附加了一个多普勒频率 f_d。f_d 定义为 f_T 与 f_R 之差，即 $f_d = f_R - f_T$。发射天线与接收天线之间存在很多种相对运动的方式，以下讨论其中的三种情况。

1) 接收天线不动，发射天线向着接收天线在同一直线上运动

设发射天线的馈电频率为 f_T，接收机接收的信号频率为 f_R，接收天线静止不动，而发

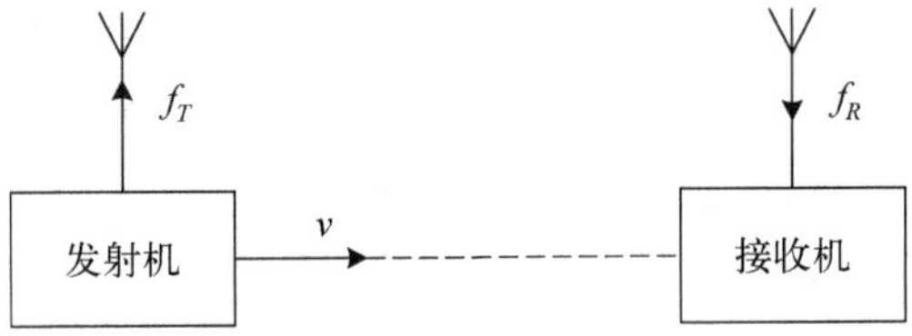

图 4-13 收、发天线之间靠近运动时的多普勒效应

射天线以速度 v 向着接收天线在同一直线上运动，如图 4-13 所示。

在这种情况下，接收信号频率 f_R 为

$$f_R = \frac{c}{c-v} \cdot f_T \tag{4-6}$$

式中，c 为光速。

可见，这时接收机所接收信号的频率大于发射天线的馈电频率，多普勒频率 f_d 为

$$f_d = f_R - f_T = \frac{v}{c-v} \cdot f_T \tag{4-7}$$

考虑到 $c \gg v$，则

$$f_d \approx \frac{v}{c} \cdot f_T \tag{4-8}$$

可以看出，f_d 与发射天线的运动速度 v 成正比，v 越大，f_d 就越大。

2）接收天线不动，发射天线远离接收天线在同一直线上运动

同样设发射天线馈电频率为 f_T，接收信号频率为 f_R，接收机静止不动，但发射机以速度 v 远离接收机在同一直线上运动，如图 4-14 所示。

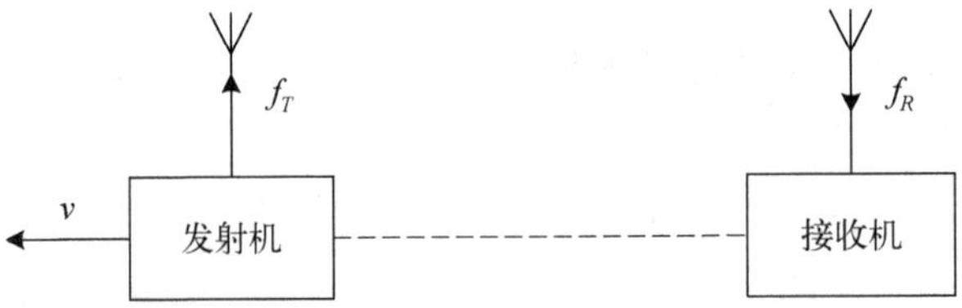

图 4-14 收、发天线之间远离运动时的多普勒效应

在这种情况下，接收信号的频率 f_R 为

$$f_R = \frac{c}{c+v} \cdot f_T \tag{4-9}$$

可见，这时接收机所接收信号的频率小于发射天线的馈电频率，多普勒频率 f_d 为

$$f_d = f_R - f_T = -\frac{v}{c+v} \cdot f_T \approx -\frac{v}{c} \cdot f_T \tag{4-10}$$

同样可以看出，f_d 与发射天线的运动速度 v 成正比，v 越大，$|f_d|$ 就越大。

从上面的分析可以看出，不论发射天线是接近接收天线还是远离接收天线运动，多普勒频率 f_d 均与发射机的运动速度成正比，运动速度越大，多普勒频率的绝对值就越大。

下面讨论一种较复杂情况下的多普勒频率，它实际上是以上两种情况下的多普勒

效应的扩展，而 DVOR 的 30 Hz 可变相位信号正是通过这种情况下的多普勒效应产生的。

3）接收天线不动，发射天线绕圆周运动

为分析简单起见，设接收天线置于磁北方向而静止不动，而发射天线绕着以 O 为圆心、R 为半径的圆逆时针运动，运动的线速度为 v_R，角频率为 Ω，频率为 F，$\Omega = 2\pi F$，即发射天线每秒绕圆逆时针旋转 F 圈，如图 4－15 所示。

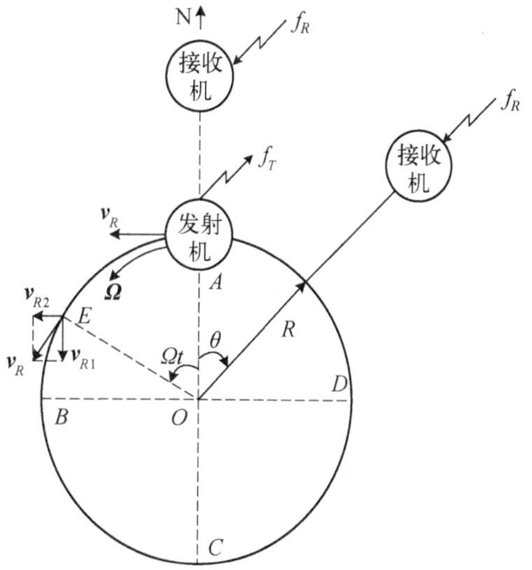

图 4－15　发射天线做圆周运动时的多普勒效应

设发射天线的馈电频率为 f_T，接收天线所产生信号的频率为 f_R。在零时刻，发射天线从磁北开始逆时针旋转，经过任意时间 t，发射天线处在位置 E。这时，将 $\boldsymbol{v}_R$ 进行正交分解，分量 $\boldsymbol{v}_{R1}$ 平行于 OA，而 $\boldsymbol{v}_{R2}$ 垂直于 OA。显然，只有 $\boldsymbol{v}_{R1}$ 才会对接收信号的多普勒频率 f_d 作出贡献。

首先定性分析磁北方向多普勒频率 f_d 的变化情况。在发射天线从 A 到 B 的运动中，v_{R1} 逐渐变大，到达 B 点时 $v_{R1} = v_R$，达到最大，而在 A 点时 $v_{R1} = 0$。在这种情况下，发射天线远离接收天线而运动，因此 $f_d<0$，在 A 点，$f_d = 0$，随着发射天线从 A 到 B 的运动，$|f_d|$ 逐渐变大，在 B 点时，$|f_d|$ 达到最大值 f_{dm}。在发射天线从 B 到 C 的运动中，发射天线仍然是远离接收天线而运动，只不过 v_{R1} 逐渐变小，因此 $|f_d|$ 逐渐变小，达到 C 点时，$v_{R1} = 0$，$f_d = 0$；在发射天线从 C 到 D 的运动中，发射天线相当于是接近接收天线运动，因此 $f_d>0$，并且随着发射天线从 C 到 D 运动，f_d 逐渐变大，f_d 在 D 点达到最大值 f_{dm}；在发射天线从 D 到 A 的运动中，f_d 逐渐变小，在 A 点，$f_d = 0$，从而完成了一周。图 4－16 表示了磁北方向 f_d 的变化规律。

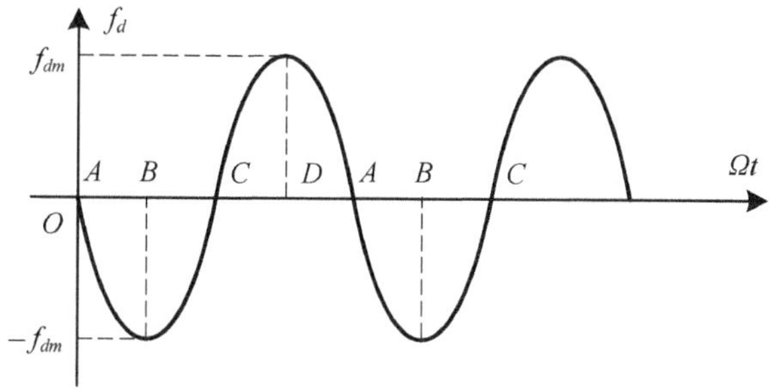

图 4－16　磁北方向 f_d 的变化规律

下面定量分析磁北方向多普勒频率 f_d 的变化。

发射天线处在任意位置 E 时，$v_{R1} = v_R \sin(\Omega t)$，并且这时发射天线为远离接收天线运动，则

$$f_d=-\frac{v_{R1}}{c}\cdot f_T=-\frac{f_T v_R}{c}\sin(\Omega t)=-f_{dm}\sin(\Omega t) \tag{4-11}$$

式中，$f_{dm}=f_T v_R/c$ 为多普勒频率的最大值。

可以证明，若接收天线位于任意方位 θ（图 4-15），接收信号的多普勒频率 f_d 为

$$f_d=-f_{dm}\sin(\Omega t+\theta) \tag{4-12}$$

式(4-11)和式(4-12)表明，θ 方位上的多普勒频率与方位角 θ 有关，在不同方位上，f_d 的变化均呈现正弦特性，但其初相是不同的。

2. 30 Hz 可变相位信号的产生

在 DVOR 信标辐射场中，有一个称为“30 Hz 可变相位信号”的信号，就是通过逆时针旋转无方向性发射天线，由多普勒效应产生的。对于 DVOR 信标，发射天线旋转的频率 $F=30$ Hz，旋转角频率 $\Omega=2\pi F$。因此，在 θ 方向上，接收机所接收的信号频率 f_R 为

$$f_R=f_T+f_d=f_T-f_{dm}\sin(\Omega t+\theta) \tag{4-13}$$

可以看出，接收信号的频率以发射频率 f_T 为中心频率而变化，因此，接收信号为一调频波，调制信号为 $-\sin(\Omega t+\theta)$。利用中心频率为 f_T 的鉴频器，便可取出调制信号 $-\sin(\Omega t+\theta)$。由于信号 $\sin(\Omega t+\theta)$ 的相位随着方位 θ 的变化而变化，即调制信号的相位蕴含了方位信息，因此称 $\sin(\Omega t+\theta)$ 为“30 Hz 可变相位信号”，简写为 30 Hz 调频(frequency modulation, FM)信号。由此可见，DVOR 中的 30 Hz 可变相位信号是通过多普勒效应产生的。

下面依据接收信号的频率写出接收信号的时域表达式。

设发射天线的馈电为 $i(t)=I_m\cos(\omega_T t)$，$\omega_T=2\pi f_T$，在 θ 方位上接收的信号为 $e(t)=E_m\cos\varphi(t)$，而：

$$\begin{aligned}\varphi(t)&=\int_0^t 2\pi f_R\mathrm{d}\tau=\int_0^t 2\pi[f_T-f_{dm}\sin(\Omega t+\theta)]\,\mathrm{d}\tau\\&=\omega_T t+\frac{2\pi f_{dm}}{\Omega}\cos(\Omega t+\theta)-\frac{2\pi f_{dm}}{\Omega}\cos\theta\end{aligned} \tag{4-14}$$

式中，$f_{dm}=f_T v_R/c$ 为多普勒频率的最大值。

考虑到 $(2\pi f_{dm}/\Omega)\cos\theta$ 不随时间而变化，它的存在不会影响到 $\varphi(t)$ 的变化规律，因而 $\varphi(t)$ 可写成如下形式：

$$\varphi(t)=\omega_T t+\frac{2\pi f_{dm}}{\Omega}\cos(\Omega t+\theta)=\omega_T t+\frac{2\pi R}{\lambda_T}\cos(\Omega t+\theta) \tag{4-15}$$

式中，R 为圆的半径；λ_T 为发射信号的波长。

这样，便得到逆时针旋转发射天线在 θ 方向的辐射场 $e(t)$：

$$e(t)=E_m\cos\left[\omega_T t+\frac{2\pi R}{\lambda_T}\cos(\Omega t+\theta)\right] \tag{4-16}$$

可见,这是一个被$-\sin(\Omega t+\theta)$调制的调频波。

3. DVOR 信标的工作原理

根据前面内容已经得到,若逆时针以 $F=30$ Hz 的转速旋转天线,天线的馈电 $i(t)=I_m\cos(\omega_T t)$,$\omega_T=2\pi f_T$,则在 θ 方向的辐射场 $e(t)=E_m\cos[\omega_T t+(2\pi R/\lambda_T)\cos(\Omega t+\theta)]$。

若飞机处在 θ 方位,其 VOR 机载接收机接收到该辐射场(参见图 4-16),通过鉴频器得到 30 Hz 可变相位信号 $\sin(\Omega t+\theta)$。很显然,尽管 $\sin(\Omega t+\theta)$ 相位中含有方位信息,但机载 VOR 接收机是不可能只从该信号中提取出方位 θ 的,还必须为机载接收机提供一个"相位基准"信息。为此,DVOR 信标除了辐射可变相位信号之外,还必须辐射"基准相位信号"。基准相位信号必须同时满足三个条件:

(1) 基准相位信号的频率必须与可变相位信号的相同;

(2) 基准相位信号的相位不随方位 θ 而变化,即与 θ 无关;

(3) 在磁北方向,基准相位信号必须与可变相位信号同相。

显然,满足上面三个条件的基准相位信号为 $\sin\Omega t$, $\Omega=2\pi F$, $F=30$ Hz。基准相位信号简称为 30 Hz AM 信号。

图 4-17 给出了东、南、西、北四个方向上空间合成的全 DVOR 信号的波形,它们之间的相位差 $\Delta\varphi$ 即为 θ,它代表 DVOR 台的径向角,也就是飞机的磁方位。机载 VOR 接收机正是从 DVOR 信标的辐射场中解调出 30 Hz AM 信号和 30 Hz FM 信号,然后比较它们之间的相位差,从而获得其相对 DVOR 台的磁方位。

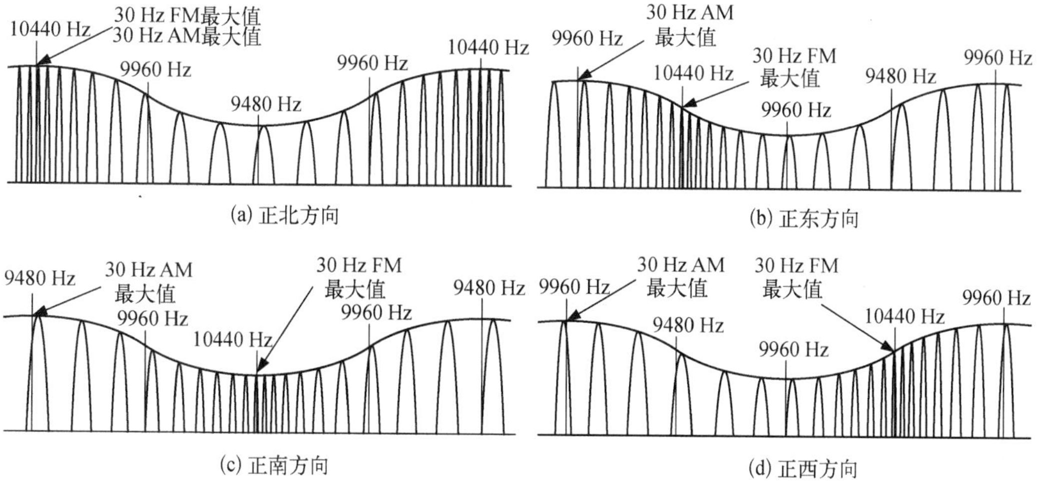

图 4-17　各方位全 DVOR 信号波形示意图

DVOR 信标除了辐射 30 Hz AM 信号和 30 Hz FM 信号这两个导航信号之外,还应辐射识别信号和话音信号。这四个信号的调制方式为:30 Hz AM 信号、识别信号和话音信号对载波调幅,30 Hz FM 信号对一个副载波先调频,得到的调频波再对载波调幅。标准的 DVOR 空间辐射场 $e(t)$ 为

$$e(t)=E_m\{1+m_A\sin(\Omega t)+m_B\cos[\Omega_s t-m_f\cos(\Omega t+\theta)]+m_C g_m(t)+m_D g_0(t)\}\cos(\omega_c t) \tag{4-17}$$

式中，基准相位信号和可变相位信号的频率 $F=30\ \text{Hz}\pm1\%$（$\Omega=2\pi F$）；m_A 为 30 Hz AM 信号对载波的调制度，$m_A=30\%\pm2\%$；m_B 为 30 Hz FM 信号调频副载波对载波的调制度，$m_B=30\%\pm2\%$，副载波频率 $F_S=9\ 960\ \text{Hz}\pm1\%$（$\Omega_S=2\pi F_S$）；调频指数 $m_f=16\pm1$（即最大频偏 $\Delta F_m=480\ \text{Hz}\pm30\ \text{Hz}$）；$g_m(t)$ 表示键控的 1 020 Hz 识别音频信号；m_C 为识别音频对载波的调制度，m_C 应尽量接近（但不要超过）10%；$g_0(t)$ 表示话音信号；m_D 为话音信号对载波的调制度，m_D 最大不超过 30%。

通过前面的讨论可知，DVOR 信标辐射场中的 30 Hz 可变相位信号是通过逆时针旋转一个无方向性发射天线，由多普勒效应产生的，但实际的信标并不是通过机械旋转单个天线来产生 30 Hz FM 信号，而是将若干个天线元均匀布置在半径为 R 的圆周上，通过对这些天线元的顺序馈电，来模拟单个天线的旋转，并获得单个天线旋转同样的结果，这样做的目的主要是提高天线的可靠性和使用寿命，并减小导航的惯性误差。

4.3 VOR 机载设备

4.3.1 组成与功用

VOR 机载设备包括控制盒、天线、甚高频接收机和指示器。尽管有多种型号的机载设备，处理方位信息的方法不同，但它们的基本功能是相似的。图 4－18 所示为机载设备之间的主要信号连接图。

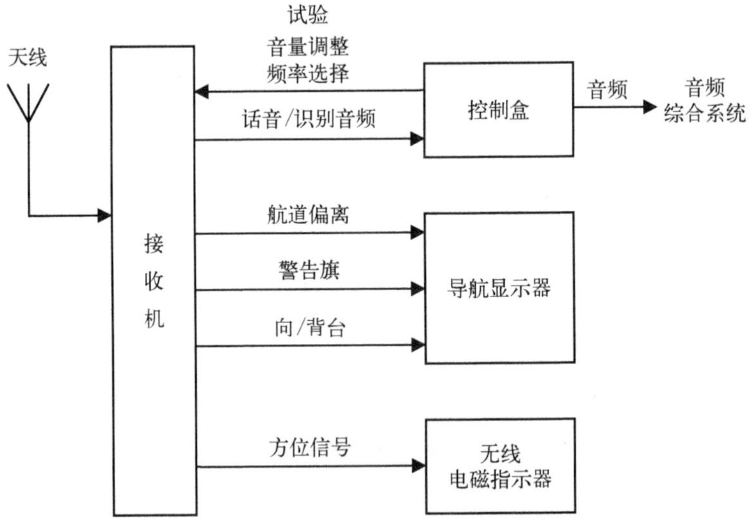

图 4－18 机载设备之间的主要信号连接图

1. 控制盒

在现代飞机上，控制盒（图 4－19）是 VOR、ILS 和 DME 共用的，主要功能如下。

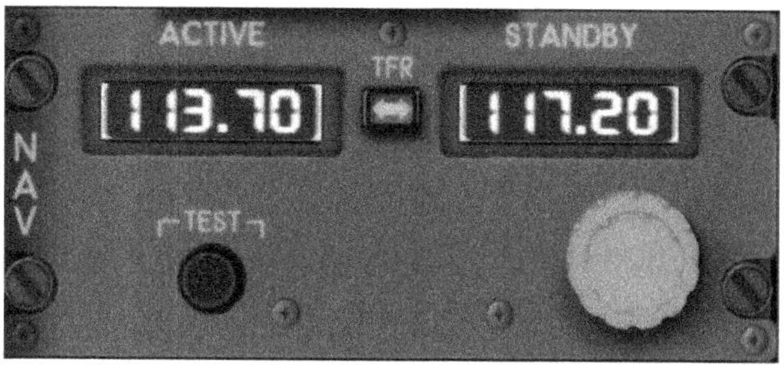

图 4－19　甚高频导航控制盒

1）频率选择和显示

波道间隔为 50 kHz，频率选择范围为 108.00～117.95 MHz，共有 200 个波道，采用 ARINC429 总线进行数据传输。在 108.00～111.95 MHz 中有 40 个波道用于选择 ILS/LOC 频率。显示窗口只显示选择的 LOC 频率，而与 LOC 配对的下滑信号频率是自动选配的，其配对关系可参见第 7 章中的 LOC 和 G/S 的频率配对表。在选择 VOR、LOC 频率的同时，还可自动地选择 DME 的配对频率。控制盒上可以同时选择两个频率，而使用哪个频率则由频率转换开关控制。

2）试验按钮

控制盒上有 VOR、ILS（上/左、下/右）和 DME 试验按钮，分别用来检查相应设备的工作性能。

3）音量控制

音量调节电位计用来调节话音和识别码的音量。话音和识别码信号来自接收机，经音量调整电位计后，输出到音频综合系统（audio integrated system，AIS）。

2. 天线

在多数飞机上，VOR 天线和 LOC 天线是共用的，安装在垂直安定面上或机身的上部，避免机身对电波的阻挡，以提高接收信号的稳定性。VOR 天线的形式多种多样，如蝙蝠翼形天线（图 4－20）、环形天线及改进的“V”形偶极子天线等。不管使用哪种形式的天线，应具有全向水平极化的方向性图，能够接收 108.00～117.95 MHz 的甚高频信号。

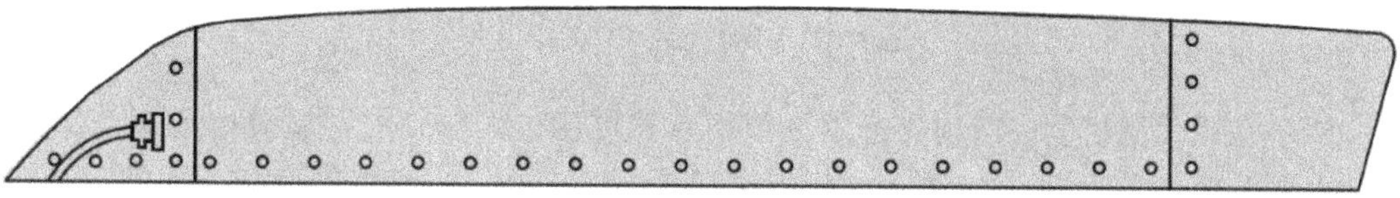

图 4－20　安装在垂直尾翼上方的 VOR 天线

3. VOR 接收机

VOR 接收机用于接收和处理 VOR 台发射的方位信息，包括常规外差式接收机、幅度检波器和相位比较器电路，接收机提供如下输出信号：

（1）语音和台识别信号，加到音频综合系统（AIS），供驾驶员监听；

（2）方位信号，驱动无线电磁指示器（RMI）的指针；

（3）航道偏离信号，驱动导航显示器（ND）的航道偏离杆；

（4）向/背台信号，驱动 ND 的向/背指示器；

（5）旗警告信号，驱动 ND 上的警告旗。

有的 VOR 导航接收机和 ILS 接收机是组合在一起的，因此，接收机中还包括 LOC 横向引导和 G/S 垂直引导信号处理电路。当然，在不同型号的设备中，VOR、指点信标（MB）、航向信标和下滑信标也可以分成几个单独的接收机或包括在一个接收机中。

4. 指示器

指示器是将接收机提供的导航信息显示给驾驶员，根据指示器提供的指示进行飞机的定位和导航。常用的指示器有两种：ND 和无线电磁指示器（RMI）。

ND 是一个组合仪表，如图 4－21 所示，用于指示飞机在水平面内的导航信息。在 VOR 方式下，航道偏离杆由飞机相对于预选航道的偏离信号驱动，指示飞机偏离预选航道的角度。向/背台指示器由向/背台信号驱动，在向台区飞行时，三角形指向机头方向；在背台区飞行时，三角指向机尾方向。预选航道指针随全方位选择器（OBS）旋钮转动，指示预选航道的角度。警告旗在输入信号无效时出现（图 4－21 中未画出警告旗）。

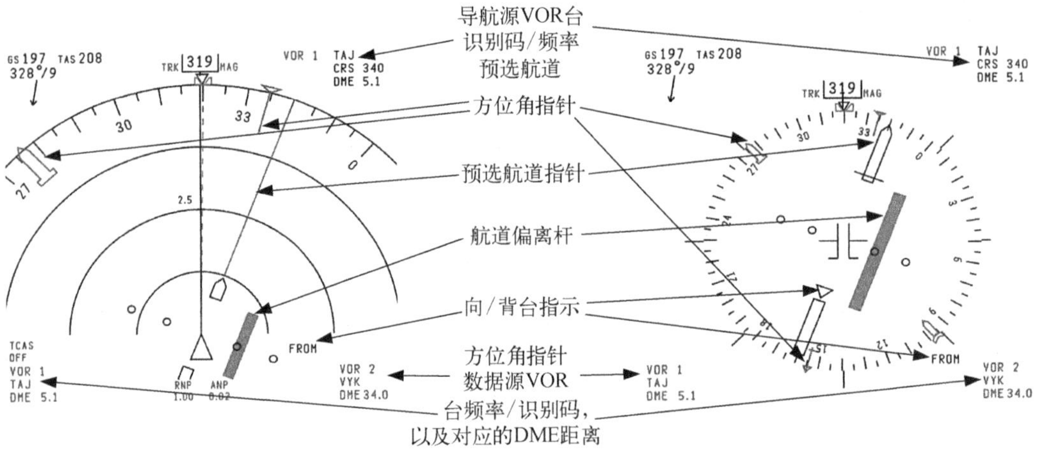

图 4－21 ND 上的 VOR 指示

RMI 在现代飞机上一般作为备用方位指示器使用（图 3－2），它能够指示 4 个角度：罗牌由磁航向信号驱动，固定标线（相当于机头方向）对应的罗牌刻度指示飞机的磁航向；指针由 VOR 方位和磁航向的差角信号驱动，固定标线和指针之间的顺时针夹角为相对方位角；指针对应罗牌上的刻度指示为 VOR 方位，它等于磁航向加相对方位；而指针的尾部对应的罗牌刻度为飞机磁方位，它与 VOR 方位相差 180°。

RMI 指示器是将罗盘（磁航向）、VOR 方位和 ADF 方位组合在一起。两个指针分别指示 VOR－1/ADF－1 和 VOR－2/ADF－2 接收机输出的方位信息；两个 VOR/ADF 转换开关，分别用来转换输入指针的信号源。

4.3.2　VOR 导航接收机

VOR 导航接收机的主要功能/模块包括 VOR 信号的接收、超外差接收机和方位信息处理及相位比较器电路。图 4 - 22 所示的导航接收机简化方框图,可以用来说明 VOR 接收信号的变换过程及产生仪表指示信号的基本原理,下面结合该图来说明各部分的工作。

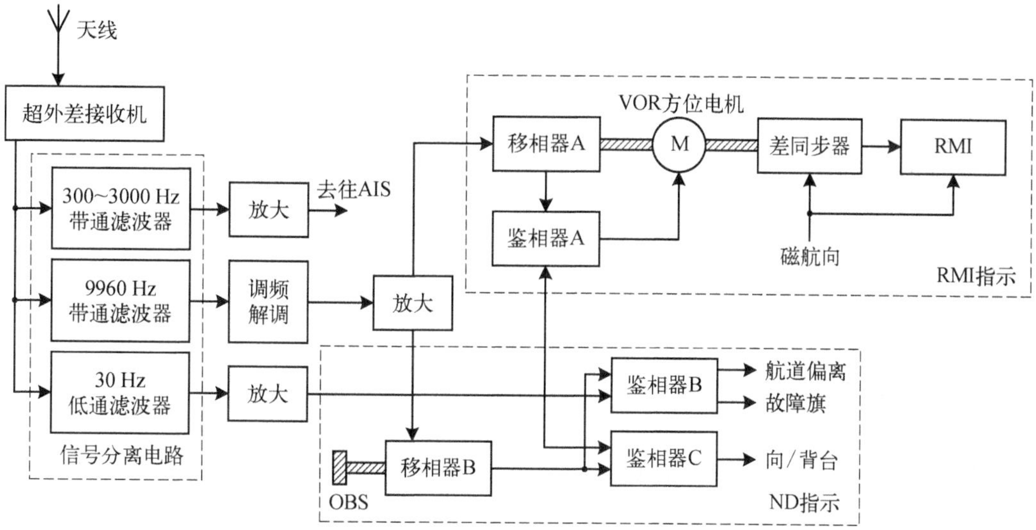

图 4 - 22　VOR 导航接收机简化框图

1. 超外差接收机

接收机通常是二次变频的超外差式接收机,如图 4 - 23 所示。控制盒选择的频率信息加到频率合成器,合成器输出与选择频率相对应的本振频率。接收信号经过预选放大后与本振频率经过混频后进入中频电路中,经过第一中频滤波器滤波、第一中频放大器放大后,再次混频,其中第二本振为固定频率,得到第二中频信号。经过第二中频滤波器滤波、第二中频放大器放大后加到调幅检波器,检波器输出的调制包络信号包含有 30 Hz 可变相位信号及 9 960 Hz 调频副载波(称导航音频)、话音(300~3 000 Hz)和台识别码(键控 1 020 Hz)。

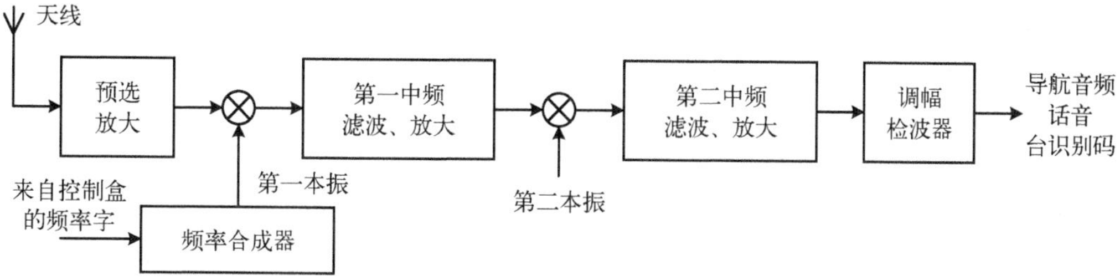

图 4 - 23　超外差接收机简化框图

2. 信号分离电路

由于在检波器输出的组合音频中,各频率范围不同,所以很容易用带通滤波器实现分离。带通滤波器能使一定频率范围内的信号通过,而通带以外的频率信号受到一定衰减。在现代设备的 VOR 接收机中,均使用运算放大器组成的品质因数高、体积小、重量轻的有源滤波器,代替普通的 LC 滤波器。

(1) 300~3 000 Hz 带通滤波器: 300~3 000 Hz 带通滤波器只允许话音和台识别码信号通过,从而阻止导航音频信号。

滤波器输出的话音/识别码信号通过控制盒上的音量调整电位计加到 AIS,供驾驶员监听。在 AIS 的音频控制板(audio control panel, ACP)上有一个"话音/识别"开关,在"话音"位置,音频信号通过 1 020 Hz 陷波滤波器(notch filter)去掉 1 020 Hz 识别码信号,使话音更清楚。在"识别"位置,音频信号通过 1 020 Hz 窄带滤波器,去掉话音频率,只输出 1 020 Hz 识别码信号。

(2) 9 960 Hz 带通滤波器: 9 960 Hz 带通滤波器只允许 9 960 Hz 调频副载波通过,抑制其他频率成分。

(3) 30 Hz 低通滤波器: 30 Hz 低通滤波器只允许 30 Hz 可变相位信号通过,而阻止其他频率信号通过。

3. 调频解调电路(鉴频器)

鉴频器的功用是从 9 960 Hz 调频信号中检出 30 Hz 基准相位信号。基准相位 30 Hz 和可变相位 30 Hz 进行相位比较(图 4-22),用来产生方位、航道偏离和向/背台指示信号。

4.3.3 VOR 方位测量电路

VOR 方位测量也称自动(automatic)VOR 方式,因为它不需要任何调整就能自动地测量出 VOR 方位角。

测量 VOR 方位,实际上是测量基准相位 30 Hz 信号和可变相位 30 Hz 信号的相位差。两个 30 Hz 信号的相位差正比于飞机磁方位(VOR 台径向方位),而指示器读出的方位是 VOR 方位,两者相差 180°,180°的固定相移可以通过电气的或机械的方法来置定。

VOR 方位测量的基本方法(图 4-22 中的 RMI 指示部分)是通过移相器电路 A 改变基准相位 30 Hz 的相位,使它等于可变相位 30 Hz 落后基准相位 30 Hz 的角度(或者通过移相器电路改变可变相位 30 Hz 的相位,使它等于基准相位 30 Hz 超前可变相位 30 Hz 的角度),基准相位 30 Hz 移相的角度再加 180°,就是 VOR 方位。

VOR 方位的具体测量步骤如下。基准相位 30 Hz 加到移相器 A 中,移相器中有转动的转子和固定的定子,其定子输出信号移相的角度等于转子的转角。移相后的基准相位 30 Hz 和可变相位 30 Hz 加到鉴相器 A,进行相位比较,若两个 30 Hz 的相位差不等于零,则鉴相器 A 输出电压不等于零,因而 VOR 方位电机(M)带动移相器 A 的转子转动,改变基准相位 30 Hz 的相移,直到两个 30 Hz 的相位差等于零,鉴相器 A 的输出等于零为止。因此,移相器 A 的转子的转角总是等于可变相位 30 Hz 信号落后于基准相位 30 Hz 信号的角度。如果将移相器的转子预先置定 180°位置,则这时移相器 A 的转子的转角将等于两个 30 Hz 的相位差加 180°,即等于 VOR 方位。

在现代飞机上,VOR 方位不是直接读出的,而是通过 RMI 上的磁航向加相对方位间接读出的。从图 4-22 可见,磁航向信号加到差同步器的定子,而转子由 VOR 方位电机带动，与移相器 A 的转子同步转动，其转角等于 VOR 方位角。从而，差同步器输出为 VOR 方位和磁航向的差角信号(此即为相对方位角)，带动 RMI 指针指出相对方位角。在 RMI 上，罗牌由磁航向信号驱动，指出飞机的磁航向，它的工作与 VOR 无关，磁航向加相对方位读出 VOR 方位。

4.3.4 航道偏离指示电路

航道偏离工作方式，也称人工(manual) VOR，它要求驾驶员相对某一个 VOR 台来说选择一条要飞的航道，称为预选航道，预选航道包括两条方向相反的方位线(磁北为基准 0°)。在图 4-24 上示出的预选航道为 30°，飞机飞行的方位和预选航道方位相比较，如果两者有区别，ND 上的航道偏离杆就给驾驶员提供飞右(飞机 A)或飞左(飞机 B)的指示。实际上，由于两者是相位比较，不管飞机的航向如何，只要飞机在预选航道左边，就提供飞右指示；若在右边，则提供飞左指示。

预选航道由全向方位选择器(OBS)选定，通过移相器 B 将基准相位 30 Hz 的相位向后移一个角度，这个角度等于预选航道方位，飞机实际飞行的方位就是可变相位 30 Hz 角度(相对磁北)。因此，飞左或飞右的指示归结为测量移相后的基准相位 30 Hz 信号和可变相位 30 Hz 信号的相位差。

移相后的基准相位 30 Hz 和可变相位 30 Hz 加到航道偏离鉴相器 B(图 4-22)，鉴相器的输出作为 ND 上航道偏离杆显示的数据驱动源。

如果两个 30 Hz 同相(飞机在预选航道上)或反相(在预选航道相反的方位上)，则鉴相器输出为零，偏离杆指在中心零位。如果两个 30 Hz 的相位差不等于 0°或 180°，则鉴相器输出直流偏离电压，极性和幅度取决于两个 30 Hz 差角的大小和方向。图 4-25 是这种相位比较器的输出特性，当基准相位 30 Hz 和可变相位 30 Hz 的相位差在 0°~180°时，表示飞机在预选航道左边，输出偏离电压为正，航道偏离杆向右指；而当相位差在 180°~360°时，表示飞机在预选航道右边，输出偏离电压为负，航道偏离杆向左指。

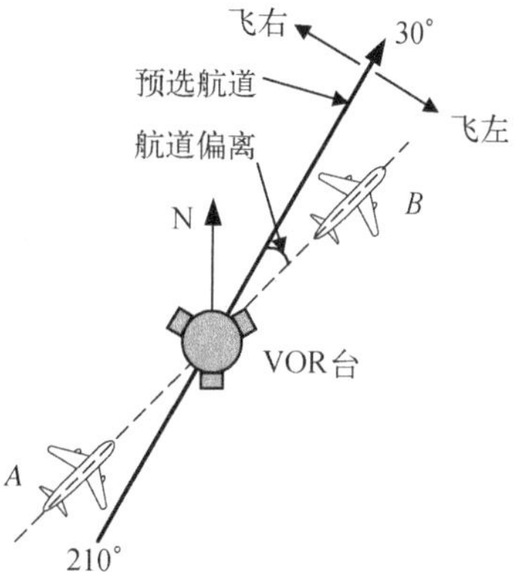

图 4-24 预选航道和偏离指示的关系

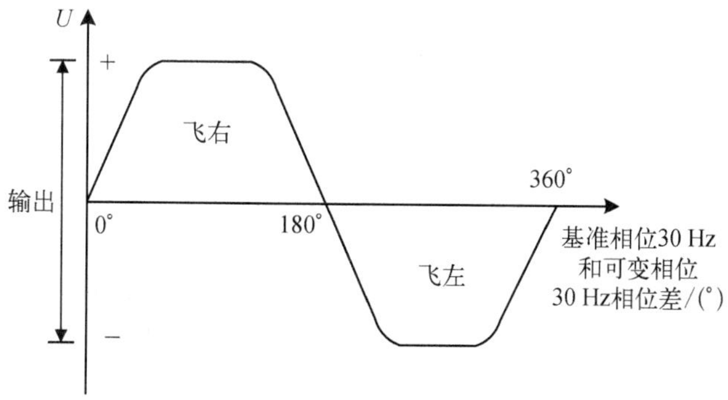

图 4-25 偏离相位比较器的输出特性

4.3.5 向/背台指示电路

预选航道选定后，飞机可以沿着选定航道飞离(from)或飞向(to)VOR台。在这两种情况下，偏离指示器给驾驶员提供的飞左或飞右指示是相同的，这就产生了双值性。向/背台指示器的功能就是用来消除这种“模糊性”，指出飞机在预选航道的一边飞行或是在预选航道相反的一边飞行。

图4-26给出了一个向/背台指示的例子。通过VOR台作一条与预选航道(60°~240°)正交的直线*AB*，*AB*为向/背台指示的分界线。如果预选航道方位是60°，则飞机在*AB*线的右上方，不论飞机的航向如何，均指背台(from)；相反，飞机在*AB*线的左下方，则指向台(to)。若预选航道为240°，则在*AB*线的右上方，指向台；而在*AB*线的左下方，指背台。由此可见，向/背台指示与飞机的航向无关，只取决于预选航道方位和飞机所在径向方位的差角。

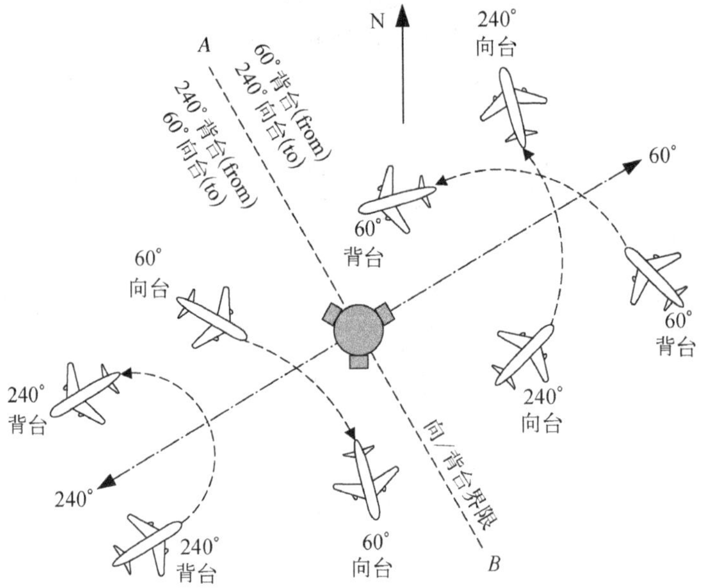

图4-26 向/背台(to/from)指示

向/背台指示电路工作的基本原理仍然是测量基准相位30 Hz和可变相位30 Hz信号的相位差(图4-22)。经OBS移相后的基准相位30 Hz(相移角度等于预选航道方位)和可变相位30 Hz(飞机所在的方位)一起加到向/背台鉴相器C，相位比较器输出直流电压加到向/背台指示器。当两个30 Hz相位差小于±90°时，输出直流电压为负，指背台；相位差大于±90°时，输出正直流电压，指向台。

正如在航道偏离指示电路中所说明的那样，OBS移相器的转子要预先置定90°初始相移，这样才符合向/背台指示的定义。例如，当预选航道为90°时，基准相位30 Hz的实际相移为0°。因此，当飞机位于0°~180°的径向方位时，指背台；飞机位于180°~360°的径向方位时，指向台。

4.3.6 警告旗电路

在导航设备的设计中,警告旗电路也是一个很重要的部分。因为导航信息供给有关的指示器,作为驾驶员操纵飞机的依据,所以指示器指示的数据必须可靠。而指示器指示的可靠性又取决于接收机输出信号的质量,因此必须有一个监视电路来监控接收机的工作。对于 VOR 接收机来说,VOR 可靠指示取决于基准相位 30 Hz 信号和可变相位 30 Hz 信号的幅度是否足够大。

基准相位 30 Hz 信号和可变相位 30 Hz 信号经整流、滤波后,变成一定幅度的直流电压,加至各自的幅度比较器,和基准门限电平相比较。当两个 30 Hz 信号的幅度足够大时,两个幅度比较器均输出逻辑“1”,与门输出逻辑“1”(高电平),警告旗不显示。当任何一个 30 Hz 信号的幅度小于门限电平时,与门输出逻辑 0(低电平),使警告旗出现,告诉驾驶员此时指示器上所示的导航信息不可靠。

4.3.7 VOR 数字方位测量电路

现代飞机上,数字显示逐渐代替了模拟显示,因此 VOR 方位测量电路也要采用数字方位测量电路。数字方位测量的基本原理是将基准相位 30 Hz 和可变相位 30 Hz 的相位差转换成一定频率的脉冲个数,下面介绍这种电路的测量原理。

如图 4－22 所示,从频率解调电路输出的基准相位 30 Hz 正弦波和从 30 Hz 低通滤波器输出的可变相位 30 Hz 正弦波分别加到图 4－27 所示的电路。

两个相同的放大/限幅电路将基准相位 30 Hz 和可变相位 30 Hz 正弦波整形成 30 Hz 方波。基准相位 30 Hz 方波经 RC 微分电路和二极管限幅器,在每个 30 Hz 方波的前沿产生起始计数脉冲。同样,可变 30 Hz 方波的前沿产生停止计数脉冲。

起始计数脉冲加到 *RS* 触发器的置位端(*S*),而停止计数脉冲加至触发器的复位端(*R*)。因此,*RS* 触发器的 *Q* 端输出一个正方波,称为方位计数脉冲,其脉冲宽度决定于基准相位 30 Hz 和可变相位 30 Hz 的相位差,或者说,它决定了方位计数的时间。

方位计数脉冲和时钟产生器输出的时钟脉冲一起加到与门电路,在方位计数脉冲期间,与门输出时钟脉冲加到计数器。计数器输入的脉冲数取决于基准相位 30 Hz 和可变相位 30 Hz 的相位差。这样,就可以通过计数器的数字表示出两个 30 Hz 的相位差。

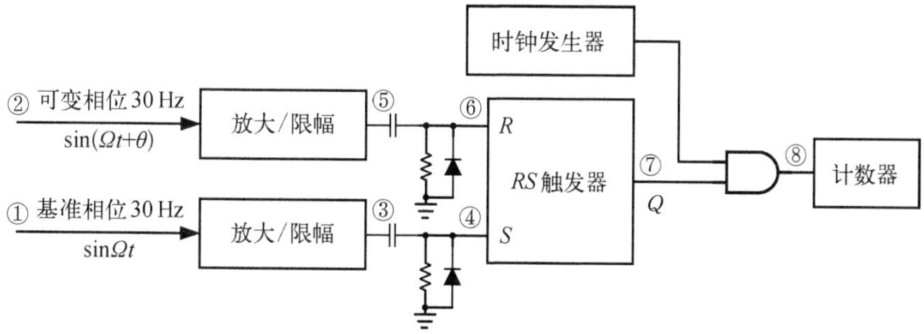

(a) 电路图

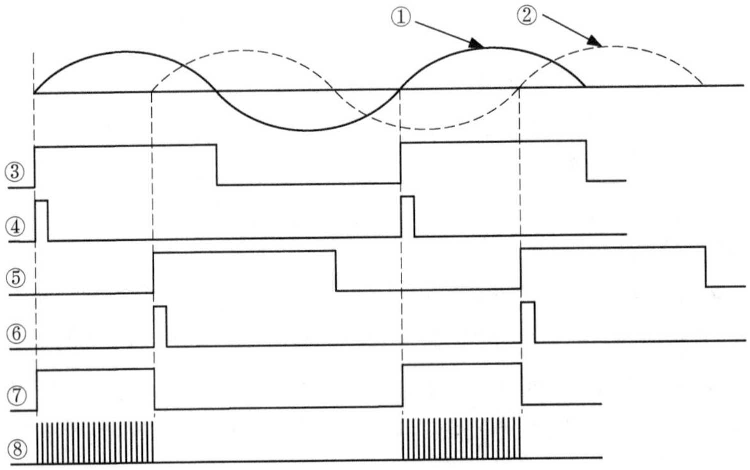

(b) 工作波形图

图 4－27　数字方位测量原理电路及波形图

计数器输入的时钟脉冲数 N 和相位差 θ 的关系为

$$N=\frac{T\theta}{360t_n} \tag{4-18}$$

式中，T 为 30 Hz 的周期；t_n 为时钟脉冲的周期。由于 T 和 t_n 是已知的常数，所以 N 和 θ 是单值线性关系。

应该注意的是，在 VOR 设备中，基准相位 30 Hz 和可变相位 30 Hz 的相位差，仅表示 VOR 台的径向方位，而在指示器上指示的是 VOR 方位，两者相差 180°相位。但在 0°～180°的径向方位上，VOR 方位等于两个 30 Hz 的相位差加 180°；而在 180°～360°的径向方位上，VOR 方位又等于两个 30 Hz 的相位差减 180°。

由此可见，用上述关系将两个 30 Hz 的相位差转换成一定频率的脉冲个数，还必须设法增加或减少 180°相位所对应的脉冲个数。这样，计数器所表示的方位字才等于 VOR 方位字。增加或减少 180°相位所表示的脉冲个数，可以将方位计数时间变化引起的相位变化增加或减少 180°，或者在计数器中，将表示 180°位的逻辑“0”或“1”倒相输出。

4.4　机载 VOR 系统

4.4.1　B737NG 飞机机载 VOR 系统

现代飞机上的 VOR 系统主要由 VOR/LOC 天线、VOR/MB 接收机、NAV 控制盒及显示部分组成，如图 4－28(图中部分组件的释义见后续描述)所示，本节将以波音 737NG 系列飞机上的 VOR 系统为例，详细介绍 VOR 机载系统的组成及其工作概况。

B737NG 系列飞机上一般装有两套 VOR 系统，每一套系统的接收机都同时具备 VOR

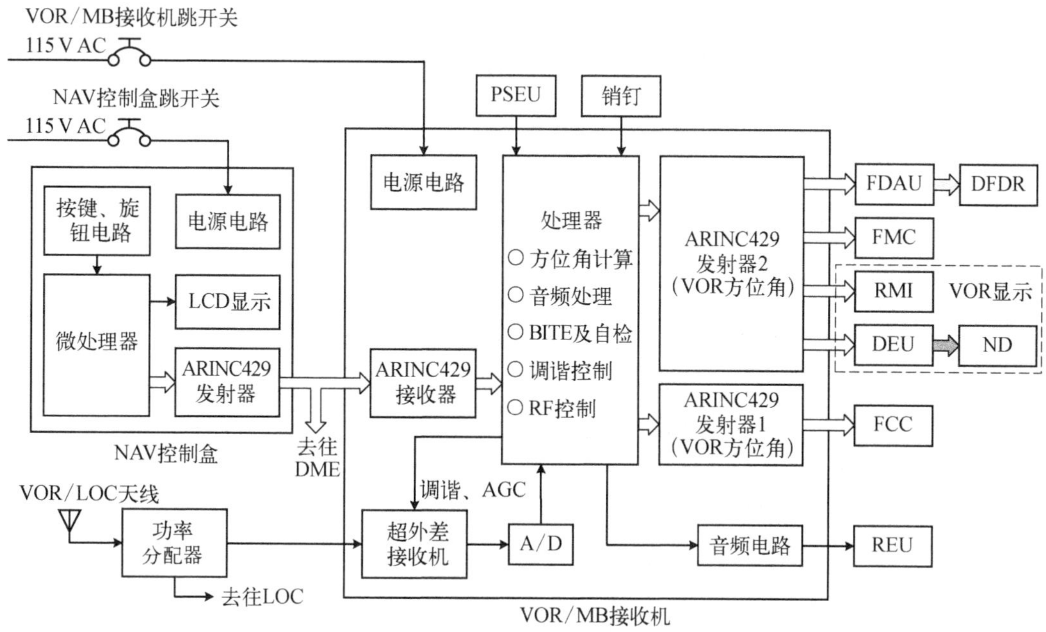

图 4－28　B737NG 飞机 VOR 系统组成及原理框图

和指点信标(marker beacon, MB)接收机的功能,通常使用销钉程序(图 4－28)来设置是否启用 MB 的功能。本节只介绍 VOR 接收机的功能,MB 接收机功能参见第 5 章的相应小节。

1. 电源

VOR 系统使用 115 V 交流电源工作,通过一个 VOR/MB 接收机跳开关将 115 V 交流电供给 VOR/MB 接收机,如图 4－28 所示,在其内部有电源电路将 115 V 交流电转成接收机工作所需的各种电源。VOR 系统的调谐控制板 NAV 控制盒也使用 115 V 交流电源工作,通过另一个 NAV 控制盒跳开关来进行供电(参见图 4－28),同样在 NAV 控制盒内部由电源电路产生控制盒电路工作所需的各种电源。

2. 天线

B737NG 系列飞机上 VOR 接收机的天线与航向信标(localizer, LOC)接收机天线共用,天线接收到的信号经由一个功率分配器之后分别输出给 VOR/MB 接收机和 LOC 接收机。

3. 离散量接口

与 ADF 系统类似,接近开关电子组件(PSEU)提供给 VOR/MB 接收机一个空/地离散信号,同样用于机内测试装置(BITE)记录故障信息时的飞行航段计数。

VOR/MB 接收机还有另一个通过程序销钉来设置是否启用 MB 功能的离散量输入,一般情况下,第一套 VOR 系统(机长侧)同时具备 MB 功能。

4. 调谐

VOR 接收机使用 NAV 控制盒进行调谐控制,如图 4－28 所示。NAV 控制盒通过

ARINC429 总线的发送端口，将设置的地面台频率发给 VOR 接收机，同时由于 LOC 与 VOR 在 108.00～111.95 MHz 这一频段是共用的，因此 NAV 控制盒同时也会将 ARINC429 总线频率信息发给 LOC 接收机。并且，在飞机上 VOR 通常与 DME 系统是配对调谐的，因此 NAV 控制盒还会通过另一个 ARINC429 发送端口将设置的频率发给 DME（图 4－28 中未画出），只是发给 DME 的频率字 LABEL 与发给 VOR/LOC 的频率字 LABEL 不一致，详细的编码将会在第 7 章的相应小节中介绍。

VOR 接收机在收到 NAV 控制盒发来的频率字之后，以此产生相应的本振频率，用于 VOR 信号的超外差接收。NAV 控制盒发给 VOR/LOC 接收机的 ARINC429 频率字编码格式如图 4－29 所示，它使用 LABEL 为 034 的数据字进行传输。

功能	P（ODD）	SSM	10 MHz	1 MHz	0.1 MHz	0.01 MHz	ILS 方式	空闲	SDI	LABEL（034）
位序	32	31 30	29 28 27	26 25 24 23	22 21 20 19	18 17 16 15	14	13 12 11	10 9	8 7 6 5 4 3 2 1

图 4－29　VOR/LOC 工作频率的 ARINC429 数据字编码格式

VOR/LOC 接收机的 ARINC429 频率字的频率值使用 BCD 编码方式。数据字的第 14 位用来表示是否是 ILS（LOC）频率，若第 14 位为 1，则表示当前是一个 LOC 频率，否则是 VOR 频率。当然，如果频率值是一个 VOR 工作频率，而第 14 位却为 1 时，表示此时编码错误；同理，如果频率值是一个 LOC 工作频率，而第 14 位却为 0 时，此时也出现编码错误。数据字的第 11～13 位未使用，一般使用 0 来填充。

5. 射频（RF）信号接收与处理

如图 4－28 所示，天线接收到的 VOR 信号经过功率分配器后，就进入了 VOR 接收机内部的超外差接收机电路，超外差接收机根据选定的系统工作频率，在 VOR 接收机内部处理器的调谐控制信号作用下产生相应的本振频率，用于接收此时工作频率对应的 VOR 信号，并由处理器来完成自动增益控制（automatic gain control，AGC）。超外差接收机对输入的天线信号进行接收、检波之后，得到包含导航音频、话音和识别音的信号，这一信号经由模数转换器 A/D 采样后，变成数字信号进入处理器。

处理器内使用数字处理技术，完成信号分离、方位角计算、音频输出等功能，并通过音频电路对话音和识别音进行放大后输出给遥控电子组件（remote electronic unit，REU），通过 REU 传送到 AIS。

6. VOR 方位角输出

超外差接收机检波输出的信号经 A/D 转换后，在 VOR 接收机内部的处理器中计算得到方位角信息，该信息分别通过两个 ARINC429 发射端口送给相应的系统使用。

其中一个 ARINC429 发射端口将 VOR 方位角信息送到对应侧的飞机控制计算机（flight control computer，FCC），用于 VOR 导航模式下的自动飞行。

另一个 ARINC429 发射端口将 VOR 方位角信息分别输出给如下系统/设备：

（1）飞行数据采集组件（flight data acquisition unit，FDAU），用于在数字式飞行数据记录器（digital flight data recorder，DFDR）中记录；

（2）飞行管理计算机（FMC），用于更新当前飞机位置的导航计算；

（3）RMI，用于 VOR 方位角指示；

（4）DEU，用于在 ND 上显示 VOR 方位角。

VOR 方位角的输出采用 ARINC429 数据字编码的方式，其相应的编码使用 LABEL 为 222 的数据字，具体的数据字编码格式如图 4－30 所示。

功能	P	SSM	DATA	PAD	MB DIS	SDI	LABEL（222）
位序	32	31 30 29	28 27 26 25 24 23 22 21 20 19 18 17	16 15 14	13 12 11	10 9	8 7 6 5 4 3 2 1
（权）值	X	X X X	$180° \times 1/2 \longrightarrow 180° \times 1/2^{-12}$	0 0 0	X X X	X X	0 1 0 0 1 0 0 1

图 4－30　VOR 方位角的 ARINC429 数据字编码

VOR 方位角数据字采用 ARINC429 的 BNR 编码方式，有效数据位从 17 位到 28 位，其中 29 位为数据的符号位，符号位与有效数据位共同使用，以二进制补码形式表示数据，单位为（°）。17 位是数据位的最低有效位 LSB，其对应的权值为 $180° \times 1/2^{-12}$；28 位是数据位的最高有效位 MSB，其对应的权值为 $180° \times 1/2$；从 17～28 位依次按照二进制编码进行计算。数据字的 14～16 位未使用，使用 0 填充。

数据字的 11～13 位用于表示指点信标系统的离散信息（有关指点信标系统的具体内容参见第 5 章）。其中第 11 位对应于外指点信标，第 12 位对应于中指点信标，第 13 位对应于内指点信标。这几位都是为 1 时表示相应的指点信标有效（接收到对应指点信标台的信息），为 0 时表示无效。根据指点信标的工作原理及特性，这几位同时至多只能有一位处于有效状态，也可以同时无效。

4.4.2　B737NG 飞机机载 VOR 系统自测试

1. 通过 VOR 接收机前面板进行自测试

VOR 接收机的前面板如图 4－31 所示。按压前面板上的 TEST 按钮即可启动 VOR 接收机的自测试，测试结果会通过两个状态灯进行指示，这两个状态灯分为两种类型：LRU STATUS 灯既可以是绿色，也可以是红色；而 CONTROL FAIL 灯只有红色。

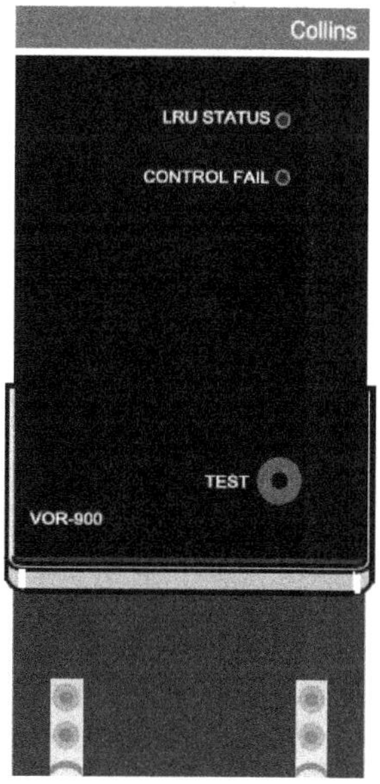

图 4－31　VOR 接收机前面板

当按压 TEST 按钮启动自测试时，接收机会进行内部电路的 BITE，同时也会检查与 NAV 控制盒的接口。整个测试持续约 48 s，测试过程中两个状态灯将按如下顺序进行指示：

（1）第 0～2 s，前面板上的 LRU STATUS 灯及 CONTROL FAIL 灯均亮起，且都是红色；

（2）第 2～4 s，LRU STATUS 灯变成绿色，而 CONTROL FAIL 灯继续保持红色；

（3）第 4～12 s，LRU STATUS 灯和 CONTROL FAIL 灯均

熄灭；

（4）第 12~42 s，两个状态灯指示测试结果：① LRU STATUS 灯变红表示 LRU（VOR 接收机）故障，否则 LRU STATUS 灯为绿色；② CONTROL FAIL 灯亮红色表示没有调谐数据输入或输入的调谐数据无效。

2. 通过 NAV 控制盒进行自测试

在驾驶舱内，按压 NAV 控制盒上的 TEST 按钮时，将会启动 VOR/MB 接收机、LOC 接收机或 DME 询问器的自测试。如果按压 TEST 时 NAV 控制盒的 ACTIVE 窗口是一个 VOR 工作频率，则会启动 VOR/MB 接收机的自测试；如果 ACTIVE 窗口是一个 LOC 工作频率，则会启动 LOC 接收机的自测试；如果 ACTIVE 窗口的 VOR/LOC 频率有与之配对的 DME 频率，则同时也会启动 DME 机载询问器的自测试。

在进行 VOR 接收机自测试之前，需要首先进行如下操作：

（1）在 NAV 控制盒上输入一个有效的 VOR 工作频率，并将其设置为当前（ACTIVE）频率；

（2）在数字式飞行控制系统（digital flight control system，DFCS）的方式控制板（mode control panel，MCP）上，设置预选航道为 0°；

（3）在 EFIS 控制板上选择显示模式为 VOR 方式；

（4）按压 NAV 控制盒上的 TEST 按钮启动自测试。

在对 VOR 接收机进行测试时，在驾驶舱的 ND 上会依次显示如下信息：

（1）无效/故障状态，此时出现 VOR 故障旗，如图 4－32（a）所示；

（2）无计算数据（no computed data，NCD）状态，此时航道偏离杆消失，如图 4－32（b）所示；

（3）测试信息显示，此时航道偏离杆居中不偏离，如图 4－32（c）所示。

测试完毕后，ND 将恢复到测试前的状态，如图 4－32（d）所示。

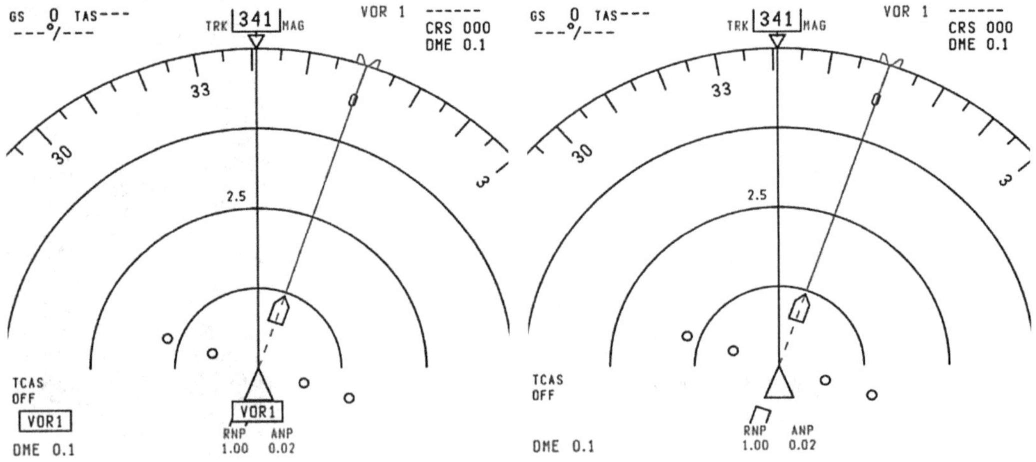

(a) 故障状态　　(b) NCD状态

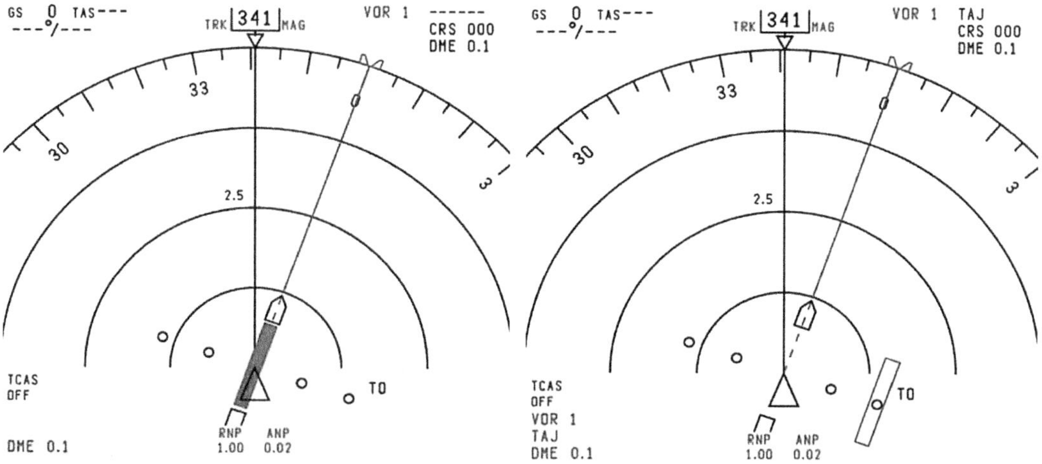

(c) 测试结果显示　　　　(d) 正常状态

图 4－32　VOR 自测试时的 ND 显示

第5章 仪表着陆系统

5.1 仪表着陆系统概述

5.1.1 功用

早在1949年,国际民航组织就将仪表着陆系统(ILS)定为飞机标准进近和着陆设备,它能在气象条件恶劣和能见度差的情况下给驾驶员提供引导信息,保证飞机安全进近和着陆。

为了着陆飞机的安全,在目视飞行条例(visual flight rules,VFR)中规定,目视着陆的水平能见度必须大于4.8 km,云底高不小于300 m。但大部分机场的气象条件不能满足这一要求,这时飞机必须依靠ILS提供的引导信号进行着陆。

ILS提供的引导信号,由驾驶舱指示仪表显示。驾驶员根据仪表的指示操纵飞机或使用自动驾驶仪"跟踪"仪表的指示,使飞机沿着跑道中心线的垂直面和规定的下滑角,从450 m的高空引导到跑道入口水平面以上的一定高度,然后再由驾驶员看着跑道操纵飞机目视着陆。因此,ILS只能引导飞机到达看见跑道的最低允许高度(决断高度)上,它是一种不能独立引导飞机至接地点的仪表低高度进场系统。

5.1.2 着陆标准等级

国际民航组织根据飞机在不同气象条件下的着陆能力,规定了三类着陆标准,使用跑道视距(runway visual range, RVR)和决断高度(decision height, DH)两个量来表示,具体规定如表5-1所示。

表5-1 着陆标准等级表

类 别	跑道视距(RVR)	决断高度(DH)
Ⅰ	800 m(2 600 ft)	60 m(200 ft)
Ⅱ	400 m(1 200 ft)	30 m(100 ft)
$Ⅲ_A$	200 m(700 ft)	
$Ⅲ_B$	50 m(150 ft)	
$Ⅲ_C$	0	

注:括号中的数字是以英尺为单位的近似值。

跑道视距(RVR)又称跑道能见度,它是指在跑道表面的水平方向上能在天空背景上看见物体的最大距离(白天),使用大气透射计来测量。

决断高度(DH)是指驾驶员对飞机着陆或复飞做出判断的最低高度。在决断高度上,驾驶员必须看见跑道才能着陆,否则应放弃着陆,进行复飞。决断高度在中指点信标(Ⅰ类着陆)或内指点信标(Ⅱ类着陆)上空,由低高度无线电高度表测量。

根据着陆标准,仪表着陆系统的设施也分成相应的三类,分别与 ICAO 规定的着陆标准相对应,并且使用相同的罗马数字和字母来表示。ILS 是根据系统的精度和运用的能见度极限来分类的。系统总的精度应包括"台址"误差、障碍物影响、跑道长度和跑道设备配置及设备精度等。

ILS 设施的性能类别能达到的应用目标如下。

(1) Ⅰ类设施的运用性能：在跑道视距不小于 800 m 的条件下,以高的进场成功概率,能将飞机引导至 60 m 的决断高度。

(2) Ⅱ类设施的运用性能：在跑道视距不小于 400 m 的条件下,以高的进场成功概率,能将飞机引导至 30 m 的决断高度。

(3) $Ⅲ_A$ 类设施的运用性能：没有决断高度限制,在跑道视距不小于 200 m 的条件下,着陆的最后阶段凭外界目视参考,引导飞机至跑道表面,因此称为"看着着陆"(see to land)。

(4) $Ⅲ_B$ 类设施的运用性能：没有决断高度限制且不依赖外界目视参考,一直运用到跑道表面,接着在跑道视距 50 m 的条件下,凭外界目视参考滑行,因此称为"看着滑行"(see to taxi)。

(5) $Ⅲ_C$ 类设施的运用性能：无决断高度限制,不依靠外界目视参考,能沿着跑道表面着陆和滑行。

ILS 能够满足Ⅰ、Ⅱ类着陆标准,但是Ⅲ类着陆要求有更复杂的辅助设备相配合。例如,配合飞行指引仪或自动驾驶仪来完成Ⅱ类着陆标准的自动着陆。Ⅲ类着陆标准不仅在进近和着陆过程中必须使用自动控制设备,而且滑跑(rollout)和滑行(taxing)也必须在其他电子设备的控制下完成。

5.1.3 仪表着陆系统的组成

ILS 包括 3 个分系统：提供横向引导的航向信标(localizer,LOC)、提供垂直引导的下滑信标(glide slope, G/S)和提供距离引导的指点信标(marker beacon, MB)。每一个分系统又由地面发射设备和机载设备所组成。地面台在机场的配置情况如图 5-1 所示,其中内指点信标仅在Ⅱ类着陆标准的机场安装。

航向信标天线产生的辐射场,在通过跑道中心延长线的垂直平面内,形成航向面(或称为航向道)。如图 5-2 所示,用来提供飞机偏离航向道的横向引导信号。机载接收机收到航向信标发射信号后,经处理,输出飞机相对于航向道的偏离信号,加到驾驶舱仪表板上的导航显示器(ND)及主飞行显示器(primary flight display, PFD)。若飞机在航向道上(飞机 A),即对准跑道中心线,则偏离指示为零;如果飞机在航向道的左边(飞机 C)或右边(飞机 B),航向指针就向右或向左指,给驾驶员提供"飞右"或"飞左"的指令。

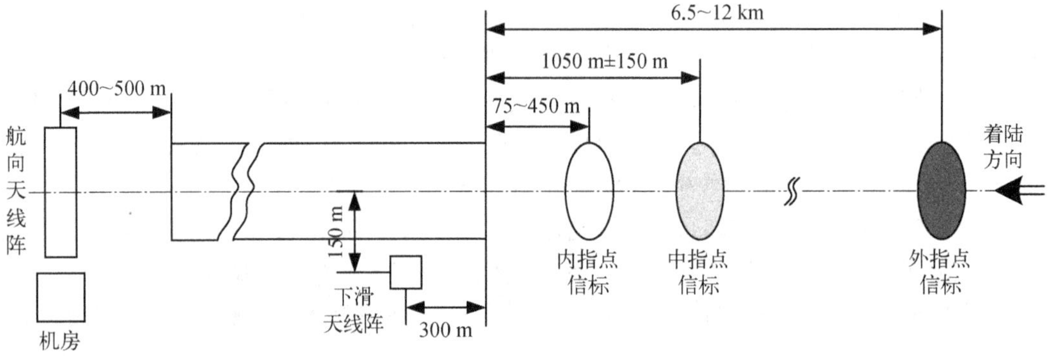

图 5-1 ILS 系统的机场配置图

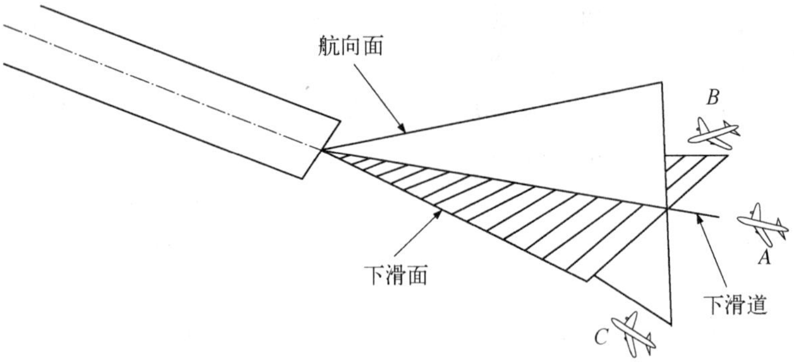

图 5-2 航向和下滑信标产生的引导信号

下滑信标台天线产生的辐射场形成下滑面(图 5-2),下滑面和跑道水平平面的夹角,根据机场的净空条件,可在 2°~4°选择。下滑信标用来产生飞机偏离下滑面的垂直引导信号。机载下滑接收机收到下滑信标台的发射信号,经处理后,输出相对于下滑面的偏离信号,加到 ND 及 PFD 上的下滑指示器。若飞机在下滑面上(飞机 *A*),下滑指针在中心零位;若飞机在下滑面的上面(飞机 *B*)或下面(飞机 *C*),指针向下或向上指,给驾驶员提供飞下或飞上的指令。航向面和下滑面的交线,定义为下滑道。飞机沿下滑道着陆,对准了跑道中心线和规定的下滑角,在离跑道入口约 300 m 处着地。

指点信标台为 2 个或 3 个,装在着陆方向的跑道中心延长线的规定距离上,分别称为内、中、外指点信标(图 5-1),每个指点信标台发射垂直向上的扇形波束。只有在飞机飞越指点信标台上空的不大范围时,机载接收机才能收到发射信号。由于各指点信标台发射信号的调制频率和识别码不同,机载接收机就分别使驾驶舱仪表板上不同颜色的识别灯亮灯,或者在 PFD 上显示不同颜色、不同标识的提示信息,同时驾驶员耳机中也可以听到不同音调的频率和识别码,驾驶员就可以判断飞机在哪个信标台的上空,即知道飞机离跑道头的距离。

图 5-3 为飞机进场的示意图。航向信标和下滑信标发射信号在空中组合,形成一个角锥形进场区域,其中,航向道宽度为 4°,下滑道宽度为 1.4°(指示器满刻度偏转的角度)。飞机在这个角锥内进场,飞机偏离航向面和下滑面的角度与指示器指示的角度值成比例。在这个角锥形之外,指示器满刻度偏转。这时,指示器的指示只能判断飞行偏离的方向,而不能给出具体度数。

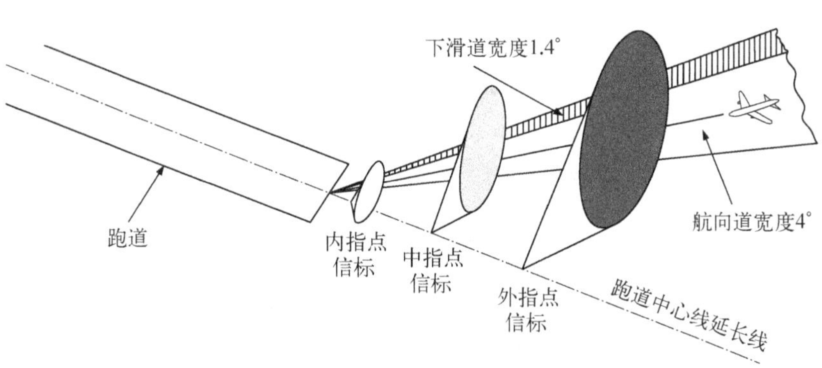

图 5-3　飞机进场示意图

5.1.4　仪表着陆系统的工作频率

航向信标工作频率为 108.10～111.95 MHz。其中，航向信标仅用 100 kHz 位为奇数的频率，共有 40 个波道。下滑信标工作频率为 329.15～335 MHz 的 UHF 波段，频率间隔为 150 kHz，共有 40 个波道。指点信标工作频率为 75 MHz(固定)。

航向信标和下滑信标工作频率是配对工作的。机上的航向接收机和下滑接收机是统调的，控制盒上只选择和显示航向频率，下滑频率自动配对调谐。航向信标和下滑信标的频率配对关系如表 5-2 所示。

表 5-2　航向信标和下滑信标的频率配对关系

航向信标/MHz	下滑信标/MHz	航向信标/MHz	下滑信标/MHz
108.10	334.70	110.10	334.40
108.15	334.55	110.15	334.25
108.30	334.10	110.30	335.00
108.35	333.95	110.35	334.85
108.50	329.90	110.50	329.60
108.55	329.75	110.55	329.45
108.70	330.50	110.70	330.20
108.75	330.75	110.75	330.05
108.90	329.30	110.90	330.80
108.95	329.15	110.95	330.65
109.10	331.40	111.10	331.70
109.15	331.25	111.15	331.55
109.30	332.00	111.30	332.30
109.35	331.85	111.35	332.15
109.50	332.60	111.50	332.90
109.55	332.45	111.55	332.75
109.70	333.20	111.70	333.50
109.75	333.05	111.75	333.35
109.90	333.80	111.90	331.10
109.95	333.65	111.95	330.95

在机场比较密集或在一个机场有几条跑道，每条跑道上都设置 ILS 设备时，航向信标和下滑信标的发射信号可能会对机载接收机产生干扰。因此，当按表 5-2 选用航向信标和下滑信标配对频率时，第一套设备和第二套设备之间的频率间隔、两个设备台址之间的最小距离还应满足表 5-3 的规定。

表 5-3　两套 ILS 设备的频率间隔和最小台址间距要求

信　标	频率间隔/kHz	第二套设备和第一套设备之间的最小距离		
		200 km	100 km	50 km
		接收机的波道间隔/kHz		
航向信标	同频率	148	148	148
	50	—	37	9
	100	65	9	0
	150	—	0	0
	200	11	0	0
下滑信标	同频率	600	300	150
	150	93	93	93
	300	—	20	2
	450	46	2	0
	600	9	0	0

当满足表 5-3 的规定时，接收机接收的有用信号对干扰信号的最小保护比为 20 dB，这样，在 ILS 服务的极限距离内，可以防止因相互干扰而产生误差。表 5-3 列出了航向信标和下滑信标的波道间隔、保护点之间的距离间隔要求及所设计的接收机波道间隔之间的关系。

保护点是指（对航向信标）距离为 46 km、高度为 1 900 m 的地点。对下滑信标则是指距离为 18.5 km、高度为 760 m 的地点。表 5-3 列举的数据是假定地面设备是无方向性的，它们以同样的功率辐射，在 10°以下的范围内，其场强和仰角大致成比例，以及飞机天线是全方向性的。

如果要求在频率拥挤的地区更精确地确定距离间隔，可再考虑每个设备的方向性因子、辐射功率特性及覆盖区的运用要求，然后从相应的传播曲线来确定。总之，在 ILS 保护点和进场航道所有点上至少要提供 20 dB 的保护比。

5.2　航向信标系统

5.2.1　航向信标发射信号

航向信标天线安装在着陆方向跑道远端以外 300~400 m 的跑道中心线延长线上，下面以等强信号型航向信标为例来说明其工作原理。图 5－4 所示为航向信标发射机的示意图。

VHF 振荡器产生 108. 10～111. 95 MHz 频段中的任意一个航向信标频率，分别加到两个调制器上。一个载波用 90 Hz 调幅，另一个用 150 Hz 调幅，两个通道的调幅度相同（20%±1%）。调制后的信号通过两个水平极化的天线阵发射，在空间产生两个朝着着陆方向、有一边相重叠的相同形状的定向波束，左波束用 90 Hz 正弦波调幅，右波束用 150 Hz 正弦波调幅，如图 5－5 所示。两个波束组合的航道宽度约为 4°，发射功率为 100 W。

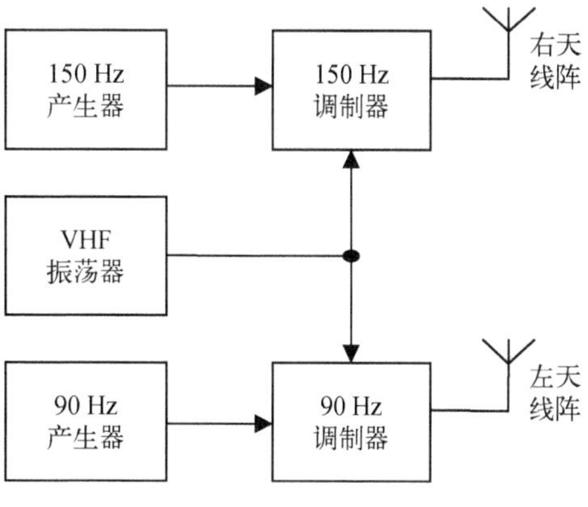

图 5－4　航向信标发射机示意图

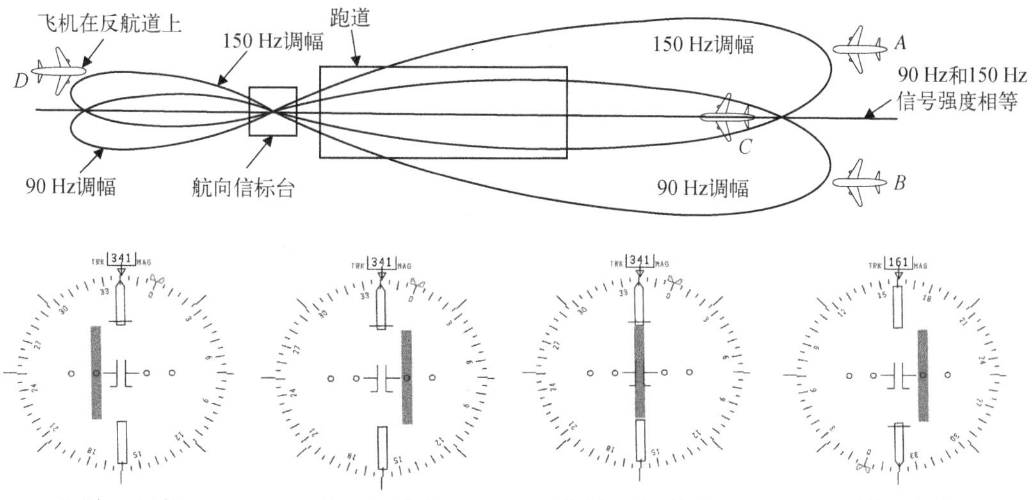

图 5－5　航向信标辐射场和飞机偏离航向道的指示

在两个波束相重叠的中心线部分，90 Hz 和 150 Hz 调制信号的幅度相等，形成航向面（图 5－2），定义为航向道，并进行调整，使其与跑道中心线相重合。

当飞机在航向道上时，90 Hz 调制信号等于 150 Hz 调制信号。若飞机偏离到航向道的左边，则 90 Hz 调制信号大于 150 Hz 调制信号；反之，150 Hz 调制信号大于 90 Hz 调制信号。机载设备的功能就是接收和处理航向信标台的发射信号，即放大、检波和比较两个调制信号的幅度，在 ND 上由“中心零位指示器”显示飞机偏离航向道的方向（左边或右边）和大小（ND 上偏离杆一格表示偏离大小为 1°）。如飞机在航向道上（图 5－5 中的飞机 *C*），则 90 Hz 调制信号等于 150 Hz 调制信号，指示器指零；飞机偏离到航向道的左边（图 5－5 中的飞机 *B*），则 90 Hz 调制信号大于 150 Hz 调制信号，指示器向右指；反之，（图 5－5 中的飞机 *A*）则向左指。

有的航向信标天线发射双向辐射方向性图，它不仅提供跑道方向的天线方向性图，而且也提供跑道相反方向的天线方向性图,如图 5－5 所示。两个天线方向性图之间的主要区别是 90 Hz 和 150 Hz 调制信号是相反的,即 90 Hz 调制信号在反进近航道的右边,而 150 Hz 调制信号在左边。另外,航向信标发射机不在跑道的远端(终点),而是在跑道的近端(起点),这个区域称为反航道(back course)。在这个方向,上下滑信标台没有信号发射,这样沿反航道的进场飞机只能使用航向信标。

飞机沿反航道进近必须注意以下几点:

(1) 首先,当飞机飞过跑道近端时,ILS 引导将变成无效,因此能见度必须是足够的,以便在进近的最后阶段使用目视着落;

(2) 其次,不像正常进场那样,这时指点信标总是存在的;

(3) 最后,航道偏离指示(course deviation indicator, CDI)与正常进近的指向相反。但对驾驶员来说,指针偏移的方向总是指向航向道所在位置的方向。

为了使驾驶员能够监控 ILS 地面台的工作及证实接收的信号是否为要求的 ILS 设备的发射信号,在航向信标台发射着陆引导信号功能的同一载频上发射一个为特定跑道和进场方向所规定的识别信号。识别信号使用 1 020 Hz±50 Hz 调制频率,调制度在 5%~15%。识别码采用国际莫尔斯电码,由 2~3 个字母组成。如有需要,可将国际莫尔斯电码信号“I”放在最前面,随后为一短暂的间隙,以便驾驶员从附近地区的其他导航设备中分辨出 ILS 设备。

Ⅰ类和Ⅱ类设备性能的航向信标还能提供地-空话音通信,它与导航和识别信号在同一波道上工作。话音频率为 300~3 000 Hz,话音信号调制度不得超过 50%,并调整话音调制度与识别信号调制度之比为 9 : 1,且规定话音、导航信号和识别信号的调制度总和不得超过 95%。

5.2.2 调制深度差和偏离指示的关系

ILS 辐射场是一个由两个音频(90 Hz 和 150 Hz)调制的载波,调制途径有两种:发射机调制和空间调制。发射机调制是在发射机内形成的,对航向信标来说,两个频率的调幅度各为 20%±1%。空间调制是由两个天线辐射信号在空间的合成,对等强信号型航向信标来说,空间调制度取决于天线辐射的方向性图。

在空间的某一点,90 Hz 调制信号和 150 Hz 调制信号的调制度等于发射机调制度和空间调制度的合成。将两个信号调制度的差值除以 100,定义为调制深度差(difference depth of modulation, DDM)。机载设备的航道偏离指示器的指针偏移量是 DDM 的函数,而不是调制度的函数,下面简要分析 DDM 和偏移量的关系。

设天线辐射的方向性图特性用 $f_1(\theta)$(90 Hz 调制信号的方向性图)和 $f_2(\theta)$(150 Hz 调制信号的方向性图)表示,它们是以航道中心线算起的角坐标的函数,在两个最大波束方向上,信号强度相同(图 5－5)。那么每个天线辐射场为

$$u_1(\theta) = U_m f_1(\theta)[1 + m\sin(\Omega_1 t)]\sin(\omega t), \quad u_2(\theta) = U_m f_2(\theta)[1 + m\sin(\Omega_2 t)]\sin(\omega t) \tag{5-1}$$

式中,m 为 90 Hz 调制信号和 150 Hz 调制信号的调幅度(20%);Ω_1 为 90 Hz 调制信号角频

率;Ω_2 为 150 Hz 调制信号角频率;ω 为载波频率。

因为两个天线(左天线和右天线)信号的载波频率是同频同相馈电,所以这两个波束的辐射场在空间可以直接相加。合成的空间辐射场为

$$
\begin{aligned}
u &= u_1(\theta) + u_2(\theta) \\
&= U_m[f_1(\theta) + f_2(\theta)]\left[1 + \frac{mf_1(\theta)}{f_1(\theta) + f_2(\theta)}\sin(\Omega_1 t) + \frac{mf_2(\theta)}{f_1(\theta) + f_2(\theta)}\sin(\Omega_2 t)\right]\sin(\omega t)
\end{aligned} \tag{5-2}
$$

式(5-2)表明,合成辐射场仍然是一个调幅波,其幅度受两个频率的调制,这两个频率的调制度随 θ 角的变化方向,一个增大,另一个减小。

90 Hz 调制信号的调制度为

$$m_{90} = \frac{mf_1(\theta)}{f_1(\theta) + f_2(\theta)} \tag{5-3}$$

150 Hz 调制信号的调制度为

$$m_{150} = \frac{mf_2(\theta)}{f_1(\theta) + f_2(\theta)} \tag{5-4}$$

在任一接收方向上,两个频率的调制深度差 DDM 为

$$\mathrm{DDM} = \frac{m_{90} - m_{150}}{100} = \frac{m[f_1(\theta) - f_2(\theta)]}{100[f_1(\theta) + f_2(\theta)]} \tag{5-5}$$

可见,DDM 也是角坐标的函数。

DDM 为零的点的轨迹,满足 $f_1(\theta)=f_2(\theta)$,即等强信号方向,该方向准确地调整在通过跑道中心线延长线的垂直面内,该平面就是飞机的着陆航道。

当飞机偏离航道时,DDM 不等于零。如偏向左边,$f_1(\theta)>f_2(\theta)$,即 90 Hz 信号调制度大于 150 Hz 信号调制度;若偏向右边,$f_1(\theta)<f_2(\theta)$,90 Hz 信号调制度小于 150 Hz 信号调制度。

在机载接收机里,由于自动增益控制(AGC)或人工电平控制的作用,射频信号幅度总是保持在一个固定的电平上,经检波后的 90 Hz 调制信号和 150 Hz 调制信号分量将与各自的调制度成正比。指针的偏移量又正比于 90 Hz 和 150 Hz 信号的幅度差,由此可见,指针的偏移量正比于 DDM。

航向信标天线发射信号的波束形状必须满足调制深度差 DDM 和位移灵敏度的要求,如图 5-6 所示。

DDM 等于 0.155 的射线所包含的角度 θ_0 称为航道扇区,如图 5-7 所示,θ_0 随着航向信标台与跑道入口之间的距离不同而变。但在所有的情况下,航向扇区的线性宽度在 ILS 基准数据点(位于跑道中心线与跑道入口上方 15 m 处的一点,ILS 下滑道直线向下延伸部分通过此点)应为 210 m。也就是说,不管航向信标天线安装位置和跑道长度如何,在 ILS 基准数据点的扇形区宽度均应等于 210 m。但如果在扇区线性宽度等于 210 m 时,扇形角

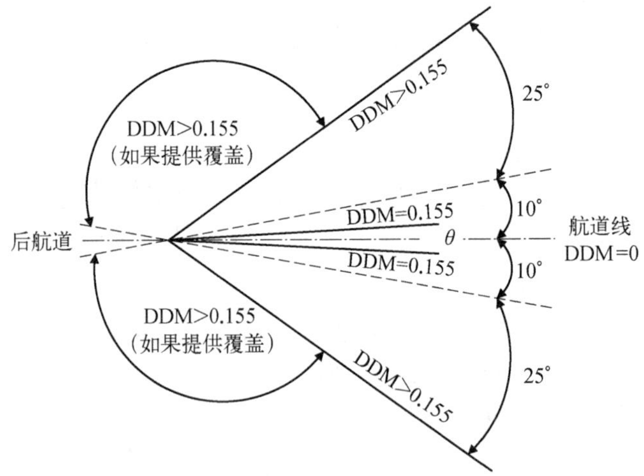

图 5-6　调制深度差 DDM 和位移灵敏度

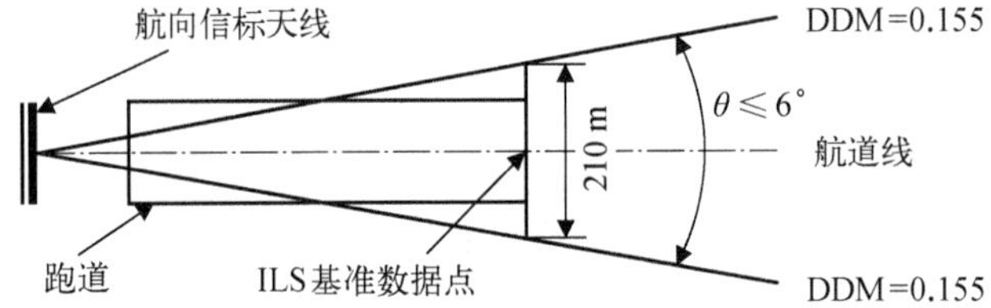

图 5-7　航道扇区

度 θ_0 大于 6°，则可在保证 θ_0 最大等于 6°的前提下使扇区线性宽度小于 210 m。

标准的航道偏离指示器满刻度偏转对应于 0.155 DDM，即飞机偏离航道中心线 2°~3°。

在航道线左、右 10°扇区内，DDM 从 0 增加至 0.180 DDM，在此扇区内，角位移和 DDM 的增加是线性的。在±10°~±35°，DDM 值不应小于 0.155，如果需要提供超过±35°的覆盖，则在该覆盖区内，不应小于 0.155 DDM。

为满足上述 DDM 和角坐标的关系，在航向信标系统中需要正确调整 90 Hz 调制信号和 150 Hz 调制信号的天线方向性图的形状。

5.2.3　航向信标覆盖范围

航向信标发射信号应提供使典型的机载设备在覆盖扇区内满意工作的信号电平。航向信标覆盖区应从天线系统的中心算起到下列规定的立体角范围内，能接收到的场强不低于 40 μV/m。在方位±10°的覆盖区内，引导距离不小于 25 n mile(46.3 km)；在方位±10°~±35°的覆盖区内，引导距离为 17 n mile(31.5 km)；当要求提供方位±35°以外的覆盖时，则引导距离为 10 n mile(18.5 km)，如图 5-8(a)所示。如果由于地形限制或有其他导航设备能在中间进场区提供满意的覆盖时，在±10°的扇区内的引导距离可减小至 18 n mile(33.3 km)，覆盖区的其余部分可减小至 10 n mile(18.5 km)。

如图 5－8(b)所示,在垂直面内的最低覆盖范围应高于跑道入口处的标高 600 m 以上,或在中间和最后进场区内,高于最高点的标高 300 m 以上(以高者为准),从天线向外延伸并与跑道水平面成夹角的平面内,能够接收到满意发射信号。

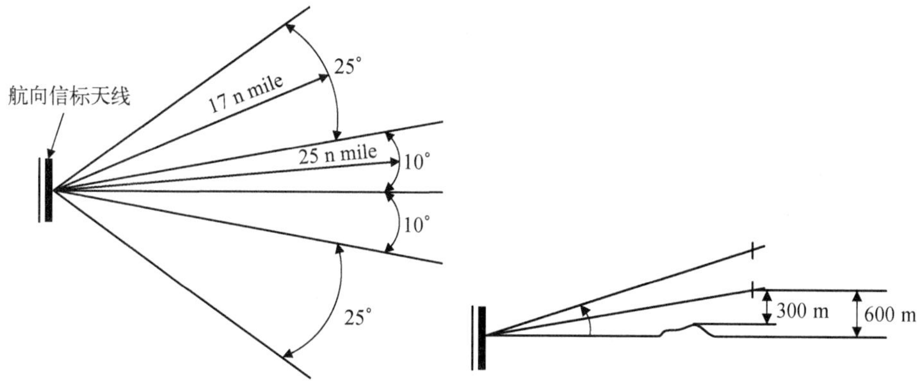

(a) 水平覆盖　　(b) 垂直覆盖

图 5－8　航向信标覆盖范围

5.2.4　航向信标接收机

在某些飞机上,航向信标接收机及航道偏离指示器是与全向信标配合使用的,只是在接收机检波器之后的导航音频处理电路(幅度比较电路)是分开的。而现代飞机上的航向信标接收机一般都与下滑信标接收机在同一个设备中,该设备在飞机上称为多模式接收机(multi-mode receiver, MMR)。MMR 除了具备 LOC 和 G/S 接收的功能以外,还用于接收 GPS 信号,这里仅介绍 MMR 中航向信标接收机的功能。

航向信标接收机简化框图如图 5－9 所示,飞机上航向信标天线接收到地面台的发射信号后,送到常规的一次变频或二次变频超外差式接收机。通过超外差接收机混频、中频处理和检波电路后,输出信号包括 90 Hz 和 150 Hz 导航音频、1 020 Hz 的台识别码及地-空话音通信信号(300～3 000 Hz),这些信号的分离是由滤波器来完成的。台识别码和话音通信信号通过 300～3 000 Hz 带通滤波器和音频放大器,加到飞机音频综合系统(AIS),给驾驶员提供听觉信号,用来监视 LOC 地面台的工作。

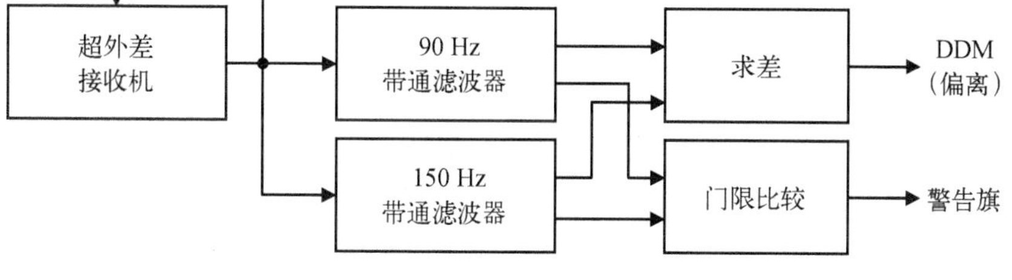

图 5－9　航向信标接收机简化框图

90 Hz 和 150 Hz 带通滤波器分开 90 Hz 和 150 Hz 信号，分别加到一个“求差”电路和一个“门限比较”电路。当飞机对准航向道时，90 Hz 和 150 Hz 调制度相等（DDM 等于零），也就是说 90 Hz 和 150 Hz 信号幅度相等，此时“求差”电路输出为零，流过偏离指示器的差电流等于零，偏离指示器指中间零位。如果飞机偏左，90 Hz 信号的调幅度大于 150 Hz 信号的调幅度，即 $I_{90}>I_{150}$，差电流使指示器的指针向右偏；反之，飞机偏右，$I_{90}<I_{150}$，差电流使指针向左偏。

目前飞机上已使用接收机的输出和偏离指示器之间的标准接口，即流过指示器的“差电流”等于 970×DDM（μA）。标准负载（1 000 Ω）指示器的满刻度偏转与 0. 155 DDM 相对应，此时满刻度偏转电流为 150 μA（970×0. 155），等于飞机偏离航向道 2°，因此指示器的角偏转灵敏度为 75μA/（°）。

“门限比较”电路输出警告旗信号，用来监视地面台和机载设备的工作状态。由于警告旗是由 90 Hz 和 150 Hz 两种调制信号的和驱动的，因此当任何一个调制信号从发射载波中去掉后，警告旗便会出现。从接收机角度来看，如果进行幅度比较的 90 Hz 和 150 Hz 信号幅度不够大，警告旗也会出现。警告旗出现表示偏离指示器上指示不可靠，尽管各种具体设备要求监控的信号不同，但基本的监控是当出现下列情况之一时，应向驾驶员或利用航向信标数据的其他机载设备发出警告：

（1）没有接收到射频信号，或接收信号中没有 90 Hz 或 150 Hz 调制信号；

（2）90 Hz 或 150 Hz 信号幅度降到额定值的 10%，而另一个保持在额定值的 20%。

5.3 下滑信标系统

下滑信标和航向信标工作原理基本相似，特别是机载设备。两者的主要不同之处是下滑信标工作频率在 UHF 波段（329. 15～335. 00 MHz），对飞机提供垂直引导（上/下引导）。下滑信标发射功率小，因为它的引导距离仅有 10 n mile。此外，下滑信标不发射台识别码和地-空话音通信信号，因为它是和航向信标配对工作的。下面对下滑信标和航向信标的不同点作简要的说明。

5.3.1 下滑信标辐射场

下滑信标天线安装在跑道入口处的一侧（图 5－1）。天线通常安装在一个垂直杆上。下滑信标的形式由 2 个（零基准下滑信标）或 3 个（边带基准型和 M 型下滑信标）处于不同高度上的水平振子天线阵组成，天线发射水平极化波。

下滑信标天线的等效辐射场如图 5－10 所示。在着陆方向上发射两个与跑道平面成一个定仰角（称为飞机下滑角），并有一边相重叠的相同形状的波束。两个波束中心的最大值以相同量向上或向下偏离下滑道，两个波束信号以相同的频率发射。但上波束用 90 Hz 调幅，下波束用 150 Hz 调幅，调幅度均为 40%。

从图 5－10 中可以看到，在下滑道上，90 Hz 和 150 Hz 调制信号的幅度相等；在下滑道上，90 Hz 调制信号大于 150 Hz 调制信号；在下滑道下面，90 Hz 调制信号小于 150 Hz 调制信号。离下滑道越远，两个调制信号的差值就越大（图中偏离杆一格表示偏离大小为

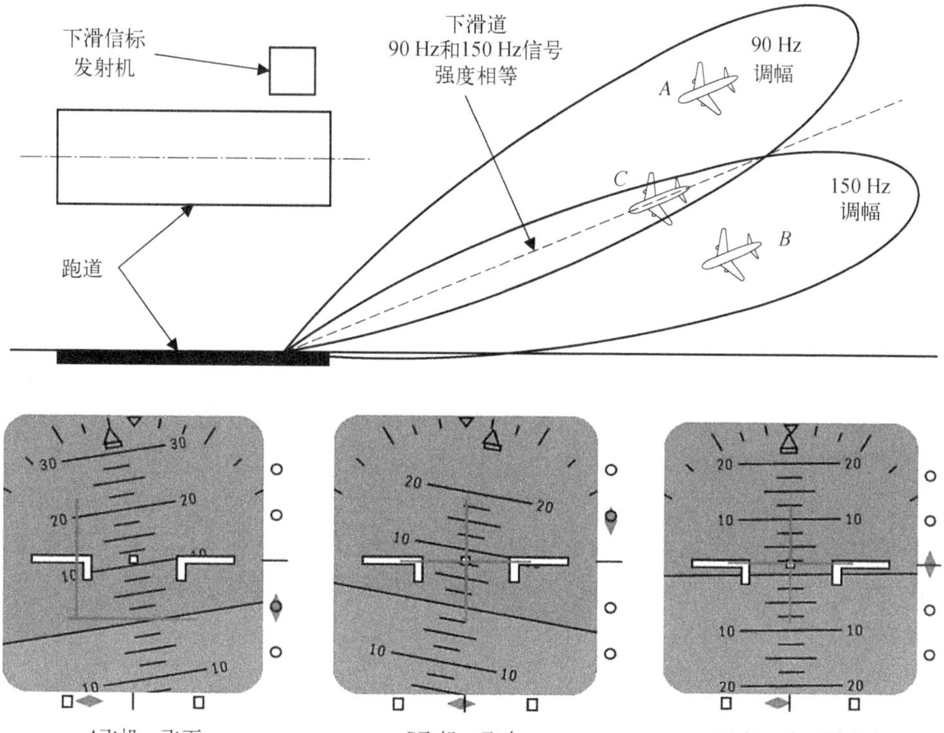

A飞机：飞下　　B飞机：飞上　　C飞机：在下滑道上

图 5－10　下滑信标天线辐射场和偏离指示

0.35°)。如果像航向信标那样,用 90 Hz 和 150 Hz 的 DDM 来表示,则在下滑道上 DDM 等于零,离开下滑道,DDM 线性增大,直至 DDM 等于 0.22。

机载接收机的任务就是分开 90 Hz 和 150 Hz 调制音频并比较其幅度,或者说测定飞机离开下滑道的偏离量(°)。如果飞机对准下滑道,接收的 90 Hz 信号等于 150 Hz 信号,偏离指示器指针在中心零位(*C* 飞机);若飞机在下滑道的上面,90 Hz 音频大于 150 Hz 音频,偏离指针向下指(*A* 飞机),表示下滑道在飞机的下面;反之,飞机在下滑道下面时,150 Hz 音频大于 90 Hz 音频,指针向上指(*B* 飞机),表示下滑道在飞机的上面。

下滑信标发射信号提供的引导范围如图 5－11 所示。在下滑道中心线两边各 8°的方位内,引导距离不小于 10 n mile(18.5 km),在地平面以上的 $0.45\theta \sim 1.75\theta$ 的扇区内,应使接收机工作,在整个覆盖区内,最低信号场强应为 400 μV/m。

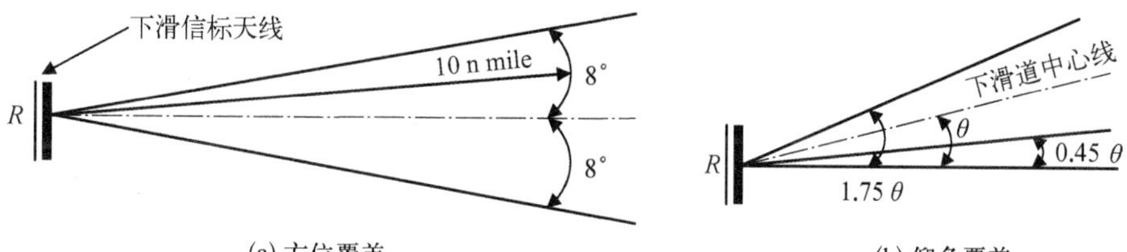

(a) 方位覆盖　　(b) 仰角覆盖

图 5－11　下滑信标引导范围

在图 5-11 中，θ 为 ILS 下滑角，可在 2°~4°调整，最佳下滑角应在 2.5°~3°选择；R 为 ILS 下滑道直线向下延伸部分与跑道中心线的交点。

在仰角覆盖范围内，由最靠近下滑道的 DDM 等于 0.175 的各点的轨迹所限定的扇区称为下滑道扇区，约 1.4°(±0.7°)。在下滑道扇区内，下滑指针偏离指示和飞机偏离下滑道的角度成比例。例如，飞机向上或向下偏离下滑道 0.35°，指针向下或向上偏指一点；飞机向上或向下偏离下滑道 0.7°，指针向下或向上偏指两点——满刻度偏转。在下滑道扇区以外，偏离指示只能大致地判断飞机在下滑道上边和下边，不能指出飞机偏离下滑道的角度值。

5.3.2 下滑信标接收机

下滑信标接收机和航向信标接收机基本相似，通常采用一次变频或二次变频的超外差式接收机。下滑信标接收机中 90 Hz 和 150 Hz 信号幅度比较电路与航向信标接收中的完全相同，在此不再进行说明。

在下滑信标系统中，发射信号中 90 Hz 和 150 Hz 调制信号的 DDM、接收机输出的偏离电压和指示器的偏移量都建立了标准关系。例如，当 DDM = 0.175 时，偏离电压为 150 mV，流过 1 000 Ω 标准负载的电流为 150 μA，指示器偏指两点（满刻度偏转），等于偏离下滑道约 0.7°，由此可以算出下滑指针偏转灵敏度为 214 μA/(°)。

5.4 机载 LOC、G/S 系统

根据 5.1.3 节的内容，ILS 包括用于横向指引的 LOC、用于垂直指引的 G/S 及用于距离指引的 MB。现代飞机上，LOC、G/S 一般都与 GPS 接收机装在同一个 LRU 设备中，称为多模式接收机 MMR，以下介绍由 MMR 作为主要设备的 LOC、G/S 机载系统的工作情况。

5.4.1 B737NG 飞机机载 LOC、G/S 系统

B737NG 飞机上，LOC、G/S 系统的组成及原理框图如图 5-12 所示。飞机上一般装有两套 ILS，从图中可以看出，系统的主要设备包括天线、MMR 接收机、NAV 控制盒及偏离显示部分等。

1. 天线

下滑信标的天线安装在飞机的雷达罩内，如图 5-12 所示，一般处于雷达天线上方的位置（图中部分部件的释义见后续描述）。航向信标的天线有两种，分别位于雷达罩内和飞机垂直安定面的上方，其中垂直安定面上的 LOC 天线与 VOR 系统是共用的。如图 5-12 所示，垂直安定面上的 LOC/VOR 天线首先经过一个射频功率分配器，将接收到的信号分别送往 VOR 接收机及 LOC 接收机。送往 LOC 接收机的信号首先要经过一个 LOC 天线选择继电器，这个继电器的另一路信号则是来自雷达罩的 LOC 天线。当在 NAV 控制盒上选择一个 LOC 工作频率，并且 FCC 工作在进近(APP)方式下时，则 LOC 天线选择继电器将来自雷达罩的 LOC 天线信号发送给 MMR，否则 MMR 使用的是垂直安定面上的 LOC 天线信号。

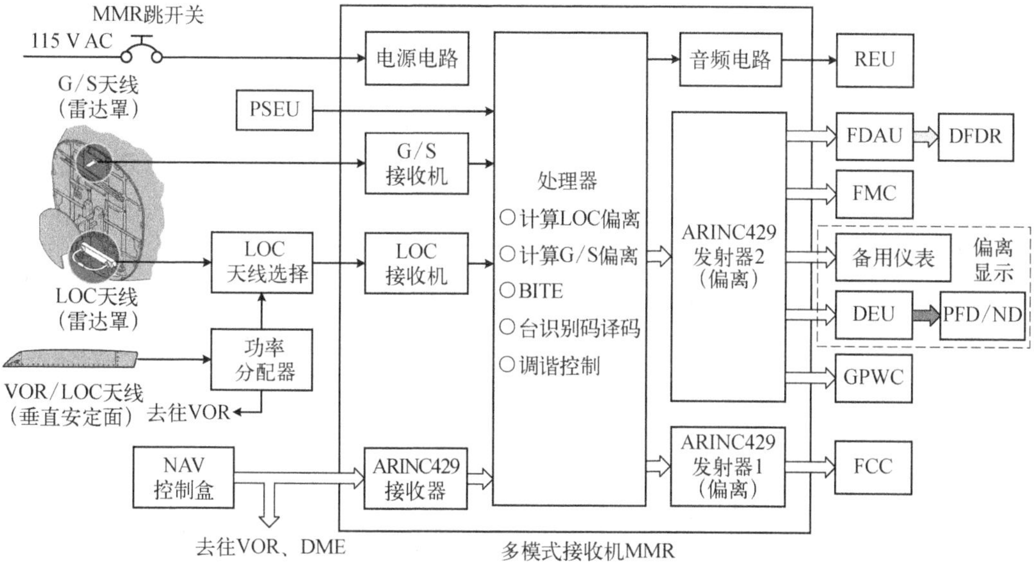

图5-12 B737NG 飞机 LOC、G/S 系统组成及原理框图

2. 电源及离散量

MMR 使用飞机上的 115 V 交流电源,通过 MMR 跳开关给其供电,MMR 内部的电源电路将 115 V 交流电转换成接收机工作所需的各种电源。

PSEU 提供给 MMR 一个空/地离散信号,用于 BITE 记录故障信息时的飞行航段计数。

3. 调谐

MMR 使用 NAV 控制盒进行调谐控制,如图 5-12 所示。NAV 控制盒通过 ARINC429 总线的发送端口,将设置的地面台频率发给 MMR,频率的编码与 VOR 系统共用,详细的编码方法参见 4.4.1 节的内容。同时,由于 LOC 与 G/S 配套工作,因此不需要另行设置 G/S 工作频率,当选择一个 LOC 频率时,MMR 内部即可产生配对工作的 G/S 频率。

4. 信号接收与处理

如图 5-12 所示,来自 G/S 天线的信号进入 MMR 内部的 G/S 接收机电路,经接收、检波后,输出下滑信标对应的 90 Hz 和 150 Hz 低频信号,这两个低频信号在 MMR 的处理器中进行 G/S 偏离的计算,之后通过 MMR 的 ARINC429 发射端口输出。

LOC 天线的信号进入 MMR 之后,处理过程与 G/S 的类似,只不过 LOC 信号解调之后,除了 90 Hz 和 150 Hz 导航音频之外,还包含地面话音、台识别音信号,这些信号都进入 MMR 的处理器中,可分别得到 LOC 偏离、音频信号及译码后的台识别码。地面话音、台识别音经过音频电路后,输出给 AIS 的 REU。LOC 偏离同样也通过 MMR 的 ARINC429 发射端口输出。

5. LOC、G/S 偏离输出

LOC、G/S 信号经 MMR 检波、处理后,得到 LOC、G/S 偏离信息,如图 5-12 所示,偏离信息分别通过两个 ARINC429 发射端口输出给相应的系统使用。其中一个

ARINC429 发射端口将 LOC、G/S 偏离信息送到对应侧的 FCC。另一个 ARINC429 发射端口将 LOC、G/S 偏离信息分别输出给如下系统/设备：

（1）FDAU 收集 MMR 输出的偏离信息，用于在 DFDR 中记录；

（2）FMC 使用偏离信息进行位置更新计算；

（3）备用仪表用于显示 LOC、G/S 偏离信息，一般只有左侧系统的 MMR 提供偏离信息给备用仪表，备用仪表可以是备用姿态仪或集成式备用飞行显示器（integrated standby flight display，ISFD）；

（4）DEU，用于在 PFD 和 ND 上显示 LOC 及 G/S 的偏离指引信息；

（5）近地警告计算机（ground proximity warning computer，GPWC）使用 G/S 偏离信息，以产生近地警告系统（ground proximity warning system，GPWS）中方式 5 的警告——低于下滑道过大。

LOC、G/S 偏离信息的输出采用 ARINC429 数据编码的方式，其中 LOC 偏离的编码使用 LABEL 为 173 的数据字，G/S 偏离的编码使用 LABEL 为 174 的数据字，具体的数据字编码格式如图 5－13 所示（其中 X 表示根据实际情况进行设置，可查阅 ARINC429 规范）。

功能	P	SSM	DATA	PAD	SDI	LABEL（173/174）
位序	32	31 30 29	28 27 26 25 24 23 22 21 20 19 18 17	16 15 14 13 12 11	10 9	8 7 6 5 4 3 2 1
（权）值	X	X X X	$0.4\text{DDM}\times 1/2 \longrightarrow 0.4\text{DDM}\times 1/2^{-12}$	0 0 0 0 0 0/1	X X	1 1 0 1 1 1 1 0(173)
			$0.8\text{DDM}\times 1/2 \longrightarrow 0.8\text{DDM}\times 1/2^{-12}$			0 0 1 1 1 1 1 0(174)

图 5－13　LOC、G/S 偏离的 ARINC429 数据字编码

LOC、G/S 偏离数据字均采用 ARINC429 的 BNR 编码方式，有效数据位从 17 位开始到 28 位，其中 29 位为数据的符号位，符号位与有效数据位共同使用，以二进制补码形式表示数据，单位为 DDM。17 位是数据位的最低有效位 LSB，对于 LOC 偏离（LABEL173）来说，其对应的权值为 $0.4\text{DDM}\times 1/2^{-12}$；而对于 G/S 偏离（LABEL174），对应的权值则为 $0.8\text{DDM}\times 1/2^{-12}$。28 位是数据位的最高有效位 MSB，其对应的权值分别为 $0.4\times 1/2$（LOC，LABEL173）和 $0.8\times 1/2$（G/S，LABEL174）。从 17～28 位依次按照二进制编码进行计算。数据字的 11～16 位未使用，其中 12～16 位直接使用 0 填充。需要注意的是第 11 位，当使用“1”填充时，表示此时的 ILS 处于调谐抑制状态，一般在自动着陆阶段，由 FCC 发出调谐抑制指令给 MMR，使其在自动着陆过程中都不可重新调谐，防止其在自动着陆时改变工作频率。

6. LOC、G/S 偏离显示

LOC、G/S 偏离既可显示在备用仪表上，如备用姿态仪或 ISFD，也可以显示在电子飞行仪表系统（electronic flight instrument system，EFIS）的主飞行显示器（primary flight display，PFD）和 ND 上。

1）备用姿态仪

LOC、G/S 偏离在备用姿态仪上的显示如图 5－14 所示，当在备用姿态仪左下角选择 APP 方式时，将会显示出 LOC、G/S 偏离信息，如果此时相应的信号失效，则有对应的故障旗出现。

2）ISFD

ISFD 上的 LOC、G/S 偏离指示如图 5－15 所示，使用 ISFD 显示时也需要选择 APP 工作方式。如果 LOC 或 G/S 偏离信息失效时，则原先显示偏离信息的位置会出现琥珀色的故障旗。

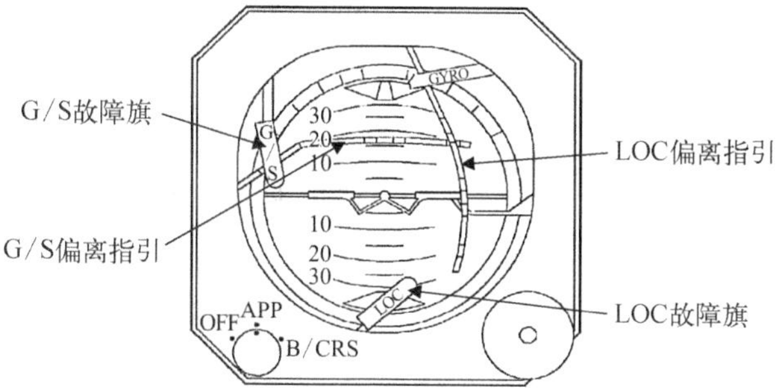

图 5－14　LOC、G/S 偏离在备用姿态仪上的指示

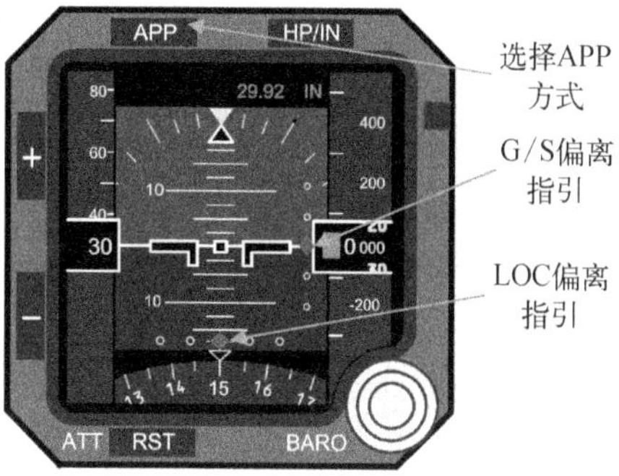

图 5－15　ISFD 上的 LOC、G/S 偏离指示

3）EFIS

EFIS 是 LOC、G/S 偏离指示的主要显示系统，可以通过 EFIS 的 PFD 及 ND 显示。

PFD 上的 LOC、G/S 偏离指示如图 5－16 所示，对于 LOC 偏离来说，每一格的刻度对应 1°的偏离量。如果偏离量大于 1°时，按照图 5－16(a) 正常显示；当偏离量小于 1°时，LOC 的偏离自动使用扩展刻度方式进行显示，如图 5－16(b) 所示，此时左右均仅显示一格刻度。G/S 的偏离在 PFD 右侧显示，每一格刻度对应偏离量 0.35°。

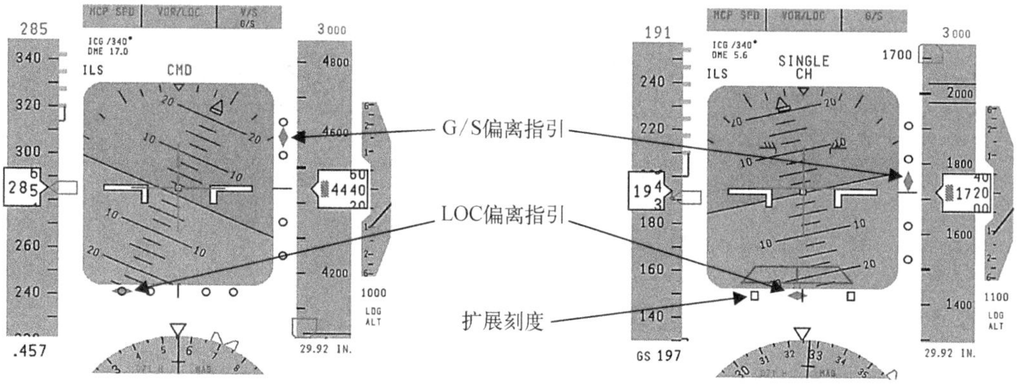

(a) LOC偏离大于1°　　(b) LOC偏离小于1°

图 5－16　PFD 上的 LOC、G/S 偏离指示

ND 上的 LOC、G/S 偏离指示如图 5－17 所示，在 ND 上显示 ILS 的偏离信息，需要将 EFIS 显示模式设置在 APP 模式，并且在 NAV 控制盒上选定的频率 LOC 频率。如图 5－17 所示，中心(centered)APP 方式及扩展(expanded)APP 方式均可显示 ILS 的偏离信息，ND 上的刻度值与 PFD 的刻度值一样，即 LOC 为 1(°)/格，G/S 为 0.35(°)/格。ND 的右上角同时显示当前使用的着陆系统（图中 ILS1），以及此时 ILS 地面台的工作频率或识别码。

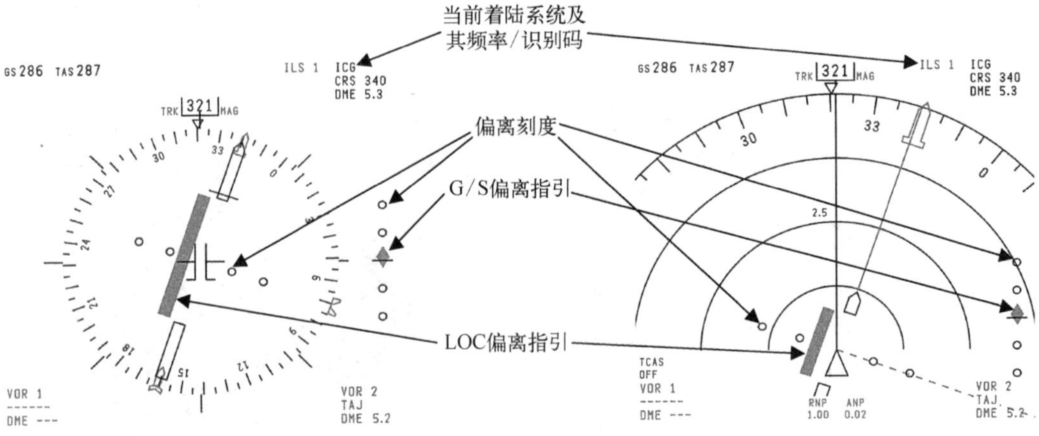

(a) 中心 (centered) APP方式　　(b) 扩展 (expanded) APP方式

图 5-17　ND 上的 LOC、G/S 偏离指示

当系统出现故障时，在 PFD 及 ND 上会出现琥珀色故障旗，同时偏离指示消失，如图 5-18 所示。

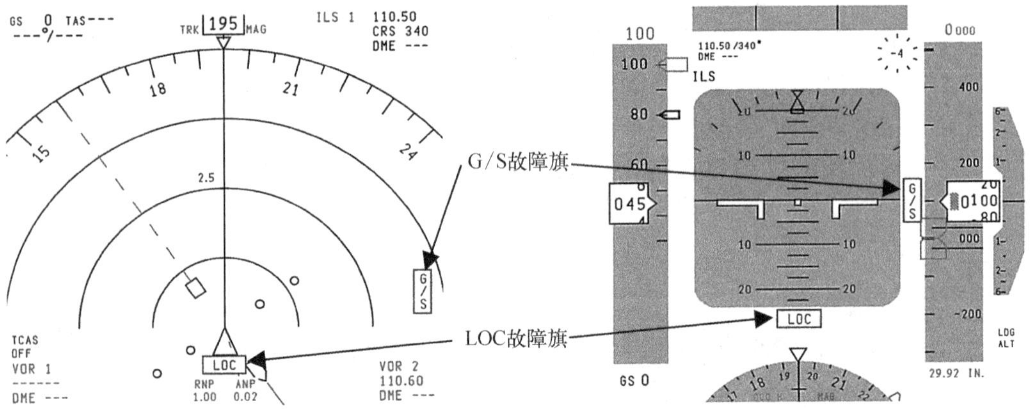

图 5-18　PFD、ND 上的 ILS 故障旗

5.4.2　B737NG 飞机机载 LOC、G/S 系统自测试

LOC、G/S 系统的自测试既可以通过按压 MMR 前面板的测试按钮来启动，也可在驾驶舱内通过 NAV 控制盒上的 TEST 按钮来启动。

1. 通过 MMR 前面板进行自测试

B737NG 飞机上的 MMR 前面板如图 5-19 所示，从图中可以看出，MMR 接收机前面板上有一个测试按钮（TEST）及三个测试指示灯，三个指示灯分别是 LRU STATUS、CONTROL FAIL 和 ANTENNA FAIL（表示天线故障）灯。其中，LRU 状态灯具有红、绿两种颜色，而 CONTROL FAIL 和 ANTENNA FAIL 灯只有红色。

当按压 TEST 按钮时，启动 MMR 自测试，MMR 检查接收机内部工作状况及与 MMR 连接的设备的状态，测试过程持续约 36 s，整个测试的过程如下：

（1）第 0~2 s，前面板上的 LRU STATUS 灯、CONTROL FAIL 灯及 ANTENNA FAIL 灯均亮起，且都是红色；

（2）第 2~4 s，LRU STATUS 灯变成绿色，而 CONTROL FAIL 灯和 ANTENNA FAIL 灯继续保持红色；

（3）第 4~6 s，所有灯均熄灭；

（4）第 6~36 s，测试结果由灯状态指示：① LRU STATUS 灯变红表示 LRU（VOR 接收机）故障，否则 LRU STATUS 灯为绿色；② CONTROL FAIL 灯亮红色，表示没有调谐数据输入或输入的调谐数据无效；③ ILS 的测试中，ANTENNA FAIL 灯不使用（用于 MMR 内部 GPS 天线的测试）。

图 5－19　MMR 前面板

2. 通过 NAV 控制盒进行自测试

在驾驶舱内通过 NAV 控制盒上的 TEST 按钮启动 LOC、G/S 系统的自测试前，需要先进行如下设置：

（1）在 NAV 控制盒中输入一个 LOC 频率，并将其设置为当前（ACTIVE）频率；

（2）在 MCP 上设置一个预选航道，这个预选航道值应为以当前航向为基准的 90°之内的任意值（确保测试中，ND 上 LOC 偏离的显示按照描述的“左”、“右”方向正确）；

（3）在 EFIS 控制板上选择当前显示模式为 APP 方式（中心 APP 或扩展 APP 均可）。

以上设置完成后，通过按压 NAV 控制盒上的 TEST 按钮，即可启动自测试，测试结果显示在 ND 及 PFD 上，显示过程为：

（1）前 3 s：LOC 偏离显示左偏一格，G/S 偏离显示上偏 1 格［如图 5－20（a）所示］；

（2）后 3 s：LOC 偏离显示右偏一格，G/S 偏离显示下偏 1 格［如图 5－20（b）所示］；

（3）恢复正常显示。

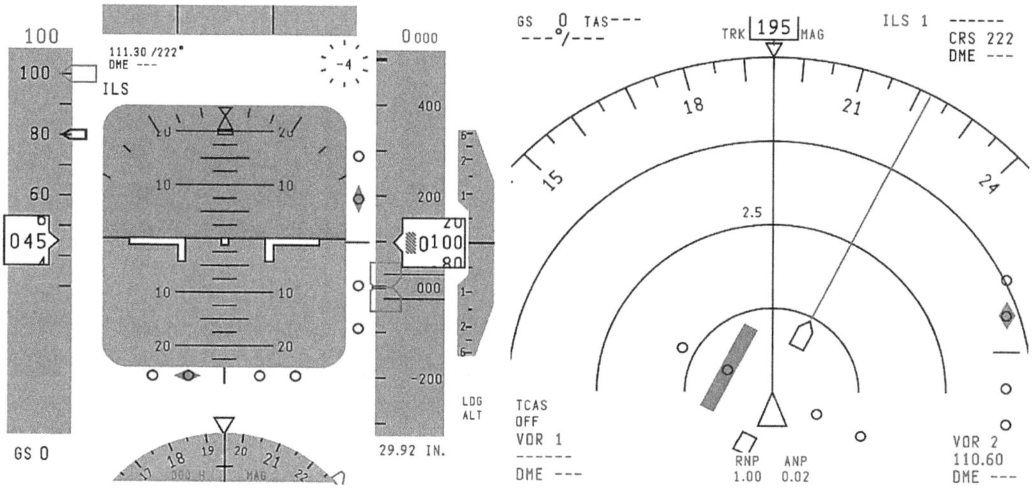

(a) 测试的前3 s，LOC偏左1格，G/S偏上1格

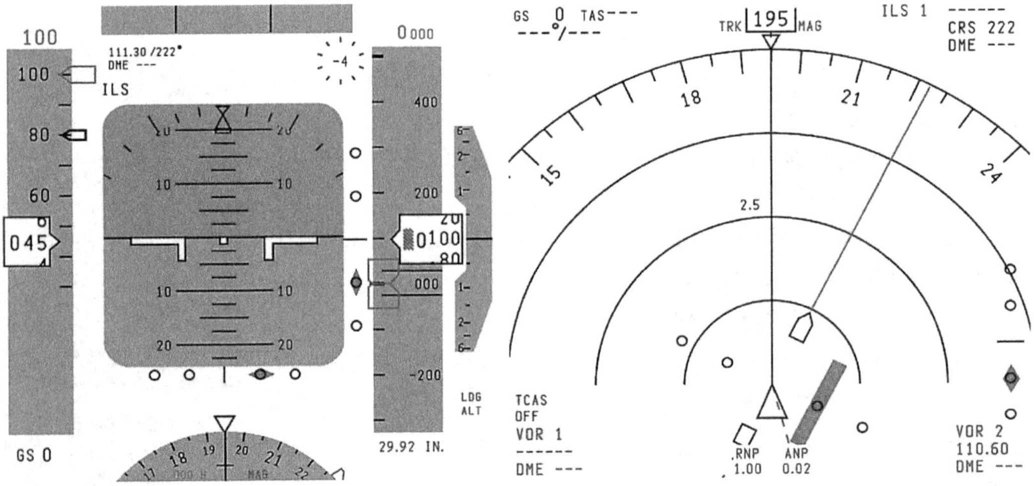

(b) 测试的后3 s，LOC偏右1格，G/S偏下1格

图 5-20　LOC、G/S 系统自测试时的 ND 及 PFD 显示

5.5　指点信标系统

指点信标系统可按其用途分为航路信标（runway marker）和航道信标（course marker）。航路信标安装在航路上，向驾驶员报告飞机正在通过航路上某些特定点的地理位置。航道信标用于飞机进场着陆，用来报告着陆飞机离跑道头预定点（远、中、近指点信标上空）的距离。两种信标地面台天线发射垂直向上的扇形波束（fan marker）或倒锥形波束（z-marker），以便飞机飞越信标台上空时机载接收机可以接收到信号。

指点信标台发射频率均为 75 MHz，天线辐射水平极化波。而调制频率和台识别码各不相同，以便识别飞机在哪个信标台上空。指点信标台的发射功率从几瓦到 100 W 不等。高功率信标台用于外指点信标和航路指点信标，在这里飞机高度比较高。不管是航道指点信标或航路指点信标，机载信标接收机是相同的。

5.5.1　指点信标发射信号

1. 航道指点信标

航道指点信标台安装在着陆方向的跑道中心线延长线上，根据 ICAO 的相关规定，包括外指点信标、中指点信标和内指点信标。在一些机场还装有反航道指点信标，用于飞机从反航道进场。指点信标系统工作图如图 5-21 所示。

内指点信标偏离跑道中心延长线不应超过 30 m，中指点信标和外指点信标偏离跑道中心延长线不应超过 75 m。对于某些机场来说，3 个指点信标台的具体位置应根据机场的地理条件，在允许的距离范围内设置。指点信标系统在 ILS 中的作用如下所述：外指点信标指示下滑道截获点；中指点信标用来测定Ⅰ类着陆标准的决断高度点，即下滑道通过中指点信标台上空的高度约等于 60 m；内指点信标用来测定Ⅱ类着陆标准的决断高度点，

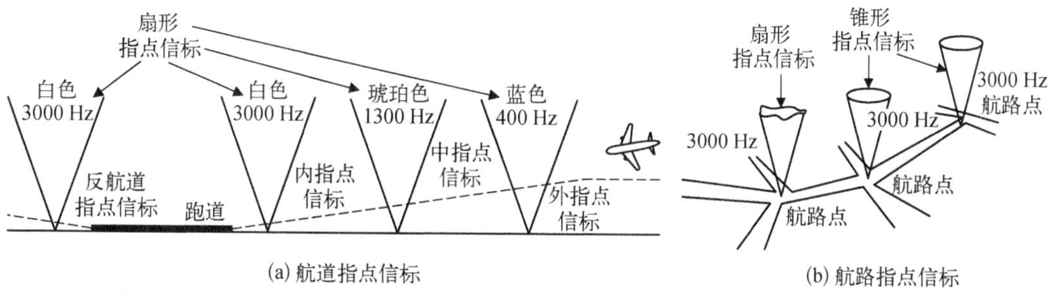

图 5-21　指点信标系统工作图

即下滑道通过内指点信标台上空的高度约为 30 m。考虑到内指点信标和中指点信标之间的干扰和机上目视指示灯发亮时间间隔,内指点信标和下滑道之间所标示的最大高度限制在高于跑道入口 37 m。典型的指点信标接收机在飞机速度为 140 n mile(250 km/h)时,中指点信标和内指点信标目视指示灯发亮的最小间隔应为 3 s,以此来选择内指点信标台的台址,便可确定其标示的最高高度。各指点信标台均发射扇形波束,以便覆盖整个航道宽度。发射功率是由指点信标覆盖范围确定的,各指点信标覆盖范围规定如表 5-4 所示。

表 5-4　指点信标覆盖范围规定

指点信标	高度/m	宽　度
内指点信标	150±50	在整个航向道宽度内能达到正常指标
中指点信标	300±100	
外指点信标	600±200	

在覆盖区边界,场强应不小于 1.5 mV/m。在覆盖区内,场强应不低于 3 mV/m,标准机载接收机如能接收到 1.5 mV/m 场强,应能正常工作。

飞机飞越指点信标台上空时,指示灯亮的时间取决于飞机的速度和发射波束的纵向"宽度"及接收机灵敏度。若飞机速度为 96 kn(1 kn=0.514 m/s),则飞越外指点信标台上空时,外指点信标灯亮的时间应为 12 s±4 s;飞越中指点信标台上空时,中指点信标灯亮的时间应为 6 s±2 s。

为了便于驾驶员识别飞机正在飞越哪个信标台上空,以便明确飞机距跑道入口的预定距离,各指点信标台的发射频率采用不同的音频编码键控制,如表 5-5 所示。

表 5-5　指点信标台发射频率的音频编码键控制

指点信标	调制频率	识别码	机上指示
外指点信标	400 Hz±2.5%	连续拍发,每秒 2 划	蓝色(或紫色)
中指点信标	1 300 Hz±2.5%	连续拍发交替的点、划	琥珀色(黄色)
内指点信标	3 000 Hz±2.5%	连续拍发,每秒 6 点	白色
反航道信标	3 000 Hz	连续拍发,每秒 6 个对点	白色

各指点信标发射信号的调幅度应为(95±4)%。在发射识别信号间隙时间,载波不应中断。

2. 航道指点信标

在任何航路上,如果需要用指点信标来标定一个地理位置的地方,应安装扇形指点信标。在需要用指点信标来标出航路上无线电导航设备的地理位置的地方,应安装“z”指点信标,航路指点信标发射信号的调制频率为3 000 Hz±75 Hz,键控发送莫尔斯电码,以表示该指点信标的名称或地理位置。在发送识别信号间隙期间,载波不得间断。

5.5.2 指点信标接收机

现代飞机上的指点信标接收机一般安装在VOR接收机内部,通过VOR接收机后面板上的一个程序销钉来决定是否启用指点信标功能,通常情况下,左侧第一套VOR接收机同时具备指点信标功能。指点信标接收机通常采用一次变频的超外差接收机,由于指点信标工作频率为固定的75 MHz,因此也有的接收机不使用超外差式接收。图5-22所示为一种不采用超外差式接收的指点信标接收机框图。

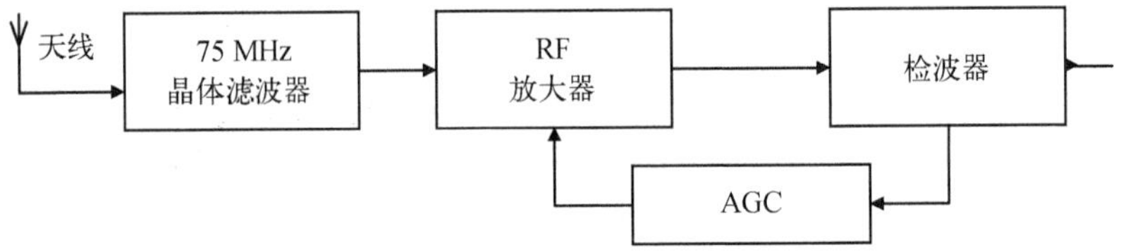

图5-22 指点信标接收机框图

天线接收到的输入信号加到75 MHz晶体滤波器,滤波器的带宽为±15 kHz。接着是高增益的射频放大器,这里一般采用二级或三级放大(总增益80 dB),并根据后级输出信号大小来对RF放大器进行AGC,保证输出信号的幅值稳定,AGC电压的控制能力通常要求输出信号电平变化小于6dB。最后是二极管包络检波器,检波器的输出就是指点信标地面台调制的音频信号。

包络检波器输出的音频信号可用于给驾驶员提供目视和音响信号,以区别飞机飞越哪个信标台的上空。中指点信标和外指点信标音频识别信号还加到飞行记录中的FDAU,作为飞行记录器的信号源之一。

输出的音频信号分别加到3个带通滤波器,3个带通滤波器用来分别通过400 Hz、1 300 Hz和3 000 Hz音频,再分别经整流后得到直流电压,经驱动电路后使相应的指示灯(蓝、琥珀、白)亮灯。现代飞机上的滤波器输出信号,通过ARINC429编码(参见4.4.1节)的方式发送给DEU,然后在PFD上显示。同时,滤波后的音频经音频放大后加到AIS,提供音响信号,音频信号的处理如图5-23所示。

指点信标接收机用来接收航路指点信标和航道指点信标的发射信号,飞机在航路上的高度远大于进场着陆的高度,这样天线接收机的强度相差很大。如果把接收机的灵敏度设计得很高,则在着陆时,指示灯离信标台很远就会亮,甚至在飞越外指点信标和中指点信标时,两个指示灯也可能同时亮,这将严重影响指点信标系统的功能。另外,按进场

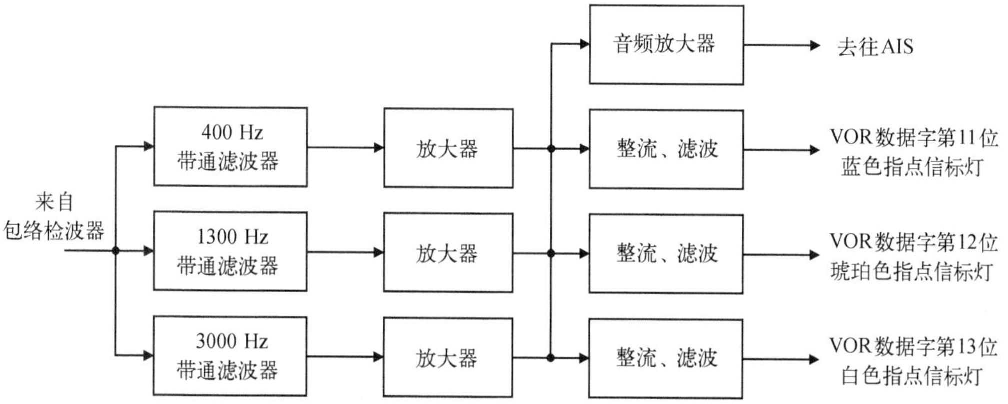

图 5-23 指点信标接收机音频处理电路原理框图

着陆方式设计接收机灵敏度，那么在飞越航路指点信标台时，指示灯就可能不亮。为了满足进场和航路两种情况下的使用要求，在接收机外部有一个高-低灵敏度控制开关，高灵敏度(200 μV/m)用于航路信标，低灵敏度(1 500 μV/m)用于进场着陆。改变接收机灵敏度的一种方法，是用一个衰减电路串接在信号输入线上，选择低灵敏度时，衰减器对输入信号进行衰减，从而达到降低灵敏度的目的。

在设置自检电路的接收机中，当按下试验按钮时，自检电路产生模拟的信标台发射信号，可产生 400 Hz、1 300 Hz 和 3 000 Hz 调幅的 75 MHz 试验信号，加到接收机的输入端。如果机载设备工作正常，目视指示灯按蓝、黄、白顺序点亮 1.5 s，同时驾驶员耳机中可听到 400 Hz、1 300 Hz 和 3 000 Hz 音调信号。

5.5.3 B737NG 飞机 MB 系统概况及其操作

B737NG 飞机上的 MB 接收机与 VOR 接收机安装在同一个 LRU 设备中，其组成及工作概况如图 5-24 所示。

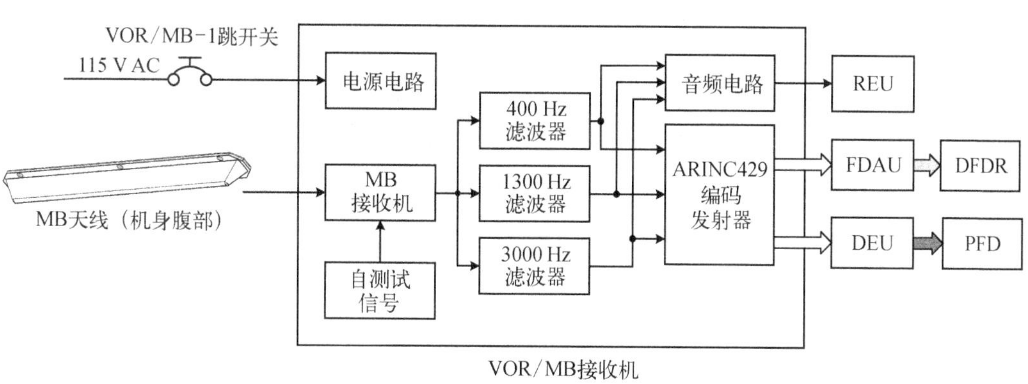

图 5-24 B737NG 飞机 MB 系统组成及原理框图

1. 电源

MB 接收机使用 115 V 交流电源工作，通过一个 VOR/MB 接收机跳开关将 115 V 交流电供给 VOR/MB 接收机，如图 5－24 所示，在其内部有电源电路把 115 V 交流电转成接收机工作所需的各种电源。

2. 天线

B737NG 系列飞机上 MB 接收机的天线安装在机身腹部，其形状如图 5－24 所示。

3. 射频信号接收与处理

来自 MB 天线的射频信号进入 VOR/MB 接收机后，经过超外差接收、检波输出地面指点信标台的低频调制信号，再分别经过 400 Hz、1 300 Hz 和 3 000 Hz 三个带通滤波器，输出相应的指点信标台信息。VOR/MB 接收机在进行自测试时，还会产生一个自测试信号，取代天线接收到的信号，自测试信号中包含所有地面指点信标台的信号，即使用 400 Hz、1 300 Hz 和 3 000 Hz 三个音频信号调幅的 75 MHz 射频信号。

4. MB 信号的输出

指点信标台低频调制信号经过音频电路后，经由 REU 输出给飞机的 AIS，提供给飞行员音频提示。

指点信标台信息还通过 VOR/MB 接收机内部的处理器编码，然后由 ARINC429 发射端口将信息输出，其编码方式使用的是 VOR 角度编码中的三个离散位，参见 4.4.1 节内容。输出的 ARINC429 数据字分别传送到 FDAU、DEU，FDAU 将信息采集后由 DFDR 记录，DEU 将 MB 信息显示在 PFD 上。如图 5－25(a)所示是 PFD 上外指点信标的显示，在 PFD 上使用天青色图标“OM”(outer marker)指示；图 5－25(b)是中指点信标的显示，使用琥珀色图标“MM”(middle marker)。内指点信标的显示使用白色图标(未给出图)，文字内容为“IM”(inner marker)。

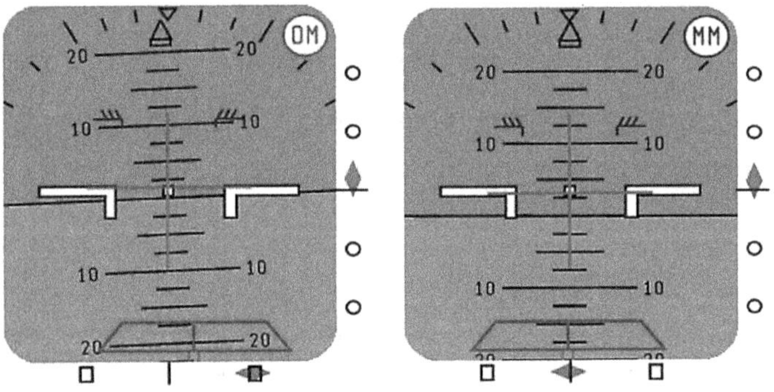

(a) 外指点信标　　(b) 中指点信标

图 5－25　MB 信息在 PFD 上的显示

5. 系统自测试

进行 MB 系统的自测试之前，首先应在 ACP 上选通 MB 系统的接收，并调整好接收音量，然后通过按压 NAV 控制盒上的 TEST 按钮启动 MB 系统的自测试。测试过程中，耳机或驾驶舱扬声器里会同时出现 400 Hz、1 300 Hz 和 3 000 Hz 音频，同时，PFD 上显示指点信标台信息的位置出现白色的图标，图标文字为“FT”(functional test)。

第 6 章 无线电高度表

6.1 无线电测距概述

用无线电方法测量距离是无线电导航的基本任务之一。在飞机无线电导航的实践中,测距同测角一样,得到了广泛的应用。测距在航空无线电导航中的运用可归结为如下几类。

(1) 测高: 将地面作为无线电波的反射体,利用无线电导航设备可测得飞机到地面的真实高度。

(2) 等待飞行: 有时,飞机在着陆之前,需在机场周围沿圆周飞行等待,这时需利用机上测距设备不断地测出飞机到机场导航台的距离。

(3) 着陆: 在飞机进场着陆时,也需要不断测量飞机到跑道端的距离。

(4) 定位: 利用测定飞机到地面两个精确地知道其地理位置的导航台的距离,或利用测定到一个导航台的距离和方位,可确定飞机位置。

用无线电技术测量距离的方法很多,但用得最多的是测量两点间电波传播所经过的时间,从而计算出其距离。

图 6-1 所示的测距系统由发射机和接收机组成。当发射机发送一个射频测距信号时,射频电磁能量将以光速按直线传播。电波从发射机传送到接收机的时间正比于它们之间的距离,距离等于光速乘以电波传播的时间,即 $R = ct_R$,其中 R 为发射机与接收机之间的距离(单位为 m);t_R 为电磁波从发射机传送到接收机的时间(单位为 s);$c \approx 3\times10^8$ m/s,为电磁波传播速度。

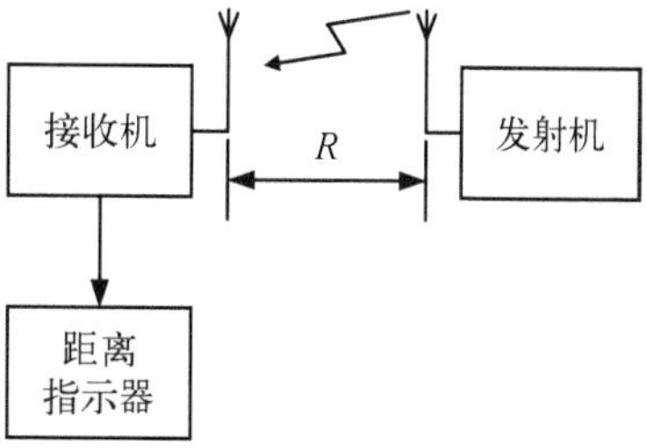

图 6-1 距离测量原理

距离单位通常用公里或米为单位,也可用其他单位,如: 海里(n mile)、英里(mile)、英尺(ft)或码(yard)来表示。它们之间的换算关系为: 1 000 yard = 3 000 ft ≈ 0.914 km ≈ 0.57 mile,1 n mile ≈ 1.853 km。

可以看出,只要测得电磁波传播时间 t_R,就可测定距离 R。这就是用无线电方法测量距离的基本原理。如果已知电磁波传播时间为 1 μs,则可求出距离为 R = 300 m = 0.3 km = 0.162 n mile = 0.186 mile = 328 yard = 984 ft。

必须指出: 为要测出电磁波传播时间 t_R,发射机发送电磁波的时间应当与确定时间读数的起始时间相同步,即要求收发信机有独立的定时器,且在测距开始之前应互相校准好,使其起始时间相同,否则就会出现测距误差。

测量两点间电波传播的时间,从而计算出其距离的方法通常可以采用脉冲法、频率法和相位法。

6.1.1 脉冲法测距

1. 脉冲法测距原理

脉冲法测距的基本原理是测量收发两个脉冲之间的时间间隔,从而计算出其距离。图 6-2 为脉冲测距系统的原理框图,由定时器、发射机、接收机、显示器、收发转换开关和天线组成。

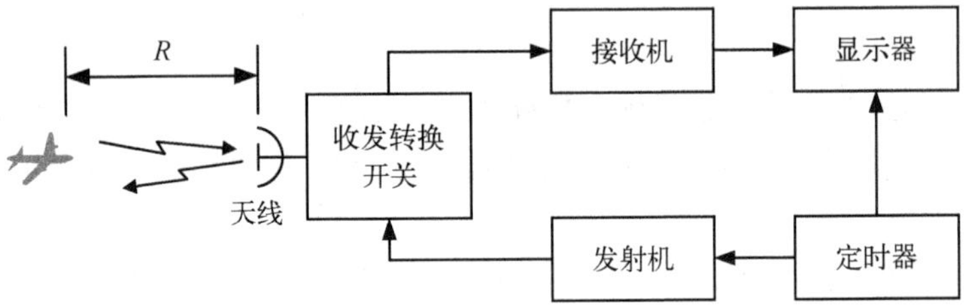

图 6-2 脉冲测距系统原理框图

系统各部分的功能如下:定时器产生定时信号,用以控制发射机的起始时间,并作为测量时间间隔的基准;接收机接收来自目标的反射回波信号,经处理后供显示器显示;显示器显示飞机的距离等有关信息;收发转换开关的功能是使发射机与接收机共用一个天线,天线则发射发送信号,接收回波信号。

测距系统工作时,发射机经天线向空间发射一串重复周期一定的高频脉冲。当电磁波遇到目标(飞机)时,将产生反射。因此,测距系统可接收到目标反射的信号,这个信号称为回波。由于电磁波从发射天线到达目标并从目标返回被测距系统接收,经过了 $2R$ 的距离,所以有

$$2R = ct_R \text{ 或 } R = \frac{c}{2}t_R \tag{6-1}$$

当采用不同的距离单位时,又假定回波脉冲滞后于发射脉冲的时间为 1 μs,则所对应的距离为 R=150 m=0.15 km=0.081 n mile=0.093 mile=164 yard=492 ft。

2. 测距误差

脉冲测距系统在测量目标距离时,会不可避免地产生误差。测距误差从数量上说明了测距精度,是测距系统的重要参数。

由脉冲测距基本公式可以看出影响测距精度的因素。对其求全微分,得到:

$$\mathrm{d}R = \frac{\partial R}{\partial c}\mathrm{d}c + \frac{\partial R}{\partial t_R}\mathrm{d}t_R = \frac{R}{c}\mathrm{d}c + \frac{c}{2}\mathrm{d}t_R \tag{6-2}$$

用增量代替微分,可得到测距误差为

$$\Delta R = \frac{R}{c}\Delta c + \frac{c}{2}\Delta t_R \tag{6-3}$$

式中，Δc 为电波传播速度的误差；Δt_R 为测量目标回波延迟时间的误差。由测距误差表达式可见，脉冲测距系统的测距误差由电波传播速度 c 的变化 Δc 及测时误差 Δt_R 两部分组成。

按其性质，误差可分为系统误差和随机误差两类。系统误差是指在测距时，测距系统的各部分对信号的固定延迟所造成的误差，系统误差以多次测量的平均值与被测距离真实值之差来表示。从理论上讲，系统误差可在校准测距系统时补偿掉，但实际上很难完全补偿，故一般给出允许的系统误差范围。随机误差指的是由某种偶然因素引起的测距误差，所以又称为偶然误差。随机误差又可称为设备误差，如接收机时间滞后的不稳定性、各部分回路参数的偶然变化、晶体振荡器频率不稳定和读数误差等。凡属系统以外的各种偶然因素引起的误差都称为外界误差，如电波传播速度的偶然变化、电波在大气传播中产生折射，以及目标反射中心的随机变化等。

随机误差一般不能补偿掉，因为它在多次测量中所得到的距离值不是固定的而是随机的。因此，随机误差是衡量测距精度的主要指标，下面讨论几种主要的随机误差。

1）电波传播速度变化产生的误差

推导无线电测距基本原理时需要假定无线电波在自由空间的传播速度等于光速，而且认为它是不变的常数。但实际上，自由空间大气层的分布是不均匀的，而且其参数诸如密度、湿度、温度等均随时间、地点而随机变化。这就导致大气传播介质的磁导率和介电常数也发生相应的变化，因此电波传播速度将不是常量，而是一个随机变量。由测距误差表达式可知，由于电波传播速度的随机变化而引起的相对测距误差为

$$\frac{\Delta R}{R} = \frac{\Delta c}{c} \tag{6-4}$$

可见：由于电波传播速度的变化而产生测距的相对精度等于电波传播速度平均值的相对精度。随着距离 R 的增大，由于电波传播速度的随机变化所引起的测距误差 ΔR 也将增大。在实际使用条件下，例如，昼夜间大气中温度、气压及湿度的起伏变化所引起电波传播速度的变化约为 10^{-5} 量级。因此，如果脉冲测距系统在测距过程中，采用 c 的平均值作为距离计算的标准常数，所得测距的极限精度也将为同样的数量级。例如，目标距离为 60 km 时，其极限精度约为 $\Delta R = 60\times1\ 000\times10^{-5} = 0.6$ m 量级。

通过多次实际测量，可得到在各种不同条件下电波传播速度的平均值。表 6－1 列出了几组实测得到的电波传播速度值。

表 6－1　在不同条件下的电波传播速度

传播条件	c/(km/s)	备注
真空	299 776±4	根据 1941 年测得的数据
	299 773±10	根据 1944 年测得的数据

续　表

传播条件	$c/(\mathrm{km/s})$	备注
利用红外波段光在大气中传播	299 792±0.001	根据 1972 年测得的数据
厘米波($\lambda=10$ cm)在地面-飞机间传播，飞机高度为 $H_1=3.3$ km	299 713	皆为平均值，根据脉冲导航系统测得的数据
厘米波($\lambda=10$ cm)在地面-飞机间传播，飞机高度为 $H_2=6.5$ km	299 733	
厘米波($\lambda=10$ cm)在地面-飞机间传播，飞机高度为 $H_3=9.8$ km	299 750	

2）大气折射引起的误差

推导无线电测距基本原理时还需要假定无线电波在自由空间中沿直线传播，但是大气的气压、温度、湿度及介电常数实际上是随空间高度而变化的，因此电波传播速度随高度加大，使电波传播轨迹向下倾斜，从而发生折射。大气折射的主要影响：① 直视距离增大；② 使测距系统的距离-高度-仰角的空间关系发生改变。

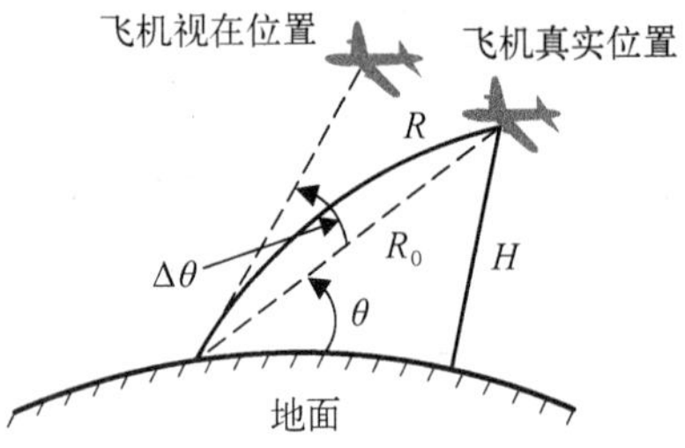

图 6-3　大气折射对测距的影响

如图 6-3 所示，目标的真实距离为 R_0，但因为电波不是直线传播而是按曲线 R 传播的，因此目标回波的延迟时间 $t_R=2R/c$，这里所测得距离为 R 而不是实际距离 R_0，这就产生了一个距离误差 ΔR，即

$$\Delta R = R - R_0 \tag{6-5}$$

显然，距离误差 ΔR 的大小主要取决于大气的折射率。所以，在已知折射率随高度而变化的关系时，就可计算出对于不同高度目标由于大气折射而产生的距离误差，同时采取适当措施，作某些可能的校准。

以上两种误差，都是测距系统外部因素造成的，称为外界误差。另一类误差则是由测距系统内部造成的，例如，在某些空中交通管制雷达系统中，需用距离显示器来显示和测量目标的距离，这将产生测量误差。

3. 测距范围和距离分辨力

1）测距范围

脉冲测距系统的测距范围与该系统测距所使用的脉冲重复频率有关。脉冲重复频率 f_r 等于脉冲重复周期 T_r 的倒数，即

$$f_r = \frac{1}{T_r} \tag{6-6}$$

由脉冲法测距的表达式可知：脉冲测距系统的最大单值测距范围是由脉冲重复周期 T_r(或重复频率 f_r)决定的。当测得的目标回波时延 t_R 等于脉冲重复周期 T_r 时，所对应测得的距离就是测距系统的测距范围或称为最大作用距离 $R_{\max}$，即

$$R_{\max} = \frac{c}{2}T_r = \frac{c}{2f_r} \tag{6-7}$$

可见,最大作用距离是与脉冲重复频率成反比的。为了保证测距的单值性,脉冲测距系统的脉冲重复周期所对应的距离大约是作用距离的 1.2 倍,脉冲重复频率在 50~5 000 Hz(脉冲/s)。

2）距离分辨力

距离分辨力指测距系统对同一个方向上相邻两个目标可分辨的最小距离,通常用 ΔR_c 来表示。距离分辨力越高,ΔR_c 越小,如图 6-4 所示。

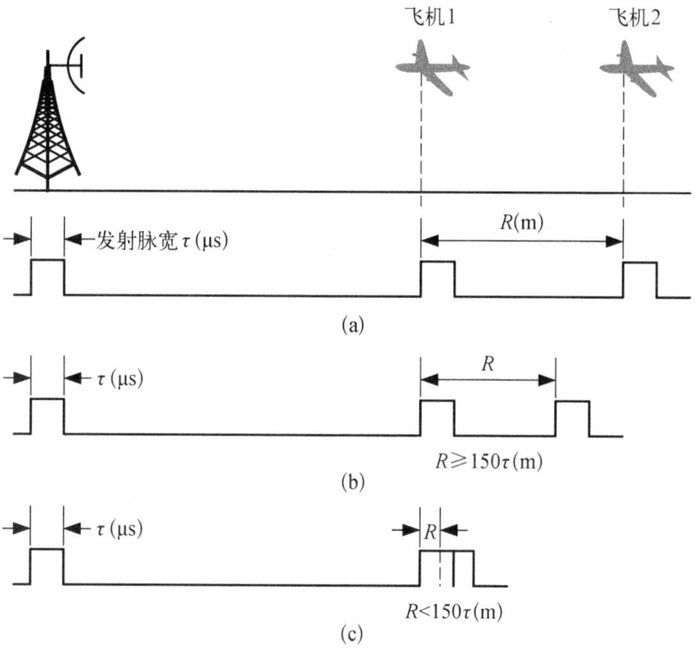

图 6-4 距离分辨力示意图

在从测距系统看去的一直线上有两架飞机,距离间隔为 R(m)。由于脉冲往返时间 1 μs 相当于 150 m 距离,若发射脉冲宽度为 τ(μs),则相当于往返 150τ(m)距离。当飞机 1 和飞机 2 相距甚远时,两个由飞机反射回来的回波是清晰可分的两个脉冲,其间隔距离 $R \geq 150\tau$(m),如图 6-4(b)所示。当飞机 1 和飞机 2 逐渐接近,即 $R<150\tau$(m)时,从第一架飞机反射回来的回波尚未结束之前,从第二架飞机反射回来的回波 2 已来到,故两个回波将重叠起来,分不出是两个回波,如图 6-4(c)所示。以上就是距离分辨力的概念。

必须指出:距离分辨力与发射脉冲宽度、光点直径和测距方法有关。脉冲宽度越宽、光点直径越大,距离分辨力越差。

3）最小可测距离

所谓最小可测距离是指测距机能测量的最近目标的距离。一般脉冲测距系统的地面设备发射与接收是共用一个天线,因此在发射脉冲宽度 τ 时间内,接收机是关闭的,不能测距;另外,由于发射脉冲过后,天线收发开关恢复接收状态,也需要一段时间 t_0,在 t_0 时间内,测距机同样无法测距。因此,测距系统的最小可测距离 R_{min} 为

$$R_{min} = \frac{1}{2}c(\tau + t_0) \tag{6-8}$$

式中,τ 为发射脉冲的宽度;t_0 为天线收发开关恢复时间。

4. 询问-应答式脉冲测距系统

在飞机无线电导航测距中采用的另一种方法是询问-应答式测距法,也称为有源测距法。询问-应答式测距系统由机载设备和地面设备组成,通常询问器安装在飞机上,应答器安装在地面上某个固定地点,一个应答器可以同时对许多架飞机提供服务。图 6-5 是询问-应答式脉冲测距系统的原理框图。

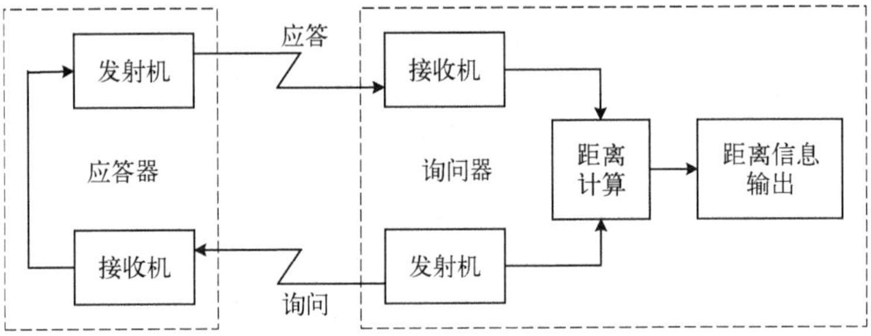

图 6-5　询问-应答式脉冲测距系统原理框图

询问-应答式脉冲测距系统的工作原理是:由机载询问器发射机发射询问信号;地面应答器接收机接收此询问信号,经处理后发射回答信号。然后由询问器测出发射询问信号与接收回答信号之间的时间间隔,此时间间隔就对应于询问器(飞机)与应答器之间的距离。

必须指出:由于电波往返两倍于所测量的距离,传播时间也增大一倍,故被测时间 t_R 与距离 R 之间的关系仍可用如下公式来表示:

$$R = \frac{c}{2} \cdot t_R \tag{6-9}$$

式中,c 为光速,代表电磁波传播的速度;t_R 为发射询问信号和接收回答信号之间所经过的时间。

如果忽略电波传播速度 c 的变化,距离测量误差为

$$\Delta R_c = \frac{c}{2} \cdot t_R \tag{6-10}$$

询问-应答式测距系统采用了转发信号的方式工作,而且询问和应答信号往往采用脉冲编码的形式,同时询问和应答信号还使用不同的工作频率,因此,可以提高测距系统的作用距离、精确度、抗干扰性和可靠性。

6.1.2　频率法测距

频率法测距利用无线电信号频率与距离之间的关系进行测距。在飞机无线电导航中，频率法测距通常用以测量飞机到地面的垂直距离来获得飞机的高度信息，这种测距设备称为无线电高度表。

图 6-6 为调频测距系统的原理框图，它由调频发射机、发送和接收天线、接收机混频器、频率测量及距离计算等部分组成，各部分的作用如下。

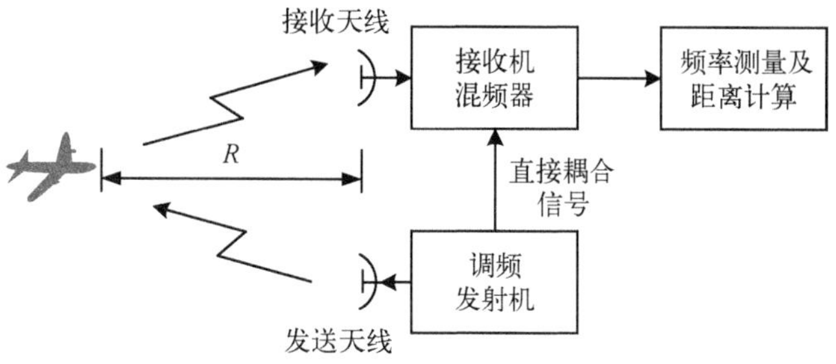

图 6-6　调频测距系统原理框图

1. 调频发射机

调频发射机可产生连续高频等幅波，其频率在时间上按三角形或正弦规律变化。此信号中一部分送到天线发射出去，另有一部分信号（直接耦合信号）加到接收机混频器。

2. 发送和接收天线

发送和接收天线分别用来发送输出信号和接收反射信号。由于采用连续波工作，故不能像一般脉冲法测距系统中那样收发共用一个天线。

3. 混频器

直接耦合信号与反射接收信号在混频器中相混频，得到差频信号电压输出。

4. 频率测量及距离计算

经放大和限幅的差频电压加到频率计，此差频电压与目标距离有关，因此频率计上的刻度可以直接采用距离长度作为单位。

6.1.3　相位法测距

相位法测距是以测量从发射机直接进入接收机的直达信号与目标回波信号之间的相位差来测距的。

图 6-7 所示为相位法测距系统的原理框图，它由发射机、接收机、鉴相器、发送和接收天线等部分组成。发射机产生射频信号，经由发射天线向空间辐射；另有一部分发射信号直接加到接收机，称为直达信号。接收机通过接收天线接收由目标反射的回波信号，并与发射机来的直达信号的相位进行比较。鉴相器的作用是把直达信号与接收的回波信号之间相位比较得到的相位差按距离指示出来。

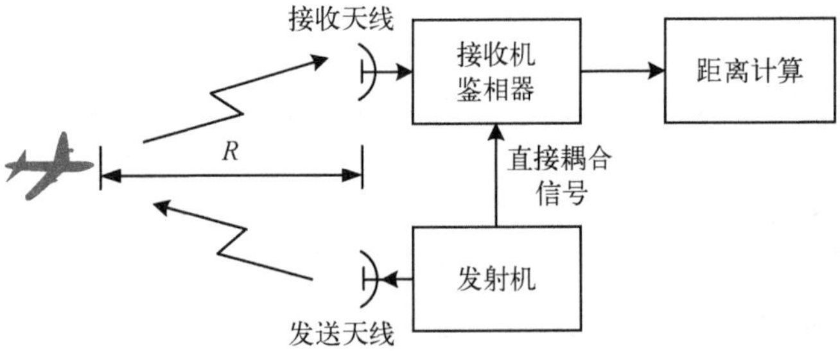

图 6-7　相位法测距系统原理框图

6.1.4　数字式测距

为了满足对高速度、高机动性能飞机测距的技术要求，目前已广泛采用以数字技术为基础的数字式自动测距系统，从而实现了测距的作用距离大、反应速度快、工作可靠等要求。

根据前面的讨论，脉冲法测距就是测量回波脉冲信号相对于发射脉冲的时间延迟。因此，数字式测距首先就要设法将它们之间的时间差用离散的二进制数字表示出来，可采用通常的计数方法来达到上述目的。图 6-8 所示为数字式测距原理框图和波形图。

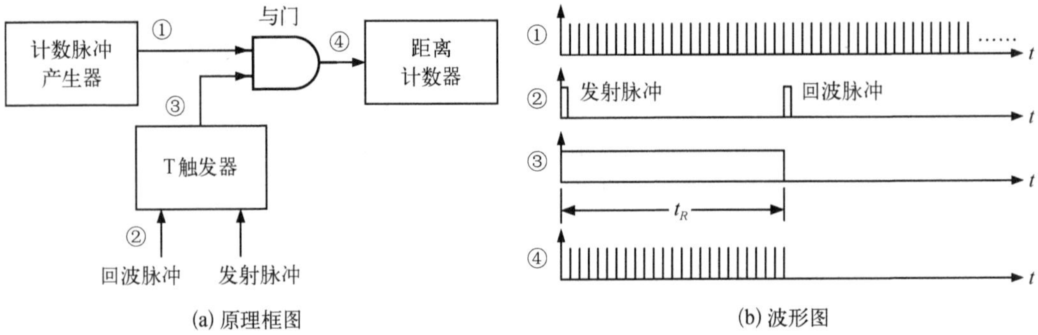

图 6-8　数字式测距原理框图和波形图

设在发射机发射高频脉冲的同时，计数脉冲产生器开始产生计数脉冲，直到接收回波脉冲时为止。因此，只要脉冲计数器记录下在此期间的脉冲数 n，就可根据计数脉冲的重复周期 $T(T=1/f)$ 计算出回波脉冲相对于发射脉冲的延迟时间 t_R：

$$t_R = nT \tag{6-11}$$

式中，T 为已知值，故测量 t_R 实际上变成了测量脉冲数 n。由脉冲计数器记录的从发射脉冲开始到回波到达之间的脉冲数，即可读出目标距离。通常，计数脉冲产生器和发射机定时器触发脉冲在时间上是同步的。

测距系统开始工作时，应首先使触发器、计数脉冲产生器和二进制脉冲计数器清“0”，这意味着系统处于“准备”状态。定时器送出的触发脉冲产生器同时开始工作，触发脉冲开启 T 触发器,使其处于“1”状态。当目标回波脉冲到来时,回波脉冲使 T 触发器翻转回到“0”状态,于是在触发器“1”端得到一个宽度为 t_R 的正方波。显然,t_R 仅仅取决于目标距离 R,即

$$t_R = \frac{2R}{c} \tag{6-12}$$

由计数脉冲产生器产生的计数脉冲和触发器产生的正方波一起加到重合级,即与门电路。它只有在正方波到来时才能使计数脉冲通过,并送至脉冲计数器进行二进制计数。因此,脉冲计数器所计的只是在正方波宽度 t_R 内的脉冲数 n,即

$$n = ft_R = f\frac{2R}{c} \tag{6-13}$$

或

$$R = \frac{c}{2f} \tag{6-14}$$

式中,f 为计数脉冲的重复频率;c 为光速。

可见,数字式测距将对目标距离 R 的测定转换为测量脉冲数 n,这就把时间 t_R 这个连续量变成了离散的脉冲数。因此,从提高测距精度的观点看,计数脉冲频率 f 越高越好。但这对器件性能的要求也随之提高,计数器的级数也相应增加。因此,在实际应用中往往还通过其他途径,如采用内插法或游标计数法来提高测距精度。

6.2　无线电高度表系统组成及功用

6.2.1　气压高度和无线电高度

气压高度表和无线电高度表都是用来测量某种航空器(如各种类型的飞机、直升机、飞船和热气球等)离地面的高度。

某一航空器到达某一基准平面的垂直距离,就是飞行高度。飞行高度通常以米(m)为单位,但在英美制造的飞机上还使用英尺(ft)为单位。

无线电高度表测量高度是以无线电波在空气中的传输为媒介的,它不受大气条件变化的影响。而气压高度表测量的高度是以大气压力为媒介的,由于覆盖地面的大气层容易受大气条件(如压力、温度和湿度等)的影响,所以气压是经常变化的,如使用气压高度表测定高度,必须经过修正。

气压高度表和无线电高度表的不同点,在于怎样确定零高度。无线电高度表确定的零高度,是指飞行的飞机垂直于地平面的距离。而气压高度表则往往是以海平面为基准的零高度,如图 6-9 所示,气压高度表指示 5 590 m(18 000 ft),而无线电高度表指示则为 762 m(2 500 ft)。

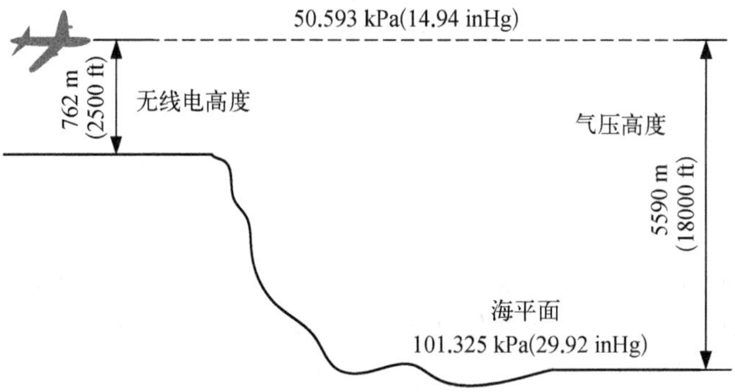

图 6-9　气压高度和无线电高度

气压高度表的气压是按照测定的标准大气(空气的压力、密度和温度经计算后获得)确定的,它表示在标准大气条件下的海平面高度(气温为±15°时为 101. 325 kPa,即 760 mmHg 或 29. 92 inHg),所有飞机的气压高度表都必须在这个标准基准上校正。

在 5 590 m 高度上,校正高度信号的主要目的在于保证在同一地区,区分飞机与飞机间的垂直距离。如果每个飞机的气压高度表的读数都调定在校正过的标准大气压上,那么,大气条件的变化将是无关重要的了。为了保证空中的交通安全,在同一地区的飞机,其标准气压都必须调定在 101. 325 kPa 上。现代飞机上的空中交通管制(air traffic control, ATC)应答机,它所报告的气压高度信息也是为空中交通管制服务的。

在 5 590 m 以下的高度上,驾驶员可以利用气压高度表,确定某一地区的飞行高度,如果需要在某个机场着陆或起飞,驾驶员就必须将飞机的高度表的气压刻度调定在该机场的场面气压上。机场平面的海拔高度(标高)可以在飞行地图上找到。

由此可见,在不同情况下飞行,需要知道几种不同含义的高度。

(1) 无线电高度是指以地平面为基准的高度,称为真实高度或实际高度。

(2) 气压高度在标准大气条件下有几种通用的高度: ① 以海平面为基准的高度,称为绝对高度,在巡航时使用;② 以机场平面为基准的高度,称为相对高度,在着陆或起飞时使用;③ 以飞机正下方地平面为基准的高度,称为真实高度,在飞机进场和着陆时使用。

6.2.2　无线电高度表的功用

无线电高度表是现代飞机多种电子设备中的一种,用来测量飞机相对地面的真实高度或称为垂直高度。测高范围为 0～2 500 ft,属于低高度无线高度表(low range radio altimeter, LRRA)。无线电高度表可提供预定高度或决断高度(DH)的声音和灯光信号,它是在进近和着陆过程中保证飞行安全的重要设备。

利用无线电高度表可以在复杂的气象条件下飞行、穿云下降,以及在能见度很低的情况下着陆等。还可以同其他导航设备,如仪表着陆系统(ILS)配合完成仪表着陆任务,或同自动着陆系统(automatic landing system, ALS)配合工作,完成Ⅲ$_B$ 或Ⅲ$_C$ 类条件(国际民航组织规定的着陆条件)下的全自动着陆。

无线电高度表也用于直升机和其他飞行器,其指示随地形而改变,与地面的覆盖层和大气条件(气压、温度、湿度)无关,单独巨大的建筑物、高山、河谷、湖泊也可以在指示器中反映出来。

6.2.3　无线电高度表的工作概况

无线电高度表的测高原理是机上 LRRA 向地面发射无线电波,经地面反射后,再返回飞机。测高是测量电波往返传播的时间 Δt:

$$\Delta t = \frac{2H}{c} \tag{6-15}$$

式中,H 为飞机离地的高度;c 是电波的传播速度(3×10^8 m/s)。

因此,无线电高度表测高的基础是利用地面对无线电波的反射和无线电波传播速度是常数。地面对电波的反射有两种类型: 镜面反射和散射(称为漫反射)。高度表向地面发射无线电信号使地面成漫反射,频率越高,地面反射越强,同时,当飞机倾斜和俯仰时,也能接收到地面反射信号。现代无线电高度表的工作频率为 4 300 MHz(C 波段)。

6.2.4　无线电高度表的类型

无线电高度表测高是通过测量电波从飞机到地面,再从地面反射到飞机,电波往返传播的时间 Δt,只要测出 Δt,就不难计算出飞机的高度。但由于 Δt 很小,用一般方法很难测量。根据测量 Δt 的方法不同,现在飞机上使用的无线电高度表有三种类型,即普通调频连续波(frequency modulation continues wave, FMCW)高度表、等差频 FMCW 高度表和脉冲式高度表。

6.2.5　无线电高度表系统的组成

由于各型飞机安装的机件不同,无线电高度表系统有多种型别,通常包括收发机、指示器和收发天线。有些老式无线电高度表还有预定高度给定器、滤波器和专用的电源等。现代飞机典型无线电高度表系统的组成如图 6-10 所示。

无线电高度表也称无线电测高机,是一个向地面发射无线电波的装置,在工作中不需要地面设备。现代飞机上的无线电高度表的工作范围通常是 0~762 m(0~2 500 ft)或 0~600 m,称为低高度无线电高度表(LRRA),也有大于 0~762 m 的。但其有效工作范围还是在低高度范围内,因为它主要用于飞机的进近和着陆,并且要求其输出的高度信息有较高的准确性,以便为自动驾驶仪或自动着陆系统使用。

1. 收发机

收发机的高频部分产生高频振荡信号并处理由地面返回的信号,以产生高度信息。发射部分包括超高频振荡器、调制器和发射调频等幅信号的发射机;接收部分包括接收返回信号的接收电路、滤波放大电路和确定返回信号频率的计算电路。高频部分也包括监控部分,以便监视传送到指示电路的高度信息的有效性和准确性。

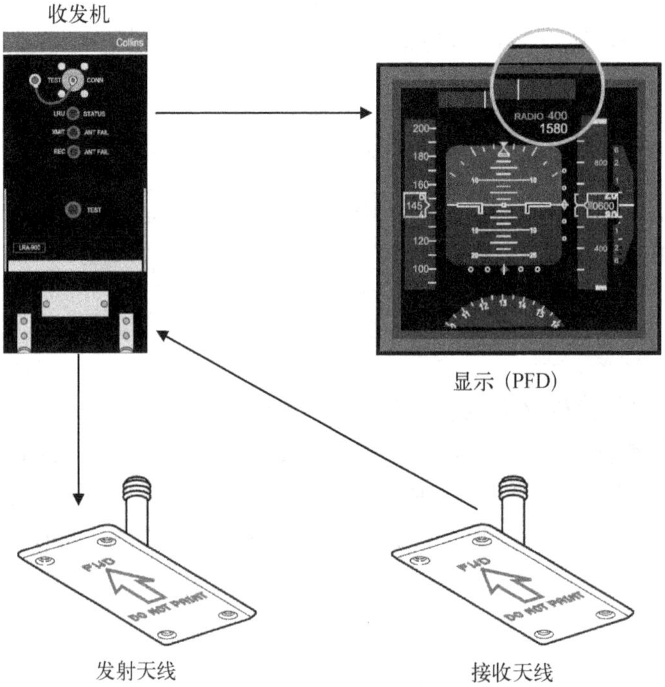

图 6－10　典型无线电高度表系统的组成

2. 低高度无线电高度表指示器

高度指示器指示飞机离地面的高度，以便驾驶员在进近和着陆过程中提供高度信息，图 6－10 中所示的指示器为 EFIS 中的 PFD，图 6－11 所示为圆形指针式高度指示器。

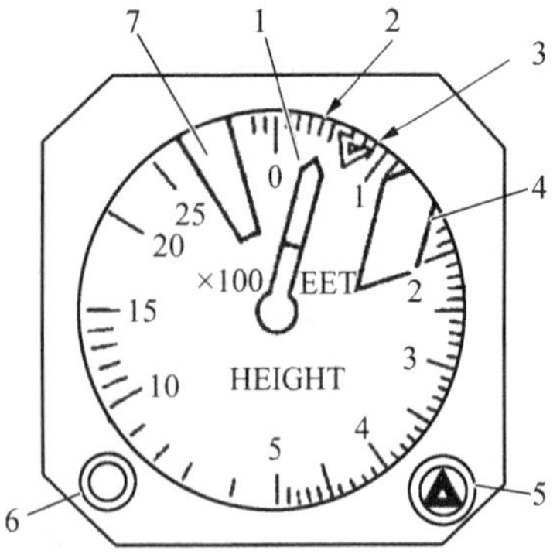

图 6－11　低高度无线电高度表指示器

1－高度表指针；2－指针指示（40 m±5 m）；3－游标示于 60 m；4－警告旗；5－决断高度游标调整按钮；6－测试电门；7－指针隐蔽罩

指示器可以是模拟式仪表，也可以是数字式仪表。在指示器中把模拟信号或数字信号变为供驾驶员目视的信号。指示器中包括显示决断高度（DH）和失效警告旗电路，若指示中出现警告旗，则表示系统工作不正常。

飞机使用 EFIS 时，无线电高度表将作为另一指示器的一部分，例如，在 ILS PFD 中的跑道标记，就是无线电高度表显示的，在这些系统中，无线电高度表作为辅助仪表出现。

3. 接收天线和发射天线

无线电高度表系统工作时需要两部天线，一部用于发射，一部用于接收。工作于 4 300 MHz 时采用平板天线，某些机型上也采用喇叭天线；工作于 444 MHz 时采用半波偶极子天线。发射天线和接收天线在电气性能和结构上完全相同，可以互换使用，它们一般固定于机身腹部或水平安定面下部。

6.3　普通 FMCW 高度表

所谓普通 FMCW 高度表是指常规的，相对其他高度表而言，是较早使用的高度表。发射信号是调频连续波，可以用正弦波调频或用三角波调频。下面以三角波调频为例来说明这种高度表的测高原理。

6.3.1　发射信号特性

普通 FMCW 高度表原理框图如图 6－12 所示。调制器产生一个对称的三角波线性调制电压，对发射机进行调频，发射波是三角波线性调频的连续波。不同高度表的调制参数不同，通常调制频率为 100～150 Hz，频移为 100～150 MHz。以 860F－4 高度表为例，其发射信号特性是：中心频率为 4 300 MHz，调制频率 F_M 为 100 Hz，频移 ΔF 为 100 MHz，如图 6－13 所示。

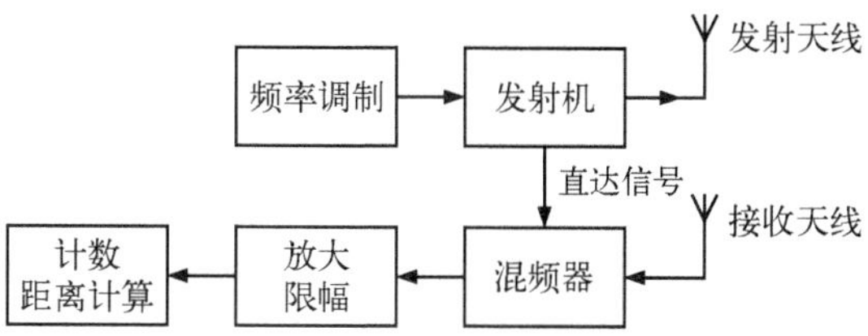

图 6－12　普通 FMCW 高度表原理框图

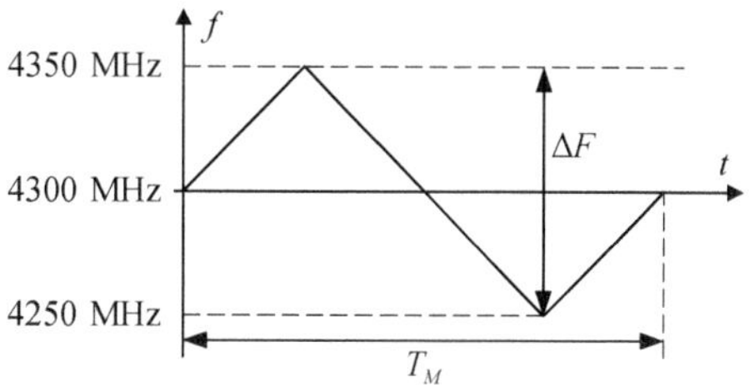

图 6－13　普通 FMCW 高度发射信号的频率特性曲线

6.3.2　测高原理

从图 6－12 可知，发射机发射信号一路经宽方向性天线发射到地面，取样部分发射信号直接加到接收机信号混频器(称为直达信号)，用于同反射信号混频。测高原理如图 6－14 所示。

在 t_1 时，若发射频率为 f_1，经地面反射后在 t_2 时刻被接收，时间差 $\Delta t=t_2-t_1$。Δt 就是电波从飞机到地面，再反射到飞机，电波往返传播的时间，$\Delta t=2H/c$。

在接收到反射波的 t_2 时刻，现在的发射频率为 f_2，因此在 Δt 时间内，发射频率从 f_1 变化到 f_2，$\Delta f=f_2-f_1$。可以用 Δf 来测量高度，因为它反映了时间差 Δt，即反映了飞机高度。

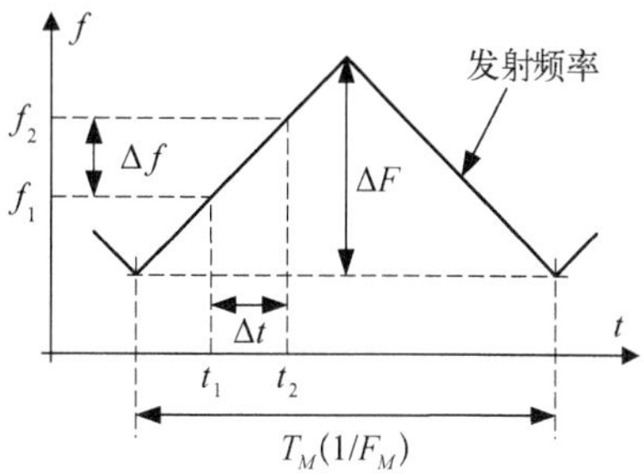

图 6－14　测高原理说明

6.3.3　差频与高度的关系

从上面的说明可知，若发射频率为 f_1，电波从地面返回到接收天线时，相对发射信号延时 Δt，但接收信号频率 $f_r=f_1$(不变)。这时经 Δt 时间后，发射频率变为

$$f_r + \frac{\mathrm{d}f}{\mathrm{d}t}\Delta t \tag{6-16}$$

式中，$\mathrm{d}f/\mathrm{d}t$ 是调频发射信号的频率变化率，它决定发射信号的频移 Δf 和调制周期 T_M（对应调制频率 F_M）。对于线性三角波调频的高度表：

$$\frac{\mathrm{d}f}{\mathrm{d}t} = \frac{\frac{1}{2}\Delta F}{\frac{1}{4}T_M} = 2\Delta F F_M \tag{6-17}$$

发射信号（即直达信号）和接收信号加到混频器混频，经滤波后，取出差频频率 F_b：

$$F_b = f_t - f_r = f_r + \frac{\mathrm{d}f}{\mathrm{d}t}\Delta t - f_r = \frac{4\Delta F F_M}{c}H \tag{6-18}$$

在调频发射信号中，ΔF、F_M 是常数，差频 F_b 与飞机真实高度 H 成正比。高度越高，差频越大，因此可用差频的大小来测量高度。

例如，发射信号的调制频率为 100 Hz，频移为 100 MHz，则有

$$F_b = \frac{4 \times 100 \times 10^6 \times 100}{3 \times 10^8}H \approx 133H(\mathrm{Hz/m}) \tag{6-19}$$

即频率刻度为 133 Hz/m，也就是说高度变 1 m，差频变化 133 Hz。

因为 1 m = 3.28 ft，所以频率刻度为 40.5 Hz/ft。在整个测高范围（0~2 500 ft）内，差频范围是 0~101 kHz。

6.3.4 差频与平均差频的关系

对三角波调频连续的高度表而言，接收到地面反射信号的时间相对发射信号总是延时 Δt 时间。若飞机高度不变，用如下差频公式计算的差频并不是一个常数：

$$F_b = \frac{4\Delta F F_M}{c}H \tag{6-20}$$

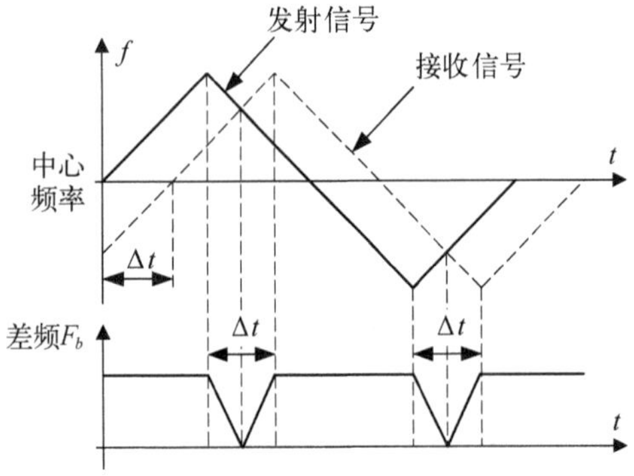

图 6-15　差频 F_b 与平均差频 F_{bcp} 的关系

而是如图 6-15 所示，从波形上可以得到如下结论。

（1）在三角波调频波的上升段，频率变化率为 $+\mathrm{d}f/\mathrm{d}t$，接收频率低于发射频率；在下降段，频率变化率为 $-\mathrm{d}f/\mathrm{d}t$，接收频率高于发射频率，但发射信号和接收信号混频后的差频不变。

（2）在每个调制周期中有两个差频等于零的转向点。

这样计算差频 F_b 和实际测量的差频即平

均差频 F_{bcp} 并不相等，而是有一定的误差。转向点所占的时间为 $\Delta t(2H/c)$，它取决于飞机的高度。在 $2\Delta t$ 内的平均频率为差频的一半，即等于 $F_b/2$。这样在一个调制周期内，F_b 和 F_{bcp} 之间的关系可用如下公式计算：

$$F_{bcp} = \left[(T_M - 2\Delta t)F_b + 2\Delta t\frac{F_b}{2}\right] \div T_M = F_b\left(1 - \frac{\Delta t}{T_M}\right) \tag{6-21}$$

F_b 和 F_{bcp} 之间的误差：

$$\Delta F_b = \frac{\Delta t}{T_M}F_b \tag{6-22}$$

可见，飞机高度越高，Δt 越大，ΔF_b 越大，即由转向点引起的测高误差越大。但在实际工作中，$T_M \gg \Delta t$，由 ΔF_b 引起的测高误差很小。例如，高度为 2 500 ft，Δt 等于 5 μs，调制周期 T_M 等于 1/100 s。在最大测高高度上，差频为 101 kHz。

$$F_b = 101 \times 1\,000(\text{Hz}) \cdot \frac{5(\mu\text{s})}{10\,000(\mu\text{s})} = 50\ \text{Hz} \tag{6-23}$$

即在最大高度上，测高误差为 50 Hz/133(Hz/m) = 0.4 m。因此，用 F_b 频率刻度代替和表示 F_{bcp} 高度是完全允许的。

6.3.5　普通 FMCW 高度表阶梯误差

普通 FMCW 高度表，由于测高的实质是测量单位时间内差频信号电压所形成的脉冲个数，再将脉冲数转换成直流高度电压或转换成高度信息。但当飞机高度连续变化时（升高或降低），而差频信号电压所形成的脉冲个数只能一个一个地跳变（脉冲不能为小数），因而出现测高误差。

阶梯误差是指在一个调制周期内，一个脉冲（差频）所代表的高度。

由测高公式：

$$F_b = \frac{4\Delta F F_M}{c}H(\text{Hz/m}) \tag{6-24}$$

在一个调制周期内的差频数（相当于脉冲个数 N）：

$$F'_b = \frac{4\Delta F F_M}{c}H \times T_M = \frac{4\Delta F}{c}H \tag{6-25}$$

或者：

$$H = \frac{c}{4\Delta F}F'_b \tag{6-26}$$

设 N 个脉冲代表的高度为

$$H_N = \frac{c}{4\Delta F}N \tag{6-27}$$

则 $N+1$ 个脉冲代表的高度为

$$H_{N+1} = \frac{c}{4\Delta F}(N+1) \tag{6-28}$$

这样,一个脉冲代表的高度为

$$\Delta h = \frac{c}{4\Delta F} \tag{6-29}$$

由式(6-29)可知,增加频移 ΔF,在高度不变的情况,频率刻度增大,即一个脉冲代表的高度减小,阶梯误差减小。

6.3.6 高度计算电路

差频放大器将混频后的差频信号放大到适当幅度。宽带差频放大器的增益随差频频率增加而增大,用来补偿因高度增加而减小的接收信号幅度,保持差频信号的幅度不变。限幅器主要用来将差频信号电压值上下限幅后形成计数脉冲。

周期计数的频率测量电路,是将由差频频率产生的脉冲数转换成直流高度电压。基本的电路是开关控制的电容充电电路。频率越高,每秒由差频产生的脉冲数越多,电容器充电电压越高,反之减小。高度电压加到高度指示器,指示出飞机的高度,最简单的指示器是以英尺定标的毫安表。

6.4 等差频 FMCW 高度表

6.4.1 测高原理

等差频 FMCW 高度表和普通 FMCW 高度表收发机的工作原理是相似的:发射波都是调频连续波,频率随时间而变化;在接收机的信号混频器中,将地面反射信号相对发射信号的延时时间 Δt 转换成反射信号和正在发射信号的差频 F_b:

$$F_b = \frac{4\Delta F F_M}{c} H \tag{6-30}$$

在普通 FMCW 高度表中,ΔF、F_M 是常数,所以差频与高度成正比,用 F_b 的大小来测量高度。在高度计算电路中,将 F_b 转换成直流电压,作为高度电压,F_b 越大,高度电压就越大,指示器所指示的高度就越高。由于这种无线电高度表的高度指示与频率有着密切的关系,其测高精度受发射机的频率稳定度的影响很大,因此测高误差比较大。

在等差频 FMCW 高度表中,保持差频 F_b 和频移 ΔF 不变,而调制周期 T_M 是随飞机高度变化的。由于发射信号是调频连续波,而且差频保持不变,故称为等差频 FMCW 高度表。

从差频和高度关系式中可知,当差频 F_b 和频移是常数时,飞机高度 H 和调制周期成正比关系，为了保持差频 F_b 不变，当飞机高度增加时，电波往返传播时间 Δt 增加，因此调频波的调制周期 T_M 增大。反之，当飞机高度减小时，电波往返传播时间 Δt 也减小，因此调频波的调制周期也减少。综上，这种高度表可以用调制周期 T_M 的大小来测量高度。

在接收机电路中把调制周期转换成高度指示电压，调制周期长，产生的高度指示电压就大，指示的高度就高；反之，指示器指示的高度就低。由于差频 F_b 保持不变，受发射机频率稳定度的影响较少，其测高精度比普通 FMCW 高度表要高。

6.4.2　发射信号特性

现以 ALA－701 无线电高度为例，说明发射信号的调制特性。发射频率是线性锯齿波调频的连续波，发射信号的中心频率是 4 300 MHz，频移 ΔF 是 123 MHz，发射信号的调制周期随飞机高度变化（250 μs ~ 50 ms），高度越高，调制周期越长，保持差频 F_b 等于 25 kHz 不变（选定差频为 25 kHz），发射功率不小于 250 mW。其高度 H 与调制周期 T_M 之间的关系如图 6－16 所示。从图中可以看出，在某一时刻，如果发射频率是 f_1，电波到地面再反射回到接收机，此时发射频已变为 f_2，两者的差频 $F_b = f_2 - f_1$。

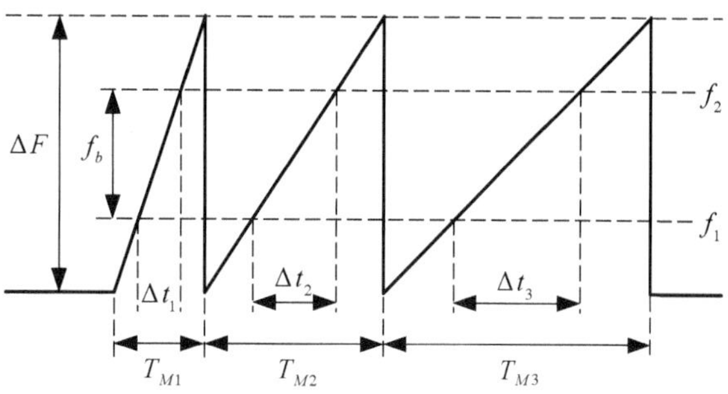

图 6－16　高度 $H(\Delta t)$ 与调制周期 T_M 的关系

对锯齿波调频信号来说，差频为

$$F_b = \frac{\Delta F}{T_M} \cdot \Delta t \tag{6-31}$$

式中，$\Delta F/T_M$ 为调频信号的频率变化率；$\Delta t = 2H/c$，是电波从飞机到地面再反射到飞机往返传播时间。所以：

$$F_b = \frac{\Delta F}{T_M} \cdot \frac{2H}{c} = \frac{2\Delta F}{cT_M} \cdot H \tag{6-32}$$

为了保持差频 F_b 不变，调制周期 T_M 必须随飞机高度增加而增加。

6.4.3　工作方式

等差频 FMCW 高度表有两种工作方式：搜索方式和跟踪方式。

1. *搜索方式*

在搜索方式下，调制锯齿波的周期由小到大逐渐变化，直到最大值，然后重复，称为一个搜索期，如图 6－17 所示。

调制锯齿波对发射机进行频率调制，发射频率的频率变化速度也随调制锯齿波的周期变化而变化。图中，Δt 表示发射信号从飞机到地面再返回到飞机时，电波的传播时间。在搜索周期开始时调制周期短，调频信号的频率变化速度快，发射频率变化了 Δf_1。在搜

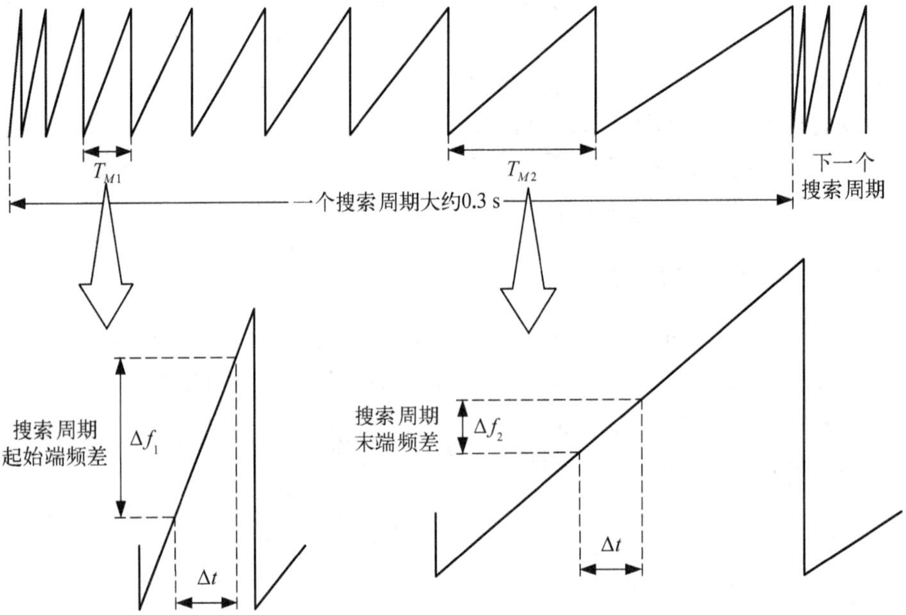

图 6-17　搜索方式的调制锯齿波

索周期结束时，调制周期长，发射频率的变化率较小，发射频率变化了 Δf_2。两者相比较，Δt 相同时，$\Delta f_1>\Delta f_2$，随着搜索锯齿波周期增大，Δf 减小，在 Δt 时间内，当某一个锯齿波调制周期使差频变化达到 25 kHz 时，高度表就转换到跟踪方式。

总之，在搜索方式下，调制锯齿波的周期从小到大周期变化，发射信号的频率变化速率从大到小变化。从搜索高度来看，从低高度向高高度搜索，防止高度表跟踪到虚假高度上，搜索方式的作用是寻找差频等于 25 kHz 调制周期。

2. *跟踪方式*

在跟踪方式下，若飞机高度不变，调制锯齿波周期不变，发射频率的频率变化率不变，保持电波往返传播时间 Δt 内，地面反射信号频率和正在发射信号的频率的差频等于 25 kHz。

在跟踪方式下，若飞机高度变化时，改变锯齿波的调制周期，也就是改变了发射信号的频率变化率，使反射信号和发射信号的差频回到 25 kHz，如飞机高度升高，首先差频 F_b 大于 25 kHz，增加调制周期，发射频率的频率变化率（$\Delta F/T_M$）减小，差频减小，最后使差频回到 25 kHz。

6.4.4　等差频 FMCW 高度表原理框图

等差频 FMCW 高度表原理框图如图 6-18 所示。

1. *发射机*

发射机产生中心频率为 4 300 MHz 的频率调制连续波信号，输出功率为 250 mW。一路通过发射机隔离器送到发射天线，发射机隔离提供功率的单向传送，一路直接加到接收机混频器。

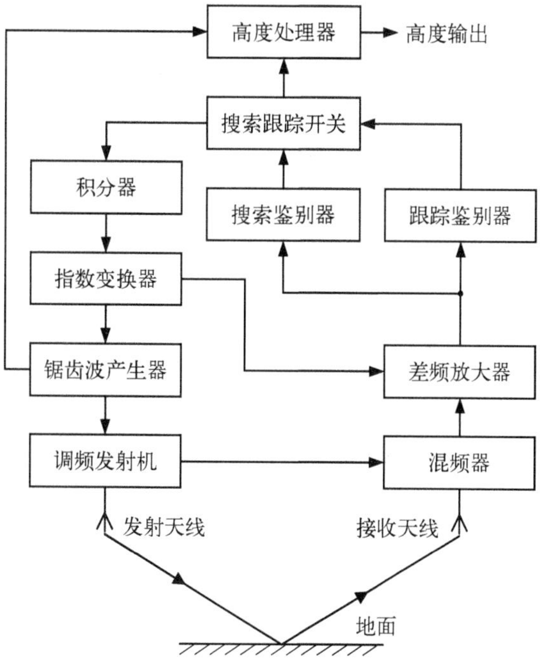

图6-18　等差频FMCW高度表原理框图

频率调制信号来自锯齿波产生器,锯齿波产生器产生锯齿波调制电压,对发射机调频,产生123 MHz的频移。在搜索方式,调制锯齿波的周期由搜索环路控制,从小到大连续变化,从而使发射信号的频率变化速率从大到小变化。在跟踪方式,锯齿波的调制周期由跟踪鉴别器连续调整,保持差频正好等于25 kHz。

2. *混频器*

地面反射信号由接收天线接收,通过接收机隔离器(单向功率传递)加到混频器。反射信号和接收到反射信号时调频发射机的直达信号进行混频,经滤波器取出差频。当差频高于或低于25 kHz时,电路工作在搜索方式,当差频为25 kHz时,电路工作在跟踪方式。

3. *差频放大器*

差频放大器是一个调谐放大器,调谐在25 kHz频率上,将混频器输出的差频信号放大到一定的幅度。放大器的增益受来自指数变换器的增益校正电压的控制,即它的增益随飞机高度增加而增大,从而保证差频信号的幅度不随飞机高度而变化。飞机高度越高,一方面,电波传播路径越长,损耗越大;另一方面,在天线波束宽度(通常在20°~45°)一定的情况下,天线波束照射的地面面积大,功率密度小,所接收到的反射信号强度就弱。但此时放大器的增益大,反之,增益减小,从而在高度变化的情况下,保持差频放大器输出信号的幅度稳定。

4. *搜索鉴别器*

搜索鉴别器的工作特性如图6-19所示,它实际上是一个调谐放大器,调谐频率为25 kHz。当差频频率接近25 kHz时,即在跟踪范围内,它输出一个正电压。若差频偏离25 kHz较远时,即在跟踪范围之外就无正电压输出。搜索鉴别器的输出加到搜索/跟踪转换开关，控制开关的接通或断开。

5. 跟踪鉴别器

跟踪鉴别器实际上是一个鉴频器电路，其工作特性如图 6－20 所示。当差频放大器的差频信号频率为 25 kHz 时，跟踪鉴别器输出为零。高于 25 kHz 时输出正电压，低于 25 kHz 时输出负电压，其输出经搜索跟踪开关加到积分器。

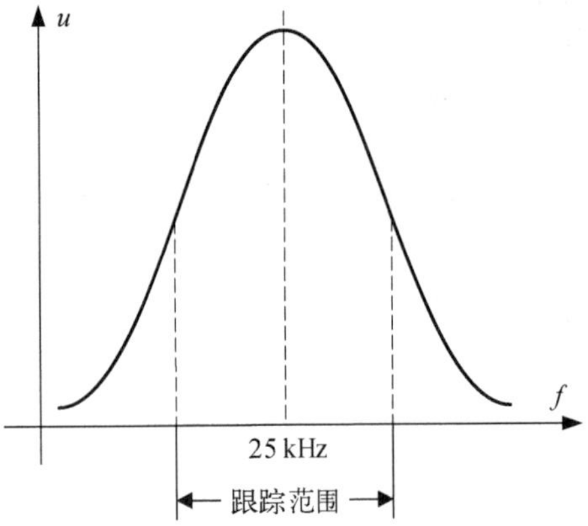

图 6－19　搜索鉴别器的工作特性

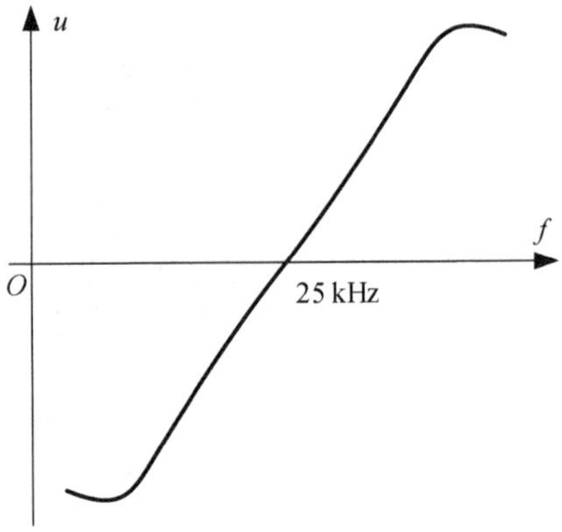

图 6－20　跟踪鉴别器的工作特性

6. 搜索–跟踪开关

搜索–跟踪开关由来自搜索鉴别器的电压控制，当差频频率偏离 25 kHz 较远时，搜索鉴别器输出为零，开关断开跟踪鉴别器的输出加到积分器。这时，积分器输出变化的电压经指数变换器加到锯齿波产生器，使锯齿波的周期从小到大周期性变化。

锯齿波电压对发射机进行调频，由于其周期改变，调频波的周期也会相应改变。因为调频波的频移是常数(123 MHz)，锯齿周期短时，调频波的频率变化就快，而周期长时，频率变化就慢。这样，即使飞机高度不变，地面反射信号和发射信号的差频也随锯齿波调制周期改变，这种状态称为搜索状态。

当搜索到差频频率接近 25 kHz 时，搜索鉴频器输出正电压，搜索–跟踪开关把跟踪鉴别器的输出去修正锯齿波的周期，保证系统处于跟踪状态，使差频率不随飞机高度而改变，总是等于 25 kHz。

7. 积分器

在系统处于搜索状态时，它输出一个变化的电压，当系统处于跟踪状态时，输出一个随高度变化的电压[参见图 6－21(a)]。当高度一定时，它输出一个相应于此高度的直流电压。当高度改变时，它的输出电压根据跟踪鉴别器误差电压加以修正。

8. 指数变换器

将积分器电压加以变换，输出一个控制锯波产生器的电压[参见图 6－21(b)]，这个电压在－6～0 V(相当于－200～2 500 ft)。搜索时在－6～0 V 变化，使锯齿波的周期从 250 μs～50 ms 变化[图 6－21(c)]。直到处于跟踪状态时，电压和周期就稳定在一定值上。

另外，这个电压变换后，加到差频放大器，控制差频放大器的增益，使差频放大器的增

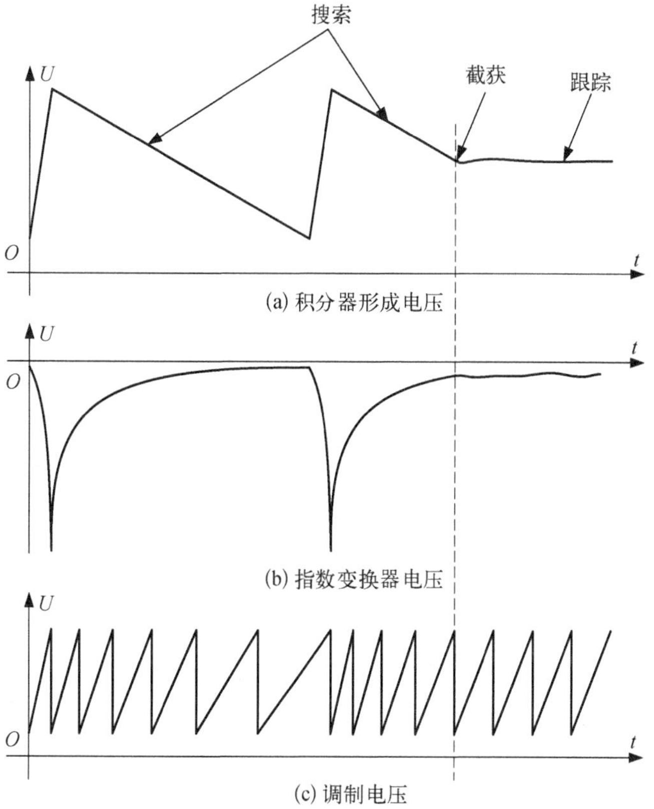

图6－21　等差频 FMCW 高度表搜索和跟踪波形

益随着高度增加而增大，从而保证输出的差频信号幅度较为稳定。

9. 高度测量

当系统处于跟踪方式时，高度处理器取样调制锯齿波的周期，把周期转换成直流电压，这个电压即为高度电压，该电压输出给高度指示器和使用无线电高度信号有关系统。

10. 小结

综上所述，等差频 FMCW 高度表有两种工作状态，即搜索状态和跟踪状态。

1）搜索状态

当收发机所测得的差频偏离 25 kHz 较远时，系统处于搜索状态。此时积分器输出一个变化的电压，经指数变换器变换后，使调制锯齿波的周期由小到大变化，如图6－21 所示。

由于调制锯齿波的周期由小到大变化，调频发射信号的频率由快到慢变化，所测的差频频率也随之改变，当差频接近 25 kHz 时，系统就进入跟踪状态。

2）跟踪状态

当飞机保持一定高度飞行时，收发机所测得的差频保持 25 kHz，跟踪鉴别器输出的误差信号为零。积分器输出不变，调制锯齿波周期不变，高度处理器输出的高度电压不变。

当飞机高度升高时，电波的往返传播时间 Δt 增大，差频频率 F_b 高于 25 kHz，此时跟踪鉴别器输出一个正的误差电压，加到积分器，使锯齿波的控制电压增加，调制锯齿波周期增加,调频波的频率变化率($\Delta F/F_M$)减小,差频频率减小,直到差频回到25 kHz。这时,高度处理器输出的高度电压也随之增加。同理,当飞机高度下降时,调制锯齿波的周期减小,高度电压也减小。

6.5　影响LRRA性能的因素

6.5.1　飞机安装延时校正

在近着陆期间,当飞机轮着地时,高度指示器应指零高度,或者说,高度指示器指示的高度是机轮的离地高度。

但是由于发射组件到发射天线、接收天线到接收组件有一定的电缆长度,飞机停在地面上时,地面反射信号相对发射信号会产生传播延时,这些延时所产生的高度称为安装延时高度,它取决于收发电缆长度、收发天线之间的距离和飞机停在地面时天线距离地面的高度,如图6-22所示。飞机安装延时(aircraft installation delay, AID)产生的高度可由如下公式计算:

图6-22　飞机的剩余高度

$$\mathrm{AID}=\frac{1}{2}[P+K(c_t+c_r)] \tag{6-33}$$

式中,c_t为发射电缆中电波的传播速度;c_r为接收电缆中电波的传播速度;P为飞机在地面上时,发射天线和接收天线到地面的总的最小长度。例如,两个天线之间的距离为D,机轮着地时天线离地高度为H,则

$$P=\sqrt{H^2+\left(\frac{D}{2}\right)^2} \tag{6-34}$$

K为电波在大气中的传播速度c与电波在电缆中传播速度V_Φ之比,如果相对介电常数为ε_r,相对磁导率为μ_r,则

$$K=\frac{c}{V_\Phi}=\frac{c}{\frac{c}{\sqrt{\varepsilon_r\mu_r}}}=\sqrt{\varepsilon_r\mu_r} \tag{6-35}$$

安装延时高度在高度计内计算电路中减去,保证在着陆期间,当飞机机轮着地时,高度指示为零。

6.5.2　发射机对接收机泄漏信号的影响

高度表天线发射信号直接泄漏到接收机,像干扰信号一样,影响接收机的工作,如图 6-23 所示。发射功率越大,泄漏到接收天线的功率越大,严重时会阻塞接收机的工作,还可能引起虚假高度读数。因此,发射功率不能太大,通常小于 0.5 W,接收机灵敏度不能太高,这就限制了无线高度表的测高范围。通常要求发射天线和接收天线分离安装,至少要有 75 dB 的空间衰减量。

6.5.3　多路径反射干扰

高度表接收天线,除了接收到飞机下方地面的一次反射信号外,还可能接收到飞机与地面之间的多次反射引起的干扰信号,特别是飞机在低高度上飞行时,多路径反射信号更强,如图 6-24 所示。虽然多路径反射信号的强度要比一次反射信号弱得多,但由于差频放大器采用了增益随高度增加而增大的电路,多路径反射的弱信号也会被放大,从而产生虚假的高度指示。

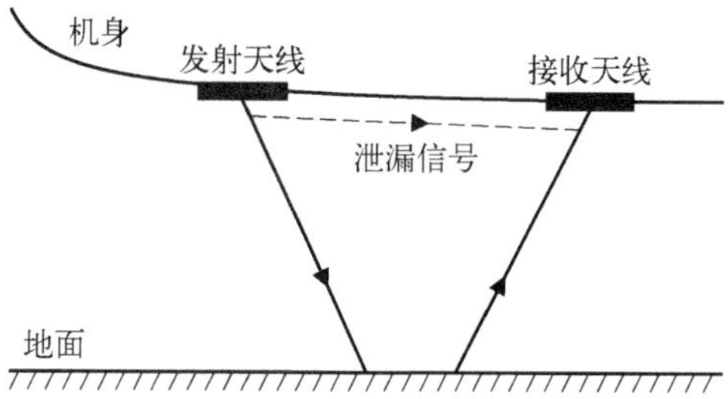

图 6-23　泄漏信号

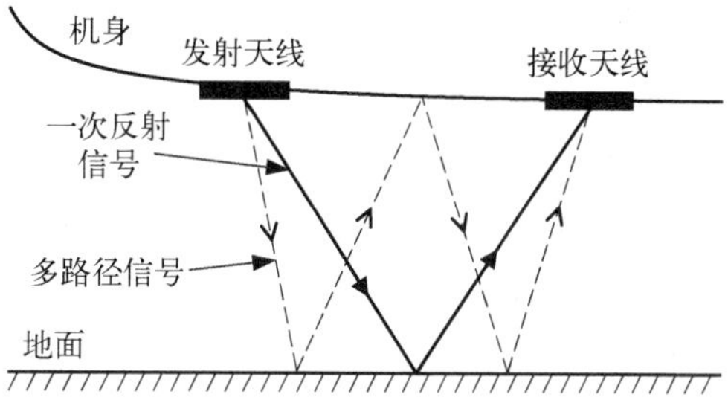

图 6-24　多路径干扰

减小多路径干扰的方法如下。

(1) 在具有搜索和跟踪能力的无线电高度表中,如等差频 FMCW 高度表,要从零高度向高高度搜索,保证跟踪最先到达的一次反射信号,就锁定到这个正确高度上(最短距离)。在着陆过程中(起落架放下),由于起落架和其他附属物的反射,虽然反射信号的距离短,但由于使用跟踪环路,跟踪高度不变。

(2) 在普通 FMCW 高度表中,使用跟踪滤波器(频谱滤波器),跟踪最低差频,可滤除多路径反射信号产生的差频。

6.5.4　散射干扰

高度表天线使用的是宽波束天线,波束宽度在 20°~45°,波束照射地面面积较大,同时发射频率为 4 300 MHz,地面反射为散射(或称为漫反射)。这样,高度表接收天线不仅接收垂直方向的反射信号,还接收到垂直方向以外的散射信号,因而,反射信号和发射信号混频所得到的差频不是一个单一的频率,而是具有一定宽度的频谱。但垂直反射信号电波的往返传播路径最短，因此差频频率最低。

减少散射干扰的影响和多路径干扰相同，等差频 FMCW 高度表从低高度向高高度搜索，普通 FMCW 高度表使用跟踪滤波器，仍然可以保持精确测高。

6.5.5 多设备安装减小互相干扰的方法

为了保证供给自动着陆系统的高度安全可靠，飞机上通常装 2 套或 3 套无线电高度表，同时工作。

干扰原因如下：

(1) 一部高度表可能接收到另一部高度表的泄漏信号；

(2) 一部高度表可能接收到另一部高度表的地面反射信号。

减少互相干扰的方法如下：

(1) 保证天线间有足够的间隔，至少有 75 dB 的空间衰减量或相邻天线对地的电场方向互成 90°安装，使两部高度表的天线间达到最小耦合；

(2) 在装两部高度表的飞机上，两部高度表的频率调制信号相位相差 180°（有的相差 120°），当一部高度表的发射频率增加时，另一部高度表的发射频率则会减小，如图 6-25 所示。这样，除在相交点外，第一部高度表发射信号到地再返回到飞机，被第二部高度表接收时，第二部高度表的发射频率与第一部高度表的反射信号混频，得到的差频频率超出差频放大器的带宽，而不能输出；

(3) 飞机上装三部无线电高度表时，使用不同的调制频率，来减小相互干扰。例如，左系统的调制频率为 145 Hz，右系统的调制频率为 150 Hz，中系统的调制频率为 155 Hz。

为了说明减小互相干扰的能力，设两部高度表发射信号如图 6-26 所示。

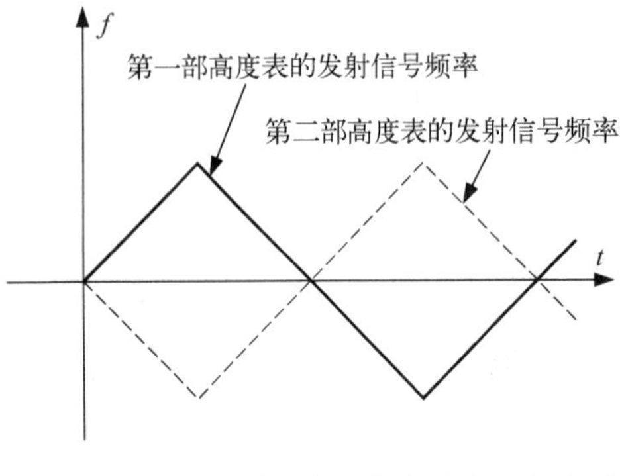

图 6-25 两部高度表调制信号相位差为 180°

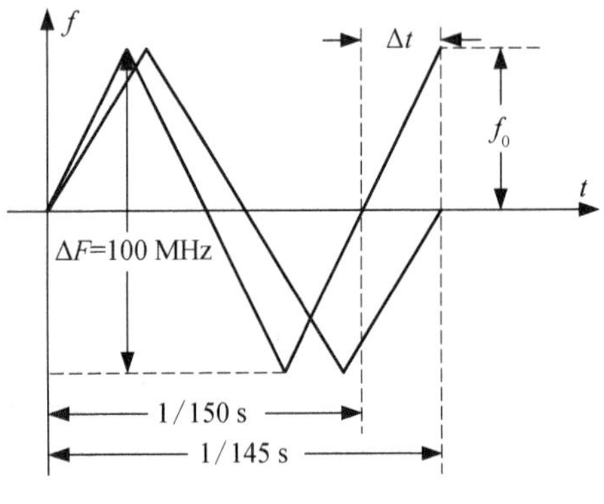

图 6-26 两部高度表调制信号频率差为 5 Hz

由于两部高度表的调制频率不同，发射信号的频率变化率也不同，在一个调制周期之后，两部高度表的发射频率相差：

$$f_0 = \frac{\Delta F}{\frac{1}{2}T_M}\Delta t = 2\Delta F F_M \Delta t = 2 \times 100 \times 10^6 \times 145 \times \left(\frac{1}{145} - \frac{1}{150}\right) \approx 7(\text{MHz}) \tag{6-36}$$

这样，在一个调制周期之后，干扰差拍频率远远超出差频放大器的带宽而不能输出。因为两个调制频率相差 5 Hz，差拍频率也以 5 Hz 的速率变化，最高差拍频率可达 100 MHz。

6.5.6　飞机倾斜和俯仰时对测高的影响

高度表天线是固定在飞机机身上的，当飞机平飞时，天线波束中心垂直照射到地面，反射信号最强。当飞机倾斜或俯仰时，就意味着无线波束中心也已不再垂直照射地面，这会引起测高误差，如图 6－27 所示。

但是，由于无线发射波束是宽波束，仍有一部分辐射功率会从垂直于地面的最短路径反射回来，也就是说仍能接收到垂直于地面的反射波。垂直于地面的反射波，传播路径最短，所得到的差频频率最低，而从波束中心以外反射回来的信号传播路径长，所得到的差频频率就高。

在等差 FMCW 高度表中，由于采用了从零高度向高高度搜索和跟踪最低频率，而在普通 FMCW 高度表电路中使用了跟踪滤波器，那么只要接收机灵敏足够高，从最近点（非波束中心方向）反射回来的信号就仍能被接收并给出正确的高度指示。

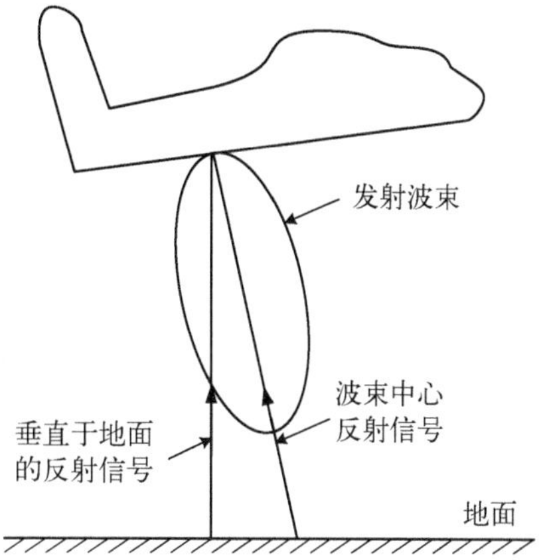

图 6－27　飞机上仰时对测高的影响

6.6　机载 LRA 系统

6.6.1　B737NG 飞机机载 LRA 系统

B737NG 飞机机载 LRA 系统的组成及原理框图如图 6－28 所示。飞机上一般装有两套 LRA 系统，从图中可以看出，系统的主要设备包括接收天线、发射天线、LRA 收发机及高度显示部分。

1. 天线

飞机上每一套 LRA 系统都同时具备一部发射天线和一部接收天线，两部天线同时工作。两部天线均安装在飞机腹部，通过同轴电缆与 LRA 收发机连接。

2. 电源及离散量

LRA 使用飞机上的 115 V 交流电源，通过 RA 跳开关给其供电。LRA 内部的电源电路将 115 V 交流电转换成收发机工作所需的各种电源。PSEU 提供给 LRA 一个空/地离散信号，用于 BITE 记录故障信息时的飞行航段计数。LRA 的离散量中还包括用于 AID 补偿的信息，对于 B737NG 飞机，AID 补偿为 57 ft。

3. 信号收发与高度计算

LRA 的发射电路通过内部微处理器控制，进行频率调制，得到调频连续波。然后，将调制的信号通过发射天线发射，信号到达地面经反射后，再由接收天线进入 LRA 的接收

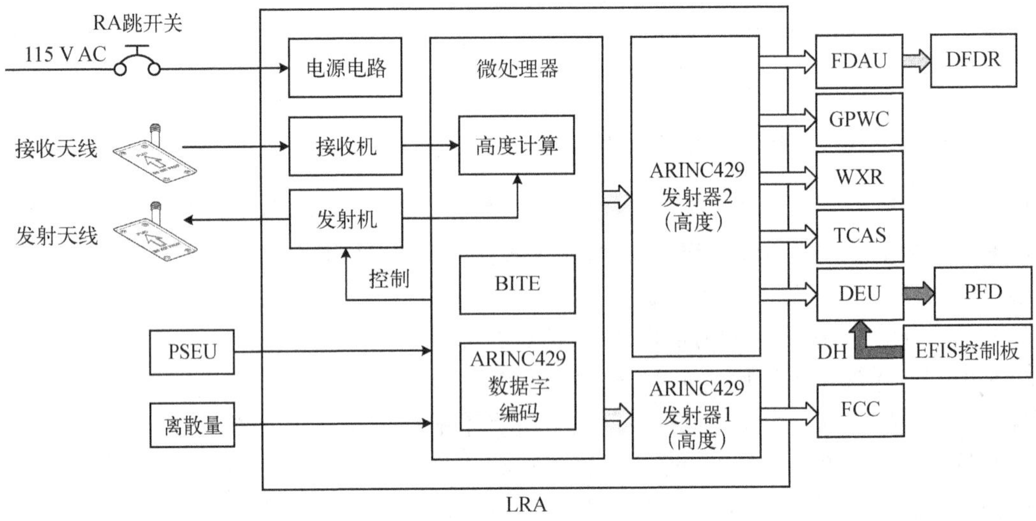

图 6－28　B737NG 飞机 LRA 系统组成及原理框图

电路。发射电路的部分射频信号也直达接收电路中,与接收到的信号进行混频,再通过微处理器完成距离计算。

计算得到的距离通过微处理器完成 ARINC429 数据字编码,并通过 ARINC429 发射端口将数据发给需要的系统。LRA 内部的微处理器同时还具有 BITE 功能,结合 BITE 电路,可以完成 LRA 系统自测试。

4. 高度信息输出

如图 6－29 所示,LRA 计算得到的高度信息分别通过两个 ARINC429 发射端口输出给相应的系统使用。其中一个 ARINC429 发射端口将高度信息送到对应侧的 FCC,FCC 使用无线电高度完成进近的控制、低高度时的飞机控制指令计算,以及起飞/复飞(take off/go-around, TO/GA)和拉平时的自动油门计算。

功能	P	SSM	DATA	PAD	FTI	SDI	LABEL (164)
位序	32	31 30 29	28 27 26 25 24 23 22 21 20 19 18 17 16 15 14 13	12	11	10 9	8 7 6 5 4 3 2 1
(权)值	X	X X X	8 192×1/2 ft ⟶ 8 192×1/2^{-16} ft	0	X	X X	0 0 1 0 1 1 1 0

图 6－29　LRA 无线电高度的 ARINC429 数据字编码

另一个 ARINC429 发射端口将高度信息分别输出给如下系统/设备:

(1) FDAU 收集 LRA 的无线电高度信息,用于在 DFDR 中记录;

(2) GPWC 使用 LRA 的无线电高度进行近地警告的逻辑计算;

(3) 气象雷达收发机 WXR 使用 LRA 的无线电高度来开启/关闭风切变预警,同时用于使能/禁用警告的显示功能;

(4) 空中交通提醒与避撞系统(traffic collision avoidance system, TCAS)的计算机使

用LRA的无线电高度设置入侵咨询计算的灵敏度级别，同时判断入侵飞机是否处于地面；

（5）DEU用于在PFD上显示LRA相关信息，包括无线电高度、决断高度和跑道升起标志。

LRA无线电高度信息的输出采用ARINC429数据编码的方式，其编码使用LABEL为164的数据字，具体的数据字编码格式如图6－29所示。

LRA无线电高度数据字采用ARINC429的BNR编码方式，有效数据位从13位开始到28位，其中29位为数据的符号位，符号位与有效数据位共同使用，以二进制补码形式表示数据，单位为ft。13位是数据位的最低有效位LSB，其对应的权值为$8\ 192\times1/2^{-16}$ft；28位是数据位的最高有效位MSB，其对应的权值为8 192×1/2 ft。从13～28位，依次按照二进制编码进行计算。数据字的12位未使用，使用0填充。第11位为功能测试抑制(functional test inhibit, FTI)位，当使用“1”填充时，表示此时FCC正在使用ILS自动着陆阶段，不能进行LRA的功能测试。

5. LRA系统操作与显示

1）EFIS控制板上的LRA系统操作

EFIS控制板上有关LRA系统的操作主要是决断高度(DH)的相关设置及DH警戒信息的复位，如图6－30所示。设置的DH也称为无线电最小(radio minimums)，它显示在PFD上，并在飞机达到DH设置值时产生音频和视觉的警戒信息。

从图6－30中可以看出，DH的设置和复位在一个集成的控制旋钮上进行，这个旋钮有三个控制功能。

（1）一个两位置的选择开关(最外层旋钮，图中的“高度基准选择”开关)，可以选择“RADIO”无线电位置或“BARO”气压位置；设置DH时，选择这个开关处于无线电高度位置。

（2）中层的小旋钮是一个弹簧片旋钮，用于设置决断高度的值(图中的“决断高度设置”开关)，可以设置DH值在－1～999 ft之间。

（3）最顶层上是一个按钮，用于决断高度警戒信息的复位(图中的“RST”按钮)；复位后，显示的DH警戒信息恢复到正常显示状态。

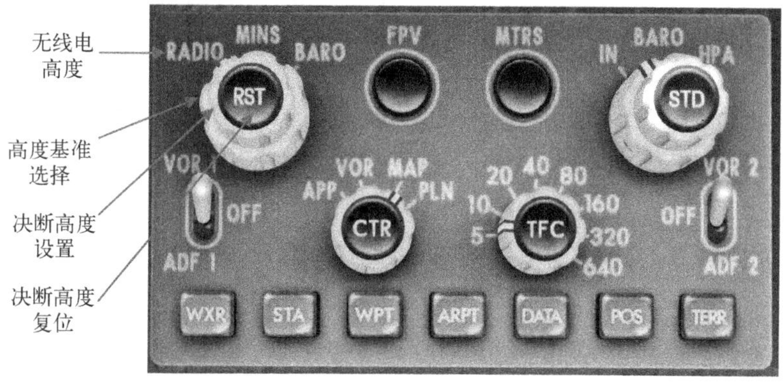

图6－30　EFIS控制板上的DH操作

2）PFD 上的无线电高度显示

LRA 输出的无线电高度在 PFD 上显示，如图 6－31 所示。

（1）高度大于 2 500 ft 时，无线电高度在 PFD 上无显示。

（2）在低于 2 500 ft 而高于 1 000 ft 的高度时，无线电高度使用白色字符直接显示，如图 6－31(a)所示。

（3）高度低于 1 000 ft 时，使用一个圆形的表盘显示高度，表盘上的白色弧线随着高度的下降而不断往逆时针方向缩减（高度上升时，白色弧线沿顺时针方向伸展），并且在表盘的中心使用白色字符显示当前的高度，如图 6－31(b)所示。

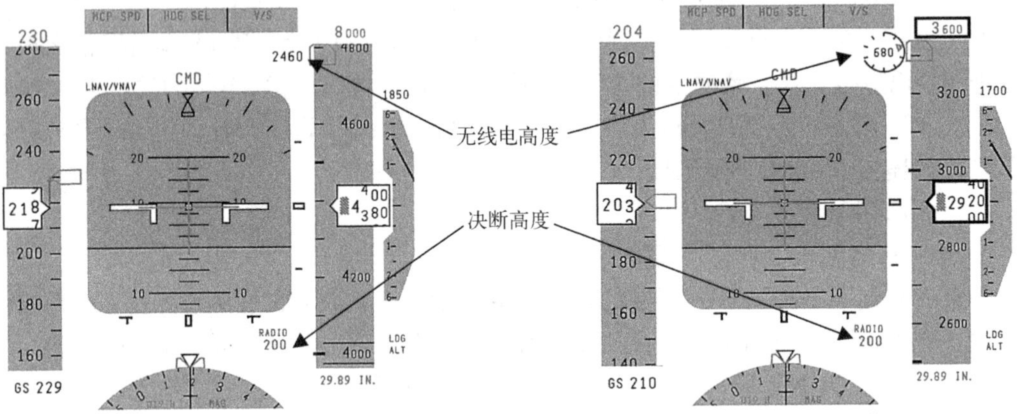

(a) 高于1000 ft时的数字显示　　(b) 低于1000 ft时的数字及表盘显示

图 6－31　PFD 上的无线电高度及决断高度显示

无线电最小（决断高度）的设置值也在 PFD 上显示，正常情况下使用绿色字符显示。如果 EFIS 控制板上选择的 DH 是 Baro 位置，此时无线电最小的设置在 PFD 上不显示。按压 DH 按钮上的 RST（复位按钮）后，或者设置的决断高度小于零时，决断高度信息在 PFD 上也不显示。

3）DH 告警信息

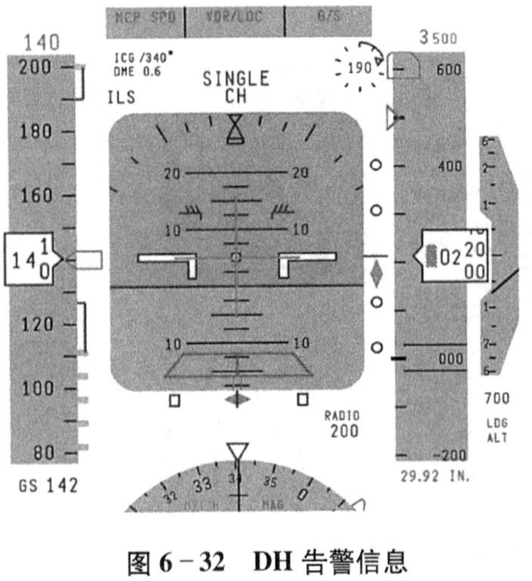

图 6－32　DH 告警信息

当飞机的垂直高度与 EFIS 控制板上设置的决断高度相等时，将会触发 DH 告警，此时无线电高度的指示从白色变成琥珀色，决断高度显示也从绿色变为琥珀色，如图 6－32 所示，同时音频系统将出现“minimums”的提示音。在无线电最小的设置变为正常前，显示将持续保持琥珀色；设置为正常后，高度显示恢复为白色，决断高度设置值显示恢复为绿色。

无线电最小的设置变为正常的条件包括（其中之一）：

（1）按压 EFIS 控制板上的 RST 按钮；

（2）飞机爬升超过无线电最小高度值 75 ft；

（3）飞机着陆。

4）跑道上升标志

跑道上升标志使用两种颜色来显示，底部是一个品红色的柄，在其顶部是一个绿色的梯形框，如图 6－33 所示。

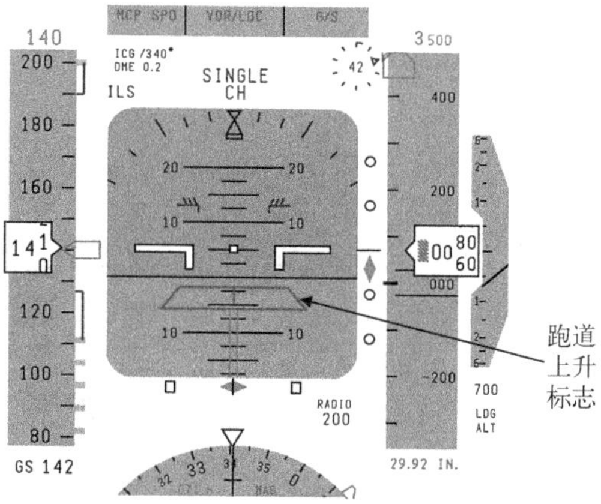

图 6－33　跑道上升标志

当无线电高度低于 2 500 ft，并且在 PFD 上显示 ILS 偏离时，姿态仪底部开始出现跑道上升标志。

当飞机的无线电高度从 200 ft 降低到 0 ft 时，跑道上升标志向着姿态仪上的飞机符号移动。在 0 ft 处，跑道上升标志显示在飞机符号的底部。

跑道上升标志还会根据 ILS 水平偏移左右移动，与 LOC 偏离量保持一致。

5）非正常显示

（1）RA 无计算数据（NCD）：RA 的 NCD 状态将使得 RA 的显示和跑道上升标志都消失，如图 6－34（a）所示。NCD 状态是由于 RA 接收到的反射信号太弱或者无线电高度超过 2 500 ft。如果 ILS 信号未截获时，跑道上升标志也不显示。

（2）DH 数据失效：EFIS 控制盒的数据失效时，PFD 上将显示琥珀色的“DISPLAYS CONTROL PANEL”旗信号，同时 DH 显示消失，如图 6－34（b）所示。此时的高度显示也出现故障旗，并且垂直速度显示为灰色。

（3）RA 数据失效：RA 数据失效时，原先显示无线电高度的位置处出现一个琥珀色的“RA”故障旗，并且跑道上升标志消失，如图 6－34（c）所示。此时表明 RA 收发机发现 RA 系统存在一个故障。

（4）DH 及 RA 数据均失效：这种状态下，（2）、（3）两种状态同时存在，其显示结果也为前两种显示的叠加，如图 6－34（d）所示。

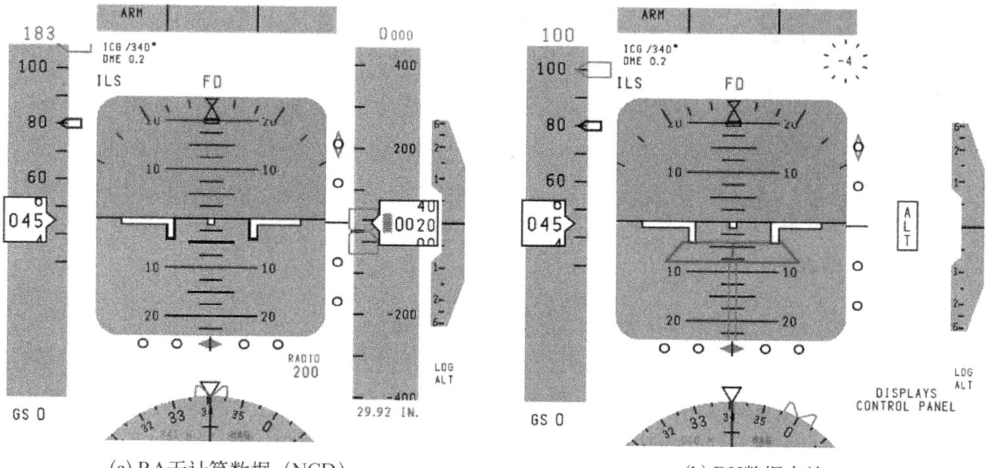

(a) RA无计算数据（NCD）　　(b) DH数据失效

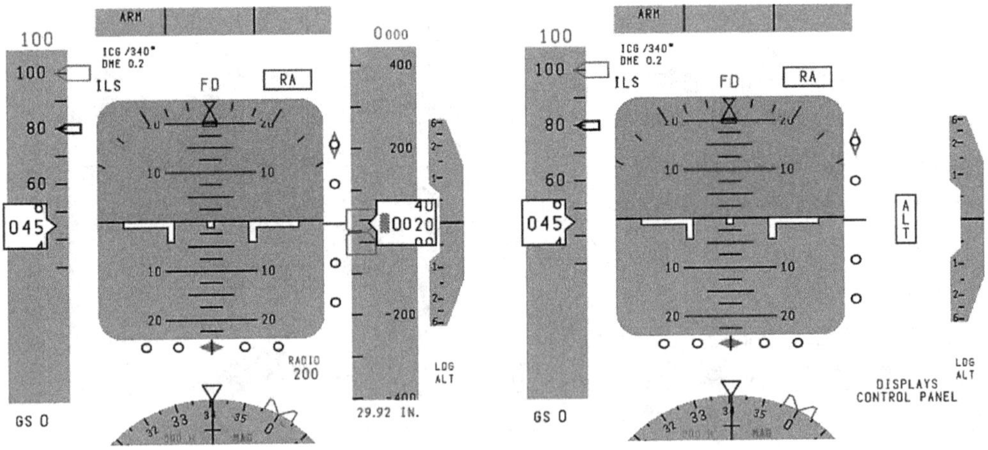

(c) RA数据失效　　(d) DH及RA数据均失效

图 6-34　RA 非正常显示

6.6.2　B737NG 飞机机载 LRA 系统自测试

RA 收发机的前面板上有一个 TEST 按钮，如图 6-35 所示。按压 TEST 按钮时，将启动 RA 的自测试，测试结果在收发机前面板上的指示灯进行显示。

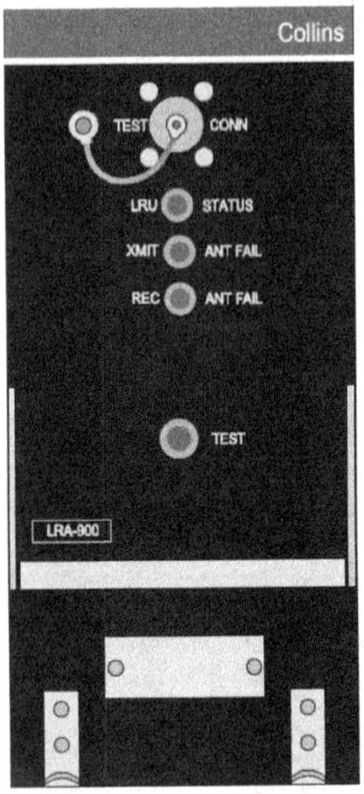

图 6-35　RA 收发机

自测试主要检测收发机内部工作状态、ARINC429 高度输出总线状态，以及收发天线和同轴线状态。如果 FCC 处于进近模式，此时 FCC 会发一个测试抑制信号给 RA 收发机，避免其进行自测试。

前面板上启动的自测试只能在地面时进行，测试结果在前面板上的 LED 指示如下：

（1）第 0 s，前面板上所有指示灯均亮起，且都是红色；

（2）第 2 s，LRU STATUS 灯变成绿色，而其余灯继续保持红色；

（3）第 4 s，所有指示灯均熄灭；

（4）第 6 s，相应的状态灯指示测试结果：① LRU STATUS 灯变红表示 LRU（RA 收发机）发生故障，否则 LRU STATUS 灯为绿色；② XMIT/REC ANT FAIL 灯亮红色表示发射/接收天线故障；

（5）第 36 s，测试过程结束，所有灯均熄灭。

从图 6-35 中可以看到，除了 TEST 按钮及指示灯以外，还有一个测试接口，这是在内场维修时，使用自动测试设备（automatic test equipment，ATE）连接后即可从该接口读出 RA 收发机的内部数据。RA 收发机内部有一个 BITE 电路，它实时监测 RA 收发机是否发生故障，并将故障发生时的故障信息存储到故障存储器中，以在内场维修时使用。

前面板启动的自测试使 RA 收发机产生一个测试高度信息，并加到驾驶舱显示器。测试高度为 40 ft，测试高度在整个测试期间显示，测试完成后高度显示返回到正常，如图 6 - 36 所示。

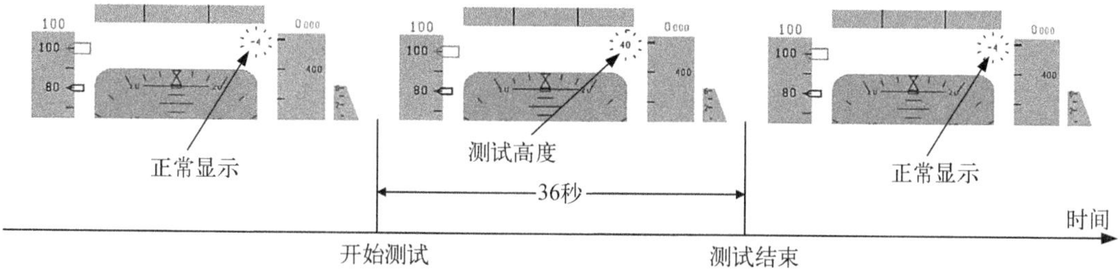

图 6 - 36　按压 RA 收发机前面板 TEST 按钮时驾驶舱 PFD 的显示

第 7 章 测距机

7.1 测距机系统概述

测距机是在第二次世界大战期间开始发展起来的脉冲二次雷达系统。从 1959 年起，它成为国际民航组织批准的标准测距系统。机载测距机和地面测距信标台配合工作，可连续向飞行员提供飞机到测距台的实时距离信息。测距机系统的工作方式和空中交通管制雷达信标系统(air traffic control radar beacon system, ATCRBS)有一些相似之处：这两种系统都是采用空-地设备之间的问答方式工作的，两者所采用的都是脉冲射频信号，而且都工作在 1 000 MHz 左右的 L 波段。机载测距机通过测量脉冲的往返延迟时间，计算出飞机到测距台之间的视线距离，这种测量原理和气象雷达是相似的。

7.1.1 测距机的功用

测距机测量的是飞机到地面测距台的斜距 R。通常，大型飞机的飞行高度在 30 000 ft (1 ft = 0.304 8 m)左右，当飞机与测距台的距离在 35 n mile(1 n mile = 1.852 km)以上时，所测得的斜距 R 与实际水平距离 R_0 的误差小于 1%；当飞机在着陆的过程中与测距台的距离小于 30 n mile 时，其飞行高度通常也已降低(例如距离为 6 n mile 时，高度为 1 524 m)，因而所测得的斜距与水平距离的误差仍然为 1%左右。所以在实用中将斜距称为距离是可以接受的。只有在飞机保持较高的高度平飞接近测距台的情况下，斜距与实际水平距离之间才会出现较明显的误差。

利用测距机所提供的距离信息，结合 VOR 系统所提供的方位信息，即可按前面所介绍的 $\rho-\theta$ 定位方法确定飞机的位置，计算地速和到达目的地的时间，以及实现其他导航计算和引导。因此，地面测距台往往是和 VOR 同台安装的。同样，利用所测得的飞机到两个或三个测距台的距离，也可按 $\rho-\rho$ 或 $\rho-\rho-\rho$ 定位方法进行定位和导航计算。

如果利用机场测距台和机场 VOR 台，就可以实现对飞机的进近引导。例如，保持测距机读数为常数，即可使飞机绕测距台作圆周飞行以等待着陆，或者绕过禁区、障碍物，再按照指定的 VOR 方位进场。

军用塔康(TACAN)系统是可以同时向飞机提供距离和方位信息的 L 波段近程导航系统，其功能相当于民用测距信标台和甚高频全向信标台。它的测距部分是与民用机载测距机兼容的，可供测距机测量飞机到塔康台的距离。有的国家把塔康台和民用伏尔台安装在一起，形成伏塔克(VOR/TACAN)系统，可以同时供军用和民用飞机获得距离与方位信息。

利用测距机/伏尔系统,还可以有效地进行区域导航,引导飞机飞往地面台作用范围内的任意地点,并可以减缓繁忙空域的拥挤,节约油料和飞行时间等。对于通用航空飞机,区域导航具有更为广泛的应用前景和显著效益。

7.1.2 测距机系统的工作概况

1. 工作方式

测距机系统是通过询问应答方式来测量距离的。如图 7-1 所示,机载测距机内的发射电路产生射频脉冲对信号,通过无方向性天线辐射出去,这就是“询问”信号;测距信标台的接收机收到这一询问信号后,经过 50 μs 的延迟,由其发射机产生相应的“应答”信号发射;机载测距机在接收到地面射频脉冲对应答信号后,即可由距离计算电路根据询问脉冲与应答脉冲之间的时间延迟 t,计算出飞机到测距信标台之间的视线距离。因此,也可以把机载测距机称为询问器,而把地面测距信标台称为应答器,或简称为信标台。通常所说的测距机是指机载询问器。由上述内容可知,地面测距台和机载询问器都包含有发射电路和接收电路。

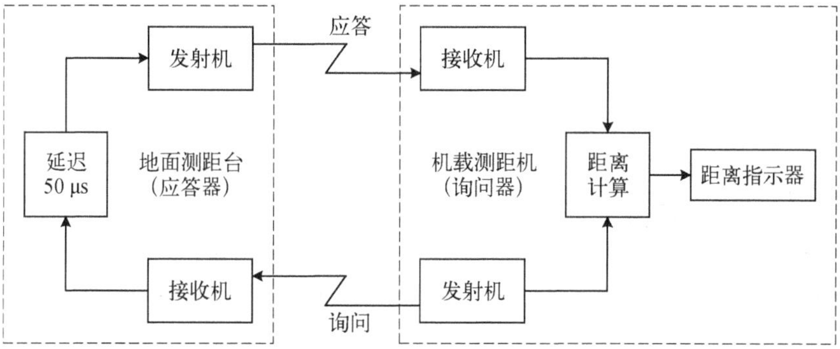

图 7-1 测距系统

测距机的询问频率和信标台的应答频率相差 63 MHz(即测距机的发射频率与接收频率相差 63 MHz)。测距机的询问频率范围为 1 025~1 150 MHz,信标台的应答频率范围为 962~1 213 MHz。

2. 机载测距机的询问

接通测距机的电源,把频率调到所需测距的信标台的工作频道上,测距机即可正常工作。但是,只有当飞机进入了系统的有效作用范围,在测距机接收到一定数量的信标台所发射的脉冲对信号的情况下,测距机才会产生脉冲对询问信号发射,以使信标台产生相应的应答信号。

测距机所产生的询问脉冲信号的重复频率是变化的。当测距机处于跟踪状态时,询问脉冲信号的平均重复频率较低,通常在 10~30 对/s;当测距机处于搜索状态时,询问重复频率较高,一般为 40~150 对/s。典型测距机在跟踪状态时的平均询问率为 22.5 对/s,在搜索状态时为 90 对/s。现代机载测距机的询问率较低,搜索时可以为 40 对/s,跟踪时则可以低至 10 对/s。

不论测距机是在搜索状态还是在跟踪状态，也不论是模拟式的测距机还是先进的数字式测距机，其询问重复频率都是围绕一个平均值随机抖动的。采用随机抖动重复频率询问的原理将在后面的内容中介绍。

3. 测距信标台的内容

1）询问应答与断续发射

信标台在接收到询问信号后，经过 50 μs 的延迟，便产生相应的应答信号发射，以供机载测距机计算距离，这就是询问应答信号。应答信号和询问信号一样，也是射频脉冲对信号。

信标台应能为进入有效作用范围的所有飞机的测距机提供询问应答信号。这样就产生了一个问题，即有时信标台会接收到许多架飞机测距机的询问信号，因而要产生很密集的应答脉冲对；有时又可能只有很少的飞机测距机询问，因而只需产生很少的应答脉冲对，甚至有时还会出现没有飞机测距机询问的情况。为了使信标台保持在它的最佳工作状态，且不致因应答重复频率太高而使发射机过载，应使信标台的应答重复频率基本保持不变。一般规定信标台能同时为 100 架飞机提供应答信号，假定这 100 架飞机中 95%的飞机测距机处于跟踪状态，其询问率为 22.5 对/s，5%的测距机处于搜索状态，其询问率为 90 对/s，则信标台的应答重复频率为 $22.5\times95+90\times5=2\,587.5$ 对/s。考虑到机载测距机的询问率是在一定范围内变动的，信标台在满负荷时的应答脉冲重复频率一般规定在 1 000~2 700 对/s，塔康系统的应答脉冲重复率则必须维持在 2 700 对/s。

前面已介绍过，机载测距机是在接收到一定数量的信标台所发射的脉冲信号后，才开始发射询问信号的。如果信标台只能在接收到询问信号后才产生应答信号发射，那么当只有一架飞机进入信标台作用范围时，就会出现信标台因为没有询问信号而不发射应答信号，而测距机又因接收不到一定数量的脉冲信号而不可能发射询问信号的情况。为了避免出现这种情况，在信标台中采取用接收机噪声来触发发射机产生脉冲对信号发射的方法，使信标台发射机在询问飞机很少的情况下也能维持规定的发射重复频率，以使测距机系统正常发挥功能。由于噪声所触发的脉冲信号是断续的，可以把信标台的这种发射脉冲称为断续发射脉冲，或者称为噪声填充脉冲，以区别于前面所说的在询问信号触发下的应答发射脉冲。

上述噪声填充脉冲断续发射是受询问脉冲数控制的，信标台接收机的灵敏度与所接收到的询问脉冲数有关。在询问飞机较少时，发射机除了由询问脉冲触发产生应答脉冲对外，由于受询问脉冲数控制的接收机灵敏度较高，因而超过某一门限的接收机输出噪声较多，从而触发发射机产生较多的噪声填充脉冲对。例如，若询问的机载测距机数为 20，询问频率为 27 对/s，则由询问触发的应答脉冲为 540 对/s；此时，由噪声触发的随机填充脉冲约为 $2\,700-540=2\,160$ 对/s。在没有飞机询问的情况下，信标台接收机的灵敏度最高，此时信标发射机发射的全都是噪声填充脉冲。而在询问飞机达到 100 架时，由询问触发的应答率已达到满负荷值 2 700 对/s，此时信标台接收机的灵敏度降至最低，任何噪声均不再能超过门限而触发应答，此时发射机所产生的全部是询问应答脉冲对。如果发出询问的飞机太多，则信标台接收机的灵敏度还会有所下降，以维持应答率不超出规定值

（2 700 对/s）。此时，较远飞机的测距机所发出的询问信号较弱，就可能不再能够触发信标台产生应答信号，因而不能正常测距。

2）应答抑制

所谓抑制，是指信标台在接收到一次询问脉冲后，使信标台接收机抑制一段时间，抑制的时间一般为 60 μs，特殊情况下可达 150 μs。

在抑制的寂静期，信标台不能接收询问脉冲，采取这一措施的目的是防止多径反射信号触发应答。机载测距机发射的询问信号，除了沿视线直接到达信标台外，还可能经地面上其他目标或飞机本身反射后沿折线到达信标台。如不加以抑制，这种多径反射信号也可能触发测距信标台产生应答脉冲信号，从而干扰系统的正常工作。由于沿折线到达信标台的反射信号总是在直达询问信号之后到达的，所以使信标台接收机在接收到一次询问信号后抑制一段时间，便可以防止这类多径反射信号触发应答。

3）信标台的识别信号

为了便于机组判别正在测距的测距信标台是否为所选定的测距信标台，测距信标台以莫尔斯电码发射三个字母的识别信号。识别信号由点、划组成，点持续 0. 1~0. 125 s，划持续 0. 3~0. 37 s。在点、划持续期内，信标发射机所发射的是 1 350 对/s 的等间隔脉冲对，而不是随机脉冲对。在点、划之间的空隙内，仍发射随机间隔的脉冲对。

识别信号每隔 30 s 发射一次，每次所占用的时间不超过 4 s。识别信号使机载测距机产生相应的由点、划组成的 1 350 Hz 音频识别码输出。

由上可知，信标台所发射的射频脉冲信号可以分为三类：一类是由询问信号触发产生的应答脉冲对，这类应答脉冲对的数量取决于发出询问的机载测距机的数量；另一类是由信标台接收机噪声所触发的断续发射脉冲对；第三类是固定的识别信号脉冲对。第一、第二类信号都是随机间隔的脉冲对，识别信号则是等间隔的脉冲对。

4. 测距机的接收

机载测距机在每发射一对询问脉冲后即转入接收状态。所接收的信号中，既可能有测距信标台对自己询问的应答信号，也包括信标台对众多的其他飞机测距机的应答脉冲，此外还包括测距信标台断续发射的脉冲信号及识别信号。

需要说明的是，即使飞机处于系统的覆盖范围之内，也并不是所有的询问都能得到应答。这是因为，在众多飞机询问的情况下，信标台每接收到一次询问信号，均会使接收机进入 60 μs 的抑制期，从而使在后续的 60 μs 期间内到达的询问信号得不到应答。除此之外，本架飞机上的 ATC 应答机在回答地面二次雷达询问的发射期间，以及在另一套测距机的询问期间均会对本套测距机抑制约 30 μs。信标台发射识别信号的点、划期间，也会使询问信号得不到应答。

考虑各种导致询问得不到应答的因素后，计算表明机载测距机所能得到的应答百分数约为 82%。通常，测距机均设计成能够在 50%甚至更低的应答率的情况下正常工作。因此，即使有一部分询问得不到应答，测距机也是完全能够正常工作的。

5. 距离计算

测距机发出的询问信号与相应的信标台应答信号所经历的是往返距离 $2R$。计入信标台的固定延迟为 50 μs。应答脉冲与询问脉冲之间的时间延迟为 $t=2R/c+50$，这里光速

c 为 1.168×10^5 n mile/s(3×10^8 m/s)。在测距机中设法测量这一时间延迟,即可获得距离信息。若时间以 μs 计算,距离以海里计算,则距离可由如下公式给出:

$$R = \frac{t - 50}{12.359} \tag{7-1}$$

式中,12.359 是射频信号往返 1 n mile(1 852 m)所经历的时间(μs)。

7.1.3 机载设备

机载测距机系统由测距机(询问器)、天线、显示器和控制盒(控制盒是和甚高频控制盒共用的)等组成的,如图 7-2 所示。其中,飞机上通常装备两套相同的测距机。

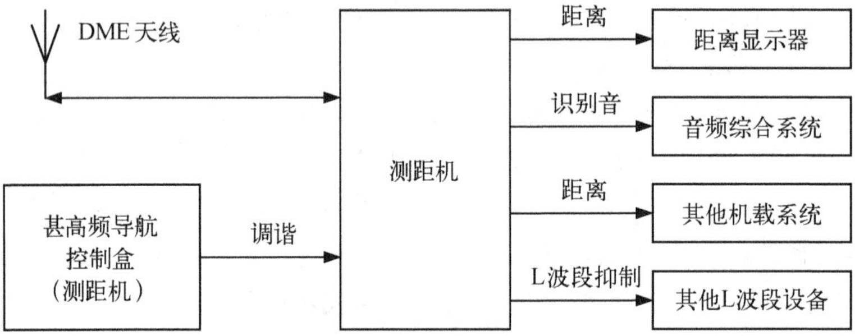

图 7-2 机载测距机系统

1. 测距机

测距机(询问器)包含所有的发射、接收和距离计算电路,用于产生 1 025~1 150 MHz 的射频脉冲询问信号,接收并处理地面应答信号,完成距离计算,最终产生 32 位的串行数字距离信息输送至距离显示器。测距机产生的距离信息除加至显示器外,还可输出至飞行管理计算机等其他机载系统。接收机输出的 1 350 Hz 音频识别信号输送至音频综合系统。

测距机通过同轴馈线与天线相连,通过电缆与控制盒连接。对数字式测距机来说,由控制盒来的频率选择与方式控制信息,以及输出的距离信息,都是通过 ARINC429 总线传送的。

由于飞机上的测距机、空中交通管制应答机及交通提醒与避撞系统(traffic collision avoidance system, TCAS)计算机都工作于同一 L 频段,所以不应同时辐射信号,以免相互干扰。为此,当一台测距机发射时,该机所产生约 30 μs 的抑制波门信号,该信号通过互连的同轴电缆加到两台 ATC 应答机、TCAS 计算机和另一台测距机,以抑制其发射,反之亦然。

2. 距离显示器

测距机的距离显示器是十进制的单位数码显示器,通常可显示的最大距离为 389.9 n mile(1 n mile=1.852 km),距离增量为 0.1 n mile。

有的飞机上使用单独的测距机距离显示器,两组显示器安装在正副驾驶的仪表板上,每组显示器有两套四位数字显示器,分别显示第一套和第二套测距机输出的距离信息。

在有的飞机上，距离显示器是组装在无线电距离磁指示器(radio distance magnetic indicator, RDMI)中的，每部RDMI的上部安装着两个距离显示器，左上角为第一套测距机的，右上角为第二套的，如图7-3所示。在使用EFIS的飞机上，测距机距离信息在PFD及ND上均有显示。

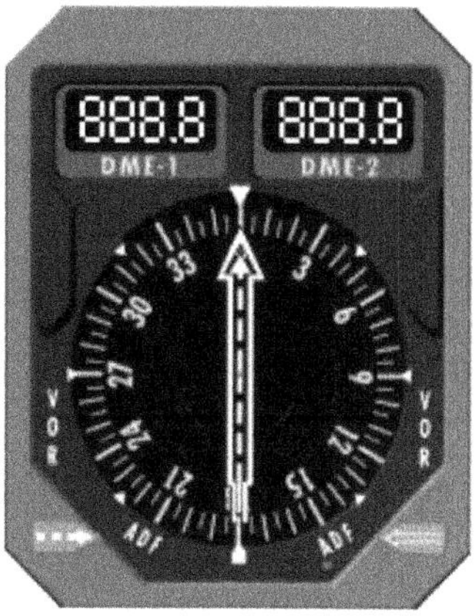

图7-3 RDMI上的距离显示

3. 控制盒与方式控制

测距机的波道是与甚高频导航设备(VOR和ILS)配对使用的，所以其控制盒总是安装在甚高频导航控制盒上。对测距机的控制包括波道选择与工作方式控制。

1) 频率选择

当利用频率旋钮选择了甚高频导航频率后，即同时把测距机的工作频率转换为相应的信标台频率。在控制盒上显示的是甚高频导航频率，测距机的工作频率是不显示出来的。

当利用转换开关(transfer, TFR)把甚高频导航频率转换到备用频率上时，同时也把测距机转换到相应的配对信标台频率上。

2) 方式控制

测距机的方式控制视设备不同而不同，在不同的飞机上也有所区别。例如，860E-5型测距机有"准备"(standby, STBY)、"正常"(normal, NORM)和"超控"(override, ORID)三种工作方式。处于准备方式时，接收电路是正常工作的，但发射电路不产生询问信号。处于正常方式时，接收电路和发射电路均进入正常工作状态，只要进入了信标台的作用范围(200 n mile)内，即可正常地提供距离信息。所谓超控是指测距机可以在离信标台更远的距离上(200~300 n mile，甚至可达390 n mile)进行距离测量。

有的飞机上不设置测距机的方式控制开关，只要接通电源，测距机便进入正常工作方式，即没有准备及超控方式。

3) 试验按钮

按下试验按钮即可启动机内的自检电路，通过显示器的显示，可以判断设备是否正常工作。不同型号(或者批次)的测距机按下试验按钮时的显示状况可能相同，典型的显示是在试验按钮按下后，显示器消隐2 s，然后显示虚线(---)2 s，此后即显示"0000"，在松开按钮后，仍保持"0000"显示11.4 s。

4. 天线

由于测距机是交替询问(发射)和接收的，所以发射电路和接收电路可以通过环流器共用一部天线工作。测距机采用的是L波段的短刀形宽频道天线，天线型号和ATC应答机是相同的，可以互换，这种天线在水平平面内的方向图基本上是圆形的。两部测距机的天线一般安装在机身的前下部，略向后倾斜。

7.1.4 信号与技术参数

1. 频率及X/Y波道

在962~1 213 MHz，共有252个测距波道，波道间隔为1 MHz。机载测距机的询问频率为 1 025～1 150 MHz，信标台的发射频率比询问频率高或低 63 MHz。

1）X/Y 波道

在 252 个波道中，所采用的脉冲对的时间间隔有两种，分别称为 X 波道和 Y 波道。X 波道的询问脉冲对间隔为 12 μs，应答脉冲对间隔与询问脉冲对间隔一致，也是 12 μs，如图 7－4 所示；Y 波道的询问脉冲对间隔为 36 μs，但应答脉冲对的间隔则为 30 μs，与询问脉冲间隔是不同的，见图 7－4。另外，所有询问及应答脉冲的宽度均为 3.5 μs。

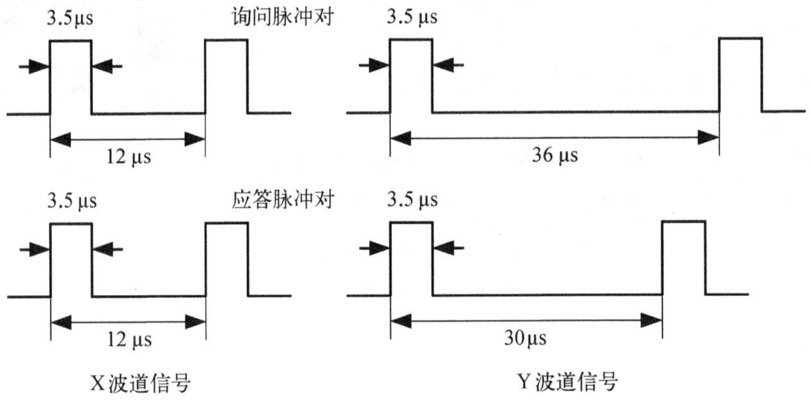

图 7－4　X/Y 波道的脉冲对信号

2）频率安排

X/Y 波道的询问频率与应答频率关系如图 7－5 所示。在 1 025～1 150 MHz，波道间隔为 1 MHz，共可安排 126 个询问频率。采用 X/Y 的波道安排，则共有 252 个应答波道，分别称为 1X－126X 和 1Y－126Y 波道。

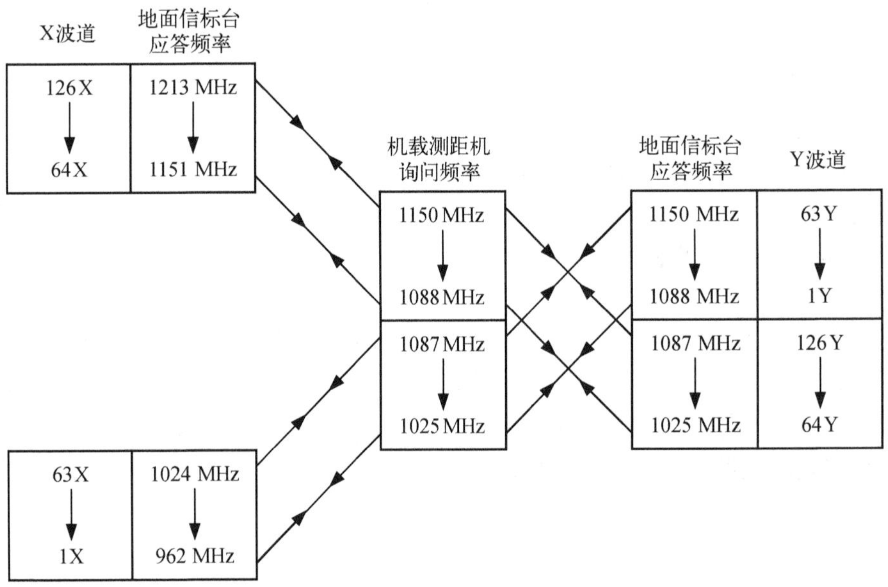

图 7－5　X/Y 波道安排

对于民用信标台，这 252 个波道中有 52 个是不用的，不采用的波道是 1~16X/Y 和 60~69X/Y。这是因为，其一，测距机通常是和 VOR 和 ILS 配对使用的，而 VOR 和 ILS 一共只有 200 个波道，所以测距机也只需要 200 个波道与之配对使用；其二，由于测距机和 ATC 应答机工作在同一频段，尽管两者采用了不同的脉冲编码，测距机还是应当避开 ATC 应答机所使用的 1 030 MHz 和 1 090 MHz 频率，以避免可能产生的相互干扰。

目前，很多民用飞机所装备的测距机拥有全部的 252 个波道，这样就可以利用各地 TACAN 系统的所有测距波道提供距离信息。

3）测距机与甚高频导航系统的频率配对关系

测距机的 200 个波道与 VOR 和 ILS 的频率配对关系如表 7－1 所示。

表 7－1 频率配对关系

甚高频导航频率	波道分配	TACAN 波道
108.00	VOR	17X
108.05	VOR	17Y
108.10	ILS	18X
108.15	ILS	18Y
108.20	VOR	19X
…	…	…
111.95	ILS	56Y
112.00	VOR	57X
112.05	VOR	57Y
112.10	VOR	58X
…	…	…
112.25	VOR	59Y
112.30	VOR	70X
…	…	…
117.95	VOR	126Y

由表 7－1 可知，当在甚高频控制盒上选择一个 VOR 频率或者 ILS 频率后，总是同时确定了与之配对使用的测距机的工作频率。如果选用的是 108.10~111.95 MHz 的小数十分位是奇数的 ILS 频率，则在调定频率选择旋钮之后，航向接收机、测距机及下滑接收机三者的频率均被调谐到相应的波道上。

2. 脉冲波形

测距机的射频脉冲波形为钟形，如图 7－6 所示。

采用钟形脉冲可压缩信号频谱宽度，减少邻道干扰，脉冲参数如下。

（1）上升时间：τ_r＝2.5 μs±0.5 μs。

（2）下降时间：τ_f＝2.5 μs±0.5 μs。

（3）脉冲宽度：τ＝3.5 μs±0.5 μs。

（4）脉冲对之间的间隔误差：e＝±0.5 μs。

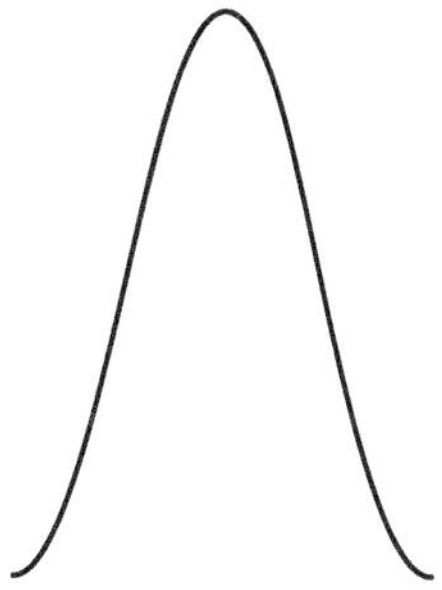

图 7－6 测距机的脉冲波形

3. 基本技术参数

为了对测距机的性能有一个初步的数量概念，下面给出了测距机的几种主要参数的数量范围。各型测距机还会有一些特定的技术参数，参数的具体数值也会有所差异。

（1）发射频率：1 025~1 150 MHz。

（2）频率稳定度：$\pm 10^{-5}$ 以上。

（3）发射功率：700 W（标称值）。

（4）询问率：搜索时 40~150 对/s；跟踪时 10~30 对/s。

（5）接收频率：962~1 213 MHz。

（6）灵敏度：-93~-90 dBmW。

（7）测距范围：正常时为 0~200 n mile；超控可达 300~390 n mile；某些设备为-1~320 n mile（1 n mile=1. 852 km）。

（8）测距精度：0. 075~0. 3 n mile。

（9）动态范围：0~2 000 n mile。

（10）记忆时间：4~12 s。

（11）音频输出：12~75 mW。

7.2 基本工作原理

7.2.1 信号产生与处理过程

测距机的电路可以分为发射电路、接收电路和距离计算电路三个基本组成部分，分别用于完成产生射频脉冲询问信号、接收处理应答信号和进行距离计算三项任务。图 7-7 是表示上述基本功能的电路及其相互关系的原理方框图，一些次要的电路在图中没有示出。下面结合图 7-7 说明询问信号的产生与应答信号的接收处理过程。

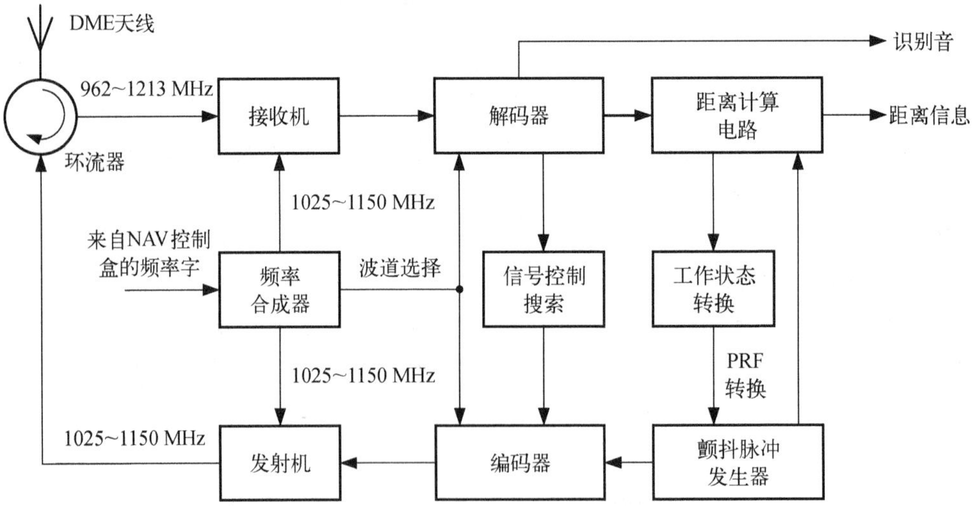

图 7-7 测距机原理方框图

1. 射频产生与频率调节

测距机的射频信号是由频率合成器产生的，所以具有较高的频率稳定度和频率准确度。在控制盒上选定甚高频导航系统的频率后，频率选择信息在输至甚高频导航接收机（VOR/LOC）的同时，加至测距机，以选择测距机的工作频率。在这一频率调谐信息的控制下，频率合成器产生所指定波道的稳定射频振荡，注入发射机。经过调制等处理后形成询问射频信号，再经环流器输至天线发射。询问信号的频率为1 025～1 150 MHz波段中与所选择的甚高频导航波道配对的测距频率。与此同时，频率合成器形成的这一射频信号也输至接收机，作为本机振荡信号。由于测距机的本振频率等于询问发射频率，所以当接收机收到信标台所发射的962～1 213 MHz的应答信号后，总可以在混频后得到准确的63 MHz中频信号。

频率合成电路除产生上述稳定射频信号注入发射电路和接收电路外，还产生X/Y波道信息输至发射电路中的编码电路，以控制脉冲对的间隔，实现波道选择。同样，X/Y波道信息也加至接收通道中的解码电路，以鉴别所接收的应答信号的脉冲间隔是否符合所选择波道的模式。

调谐信号的另一个作用是直接加至接收电路，以将相应的高频电路调谐到所选择的工作频率上。

2. 发射信号及其重复频率控制

询问发射信号的射频频率是由频率合成器决定的，其信号波形和脉冲重复频率则是由脉冲重复频率控制电路和编码调制电路控制的。

编码电路和脉冲重复频率控制电路的主要功能是产生一定重复频率的脉冲对，以对发射信号进行调制。所产生的脉冲对的重复频率，不是固定不变的，而是随机抖动的。重复频率的平均值由状态控制电路控制，在搜索状态时较高，在跟踪状态时较低。脉冲的间隔由编码电路控制，取决于波道调谐信号。所形成的一定间隔的、重复频率抖动的脉冲对信号输至发射电路中的调制器。

这部分电路的另一功能是决定询问器是否产生询问信号发射，这是由询问器所接收到信标台脉冲数决定的。当接收到的脉冲数超过450对/s（有的设备为650对/s）时，自动等待电路就使编码电路正常工作，产生一定重复频率的脉冲对信号，去触发发射电路产生询问射频脉冲信号。

在编码电路的控制下，发射调制电路形成射频脉冲对询问信号，信号的波形及功率符合系统的整体要求。发射电路中的功率放大器一般采用功率合成器的形式。

在询问发射期间，抑制电路内产生抑制信号抑制本询问器的接收电路，同时产生外抑制信号输至另一部测距机及空中交通管制应答机，以抑制其发射。

3. 应答信号的接收与处理

测距机的接收电路用于对所接收到的应答信号进行接收处理。这部分电路大体上可以分成超外差式接收电路和解码电路两部分功能电路，其中解码电路也可以称为视频处理电路。

在发射电路发射射频脉冲对询问信号后，接收电路即开始工作，天线所接收的应答信号经环流器后进入接收通道。在频率选择信号的控制下，接收通道中的预选回路调谐在所选择波道的相应接收频率，即应答频率上，从而从纷杂的射频信号中选取出信标台射频应答信号，抑制其他射频干扰信号和杂波。所接收的射频应答信号与来自频率合成器的本机振荡信号相混频，产生 63 MHz 的中频信号，并在中频电路中得到进一步放大，最后经检波得到视频脉冲对信号，输至视频处理电路——解码电路。

解码电路的主要功能是对视频脉冲对信号的脉冲间隔及幅度进行检测，以判断所接收的信号是否有效，是否与本测距机的询问模式相符合，以便从众多的应答信号中选取出针对本测距机询问的应答脉冲。输出的应答脉冲输至距离计算电路，以进行距离计算。

视频信号中的信标台识别信号经视频处理电路后经过 1 350 Hz 的滤波处理，输至机上音频综合系统，以供机组识别信标台。

7.2.2　距离测量与状态转换

测距机在进入正常的距离测量状态，跟踪飞机距离的变化提供距离读数之前，需经历自动等待、搜索、预跟踪等过程。在距离测量过程中，同样也会因信号状态的变化进入记忆或者回到搜索状态。所以，测距机的实际工作状态可能是上述自动等待、搜索、预跟踪、跟踪或者记忆状态中的一种。有的状态，如预跟踪，在有的设备中可能是不存在的。不同设备的状态转换准则参数也可能会有所差别，但各种工作状态及其转换准则是基本相同的。

1. 自动等待

在空中接通测距机的电源、选定波道后，测距机即工作于自动等待状态，自动等待状态也可以称为信号控制搜索(signal control search, SCS)状态。

在信号控制搜索状态，测距机的接收电路正常工作，但发射部分是被抑制的。接收处理电路接收来自信标台的脉冲信号，并计算所接收到的脉冲对数。在飞机接近测距信标台的过程中，测距机所接收到的射频脉冲信号电压逐渐升高，所接收到的有效脉冲对数会随之增加。当所接收到的脉冲对数超过 450 对/s 时，表明飞机已送入了有效测距范围，测距机中的自动等待控制电路就触发编码发射电路开始发射询问信号，使测距机由自动等待状态转为搜索状态。

2. 搜索

所谓搜索，是指机载测距机在不断发射询问信号的过程中搜寻周围信标台对自己询问的应答信号，并初步确定这一应答信号相对于发射时刻 t_0 的间隔时间。

在搜索状态，测距机所产生的询问信号的平均重复频率较高，典型测距机的为 90 对/s、40 对/s 等。在这些询问脉冲对中，有的得到了应答，有的则得不到应答。在众多的机载询问器同时向同一个信标台询问的情况下，某一机载测距机所接收到的信号中除了有对自己询问的应答信号外，还包括信标台对其他飞机测距机询问的应答信号。接收处理和距离计算电路对所接收的信号进行鉴别，以识别出信标台对自己询问的应答信号，这一识别过程就是搜索。

设测距机的最大测距范围为 400 n mile，则脉冲往返的时间约为 5 000 μs。若信标台的发射速率为 2 700 对/s，那么在这段时间中，测距机所能接收到的应答脉冲对数平均值为 $2\,700\times5\,000\times10^{-6}=13.5\approx14$ 对。在这 14 对脉冲中，只有一对可能是对本测距机的应答脉冲。所谓搜索，就是从这 14 对脉冲中，识别出对本测距机询问的那一对应答脉冲来。

搜索电路中，使用距离计数器来记录从发射询问脉冲到接收到应答脉冲的时间间隔 t_0（对应距离 R_0），距离波门产生电路根据距离计数器的输出产生一个距离波门。在第一次测距过程中，首先搜索到的是距离最近的第一个应答脉冲（图 7－8），距离计数器停止计数时的距离计数就是这个应答脉冲所对应的距离 R_1（对应图 7－8 中 t_1）。在第二次测量过程中，若在同一时刻时未能出现同一应答脉冲，则说明在第一次测量过程中所遇到的第一个应答脉冲不是对本测距机询问的应答脉冲。于是，距离计数器的距离计数继续增大，以搜索距离较大的第二个应答脉冲，并使距离计数变为第二个应答脉冲所对应的距离 R_2（对应图 7－8 中 t_2）。依此类推，当在连续的两次询问后的同一时刻处出现同一应答脉冲时（见图 7－8 中第 4 次和第 5 次测量），即表明该应答脉冲就是针对本测距机询问的同步应答脉冲。此时，距离计数器的距离计数不再继续增大，而保持为该同步应答脉冲所对应的距离 R_4（对应图 7－8 中 t_4）。由此可知，当飞机刚进入信标台的距离测量范围时，约需经历这样的 13～14 次距离测量过程，才会搜索到对自己的应答脉冲。一旦识别出对自己的应答脉冲，距离计算电路便可以计算出它与发射脉冲间的时间间隔，并在第二次询问后在同一时间间隔处产生一个距离波门，以等待第二次应答脉冲的到来。如果第二次应答脉冲进入了该距离波门，则表明测距机在发射脉冲后的同一时刻处识别出对自己的应答脉冲。这样，由距离波门在时间轴上的位置即可初步确定自己的距离。如果在连续的 15 次询问中识别出 7 次对自己的应答信号，测距机即可结束搜索，转入预跟踪状态。

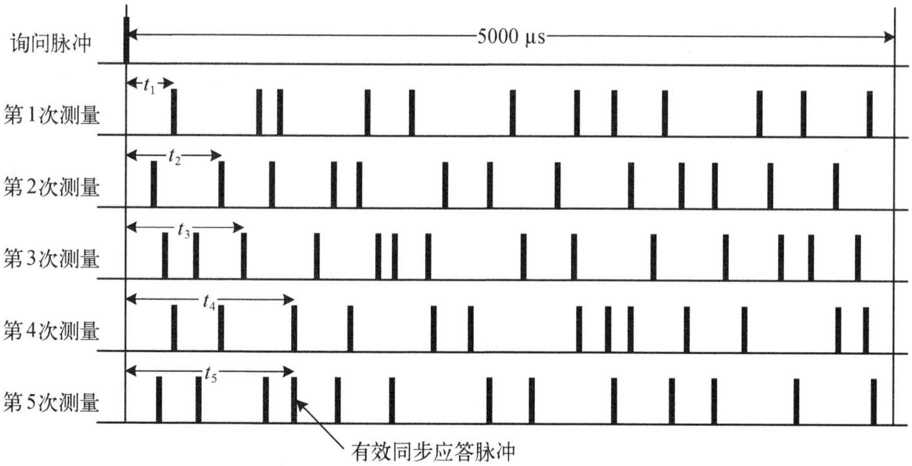

图 7－8　测距机的搜索过程

由于信标台不可能百分之百地回答某一机载测距机的询问，测距机本身也可能会丢失一些应答脉冲，所以测距机所接收的应答脉冲概率不可能是百分之百。设应答概率为 50%，则需要 4 次询问才可收到两次应答。一般情况下，若速率鉴别电路判别在 15 次询问中有 7 次或 7 次以上的同步应答，且在连续的 3 次询问中至少有一次应答，则状态转换电路立即使距离计算电路转入跟踪状态。

3. 预跟踪

进入预跟踪状态后，测距机继续进行上述询问-接收识别过程。其询问仍然维持较高的询问率,即 90 对/s。

距离计算电路所产生的距离波门与发射时刻 t_0 的时间间隔 T,对应于飞机和信标台之间的距离,因而所接收到的同步应答脉冲总是处在这一距离波门之中。在 4 s 的预跟踪过程中,距离计算电路根据飞机的运动速度及运动方向(是向台还是背台),不断微调距离波门的位置,以使所接收到的后续应答信号处在距离波门的中心。根据距离波门与发射时刻 t_0 的时间间隔,测距机可以提供有效的距离信息。

4. 跟踪

在经历 4 s 的预跟踪状态后,测距机进入正常的跟踪状态。在跟踪状态,随着飞机与信标台距离的变化,应答脉冲与询问脉冲发射时刻之间的时间间隔随之改变,此时距离计算电路所产生的距离波门精确地跟踪应答脉冲,所提供的距离信息输至显示器,显示出飞机的距离读数。距离读数跟踪飞机距离的变化,随之不断更新。

由于已经进入了正常的跟踪状态,所以询问率可以低于搜索状态,通常是从搜索状态的 90 对/s 降为 22.5 对/s,或者从 40 对/s 降为 12 对/s。

5. 记忆

倘若在跟踪状态下出于某种原因而使上述“7/15”准则得不到满足,则测距机将转为记忆状态。

在测距机进入记忆状态后,距离计算电路按照飞机进入记忆状态时的运动速度和运动方向更新距离信息,此时距离显示器所显示的距离读数继续更新。一旦信号重新获得,测距机即由记忆状态返回跟踪状态,按照所获取的应答信号计算飞机的实际距离。如果记忆状态持续 4~12 s(典型时间为 11.4 s)仍不能重新获得有效的应答信号,则测距机将转为搜索状态,脉冲询问率重新增加到 90 对/s。

上述状态转换准则“7/15”在不同的设备中不是固定不变的,可以根据设计要求取用其他数值,如“4/16”等。

图 7-9 表示了典型测距机的各种工作状态及其转换准则、关系。图中的 RX 代表接收电路,TX 代表发射电路,PRF 表示脉冲重复频率(pulse repetition frequency),箭头表示工作状态的转换关系,箭头旁的说明为状态转换的条件或准则。

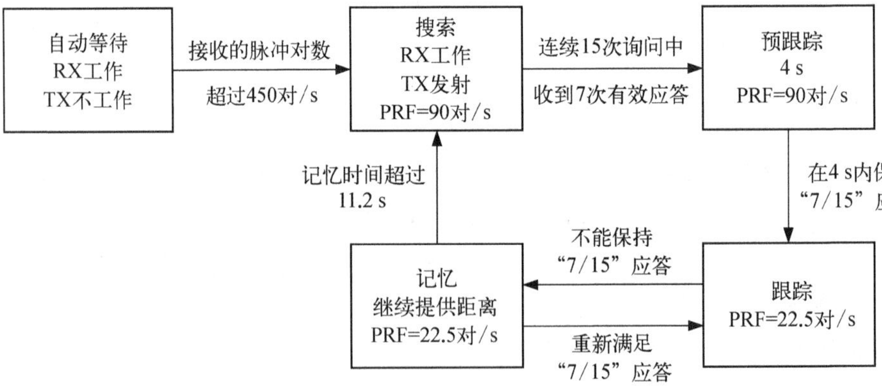

图 7-9　工作状态及其转换准则、关系

7.2.3　应答识别——闪频原理

为了获得距离信息,测距机首先必须解决的一个基本问题是如何从信标台的众多的应答信号中识别出对自己询问的应答信号来。

应用闪频原理可以达到这一目的。所谓闪频,就是在测距机中设法使询问脉冲信号的重复频率围绕一个平均值随机抖动而不是固定不变。这样,同时工作的多台测距机的询问脉冲重复频率就会各不相同,为对所接收的应答机信号进行同步识别提供了基础,询问的重复频率是由重复频率控制电路控制的。图 7 - 10 所示为颤抖脉冲产生电路框图。

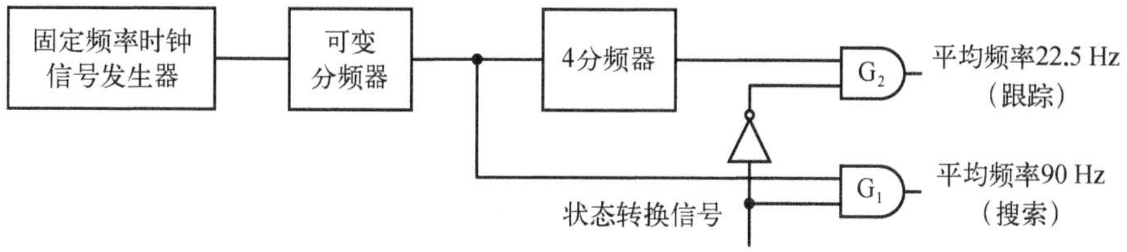

图 7 - 10　颤抖脉冲产生电路框图

定时电路产生稳定的定时脉冲信号,其脉冲重复频率是固定不变的,如图 7 - 11(a)所示。定时脉冲加至一个可变分频器,该分频器的分频比是随机可变的,这就是颤抖脉冲发生器。由于其分频比随机抖动,所以它所输出的脉冲的重复频率是在一定范围内随机抖动的,即相邻的两个脉冲之间的时间间隔不是固定不变的,如图 7 - 11(b)所示。用该颤抖脉冲去触发发射电路,则所产生的射频脉冲询问信号重复频率也是抖动的。图 7 - 10 所示中的固定分频器的分频比为 4,输出信号的重复频率受状态控制电路控制。在搜索状态,状态转换信号为高电平,脉冲是经与门 G_2 输出的,脉冲平均重复频率较高(90 Hz);在跟踪状态,状态转换信号为低电平,所以上述电路使可变分频器的输出经 4 分频器后再经与门 G_1 输出,从而使平均重复频率降为 22.5 对/s。

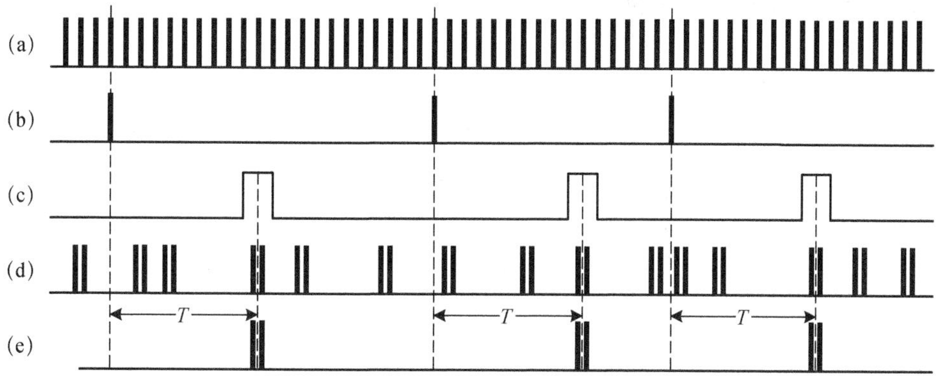

图 7 - 11　闪频原理

(a) 定时脉冲;(b) 颤抖脉冲;(c) 距离波门;(d) 视频脉冲;(e) 同步应答脉冲

在每次询问后,接收电路可以收到多对应答脉冲信号,但其中只可能有一对是对本测距机询问的应答脉冲,如图 7-11(e)所示。设第一个应答脉冲相对于发射脉冲的延迟时间为 *T*,见图 7-11(b),则由于相邻几个询问周期中距离变化所引起的应答脉冲延迟时间的变化很小,在这里可以简单认为在相邻几个周期中对本测距机的应答信号的延迟时间均为 *T*。这样,对本测距机的这些应答脉冲均可落入中心位于 *T* 处的具有一定宽度的距离波门内,从而得以输出。而与应答脉冲由解码电路一同输出的其他脉冲,则由于不可能与本测距机随机抖动的发射脉冲保持稳定的时间同步关系,因而不能落入距离波门内,如图 7-11(c)和(d)所示。可见,应用上述闪频原理,使询问脉冲的重复周期随机抖动,即可从众多的应答脉冲中识别出对本询问信号的应答脉冲,从而进一步根据其延迟时间 *T* 计算距离。

7.3 DME 询问器

机载 DME 询问器是一个工作在 L 波段的收发机,其内部主要包括询问信号产生电路、应答信号接收与处理电路及距离计算电路三个主要模块。

7.3.1 询问信号的产生

本节介绍测距机发射电路的电路结构及主要功能电路的工作原理。测距机所产生的询问信号也是脉冲调制的 L 波段射频信号,这里只就其电路结构及一些有代表性的功能电路的工作原理进行简略说明。

1. 发射电路组成

发射电路用于产生 X 波道或 Y 波道的周期性射频脉冲对信号,经环流器输至天线发射。发射载频由频率合成器提供,脉冲对的间隔由波道选择信号控制,脉冲重复频率则由距离计算电路中的状态控制电路控制。

典型测距机的发射电路由触发脉冲产生电路及转换电路、编码电路、频率合成电路、调制器和功率放大器等组成,如图 7-12 所示。各型测距机的发射电路虽然会有所不同,但均具有上述功能电路。频率合成电路除提供发射射频外,还同时用作接收电路中的本振频率源。

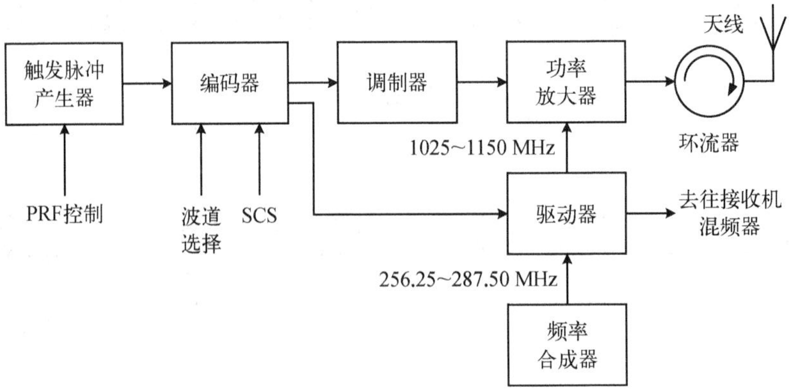

图 7-12　发射电路的组成

触发脉冲产生电路用于产生调制触发脉冲并控制其脉冲重复频率。测距机的询问重复频率是围绕一个平均值随机抖动的，且受状态转换电路的控制而转换其平均频率，以适应搜索状态高询问率和跟踪状态低询问率的需要。触发脉冲重复频率的转换是由状态转换电路产生的转换信号控制的。

编码电路在X/Y波道选择信号的控制下形成间隔为12 μs的X波道触发脉冲对或间隔为36 μs的Y波道触发脉冲对，以触发调制器和驱动放大器。波道选择信号由频率合成器中的波道解码电路提供。

测距机一般利用频率合成器作为射频信号源，以获得理想的频率稳定度。测距机中的频率合成电路通常为锁相环路可变分频频率合成器。

射频驱动电路对频率合成器输出的等幅射频信号进行倍频、放大，并进行预调制，供给功率放大器以足够功率的脉冲射频驱动信号。

编码脉冲对在调制器中进行放大并经整形处理。在调制器所形成的调制脉冲对的控制下，射频信号在功率放大器中被调制并进行功率放大。功率放大器输出的脉冲对射频询问信号的功率可达800 W。射频询问信号经环流器和低通滤波器输至天线辐射。

2. 信号控制搜索

信号控制搜索（SCS）电路的作用是控制测距机是否产生询问发射信号。通常所用的控制方式，是通过对所接收到脉冲对计数，产生SCS选通信号，去选通输至发射机的触发脉冲。

测距机所接收到的脉冲信号，经接收机视频处理器处理后加至SCS电路的三位计数器进行计数，若所接收到的有效脉冲信号在一个询问周期中超过450对/s，计数器的输出即通过门电路加至发射机触发器，使触发器的输出变为高电平。这一信号加至SCS选通门，即可使编码脉冲对触发信号输出，去触发调制发射电路。反之，若三位计数器的计数表明测距机所接收到的脉冲数不足，则SCS控制信号为低电平，触发脉冲对就不能通过选通门输出，从而抑制发射机。

3. 环流器及低通滤波器

测距机的接收和发射电路是共用一部天线工作的，收发电路通过环流器实现与天线的连接，并保证收发电路之间的隔离。

在环流器和天线之间装有一个低通滤波器（在环流器组件内）。低通滤波器的作用是滤除发射电路所产生的射频谐波成分，以避免对其他设备的干扰。当然，滤波器的接入也会导致对发射信号功率的轻微衰减。低通滤波器内有一个衰减量为30 dB的耦合器，用于对发射信号进行取样。发射信号取样经二极管整流后输经监测电路，以监控发射电路的工作状况。

7.3.2 应答信号的接收与处理

本节说明测距机应答信号的接收处理过程，介绍视频处理器等功能电路的结构及基本工作原理。

1. 电路组成及信号处理过程

测距机的接收处理电路大体上可以分为高频、中频和视频三个部分，其电路组成如图7－13所示。

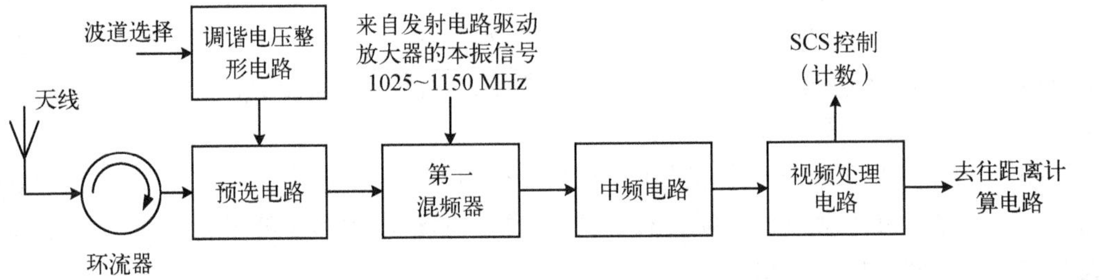

图 7－13　接收处理电路

高频部分用于选择出所选定波道的信号,并经混频将所接收的射频信号变换为中频信号。高频电路由预选器、调谐电压整形电路和第一混频器等组成。

在选定测距机的工作波道后,将代表所选波道的波道调谐信号加到接收电路中的调谐电压整形电路。调谐信号在整形电路中被变换成对应于所选择波道的直流调谐电压,以把预选器调谐到所选择波道的接收频率上。预选器是由几级调谐滤波器组成的,它采用变容二极管调谐的方式,把滤波器调谐在工作频率上,从而从输入的众多频率的接收信号中选择出本工作波道频率的信号,滤除其他频率的信号。

由频率合成器驱动放大电路输入的 1 025~1 150 MHz 稳定的射频信号,作为本机振荡信号加至第一混频器。由于接收信号的频率——信标台的发射频率与询问频率相差 63 MHz,所以混频器产生的第一中频恒为 63 MHz。

中频电路由第一中频放大器、第二混频器、本机振荡器、第二中频放大器及检波器组成。中频放大电路对信号进行足够的放大后,经检波后输出视频脉冲信号,视频脉冲输送至视频处理电路。

视频脉冲中既有应答脉冲对,也有信标台的噪声填充脉冲和识别信号。视频处理电路根据 X/Y 波道选择信号,对所输入的视频脉冲对间隔进行鉴别,所鉴别出的本波道的应答信号被输至距离计算电路。对 X 波道而言,应答脉冲对的间隔与询问脉冲相同,仍为 12 μs;而 Y 波道的应答脉冲信号的脉冲间隔则为 30 μs,与询问脉冲对的 36 μs 间隔是不同的。视频信号中的测距台识别信号被输送至音频系统。此外,视频脉冲还输至信号控制搜索电路,以进行脉冲计数。

在测距机发射询问信号期间,内部抑制波门被加到预选器以使预选器失谐,从而导致询问射频信号不可能通过预选电路。

2. 预选电路及混频器

天线所接收的射频信号经过环流器后,通过预选器预选后输至后续的混频器等接收电路。测距机预选电路的作用与一般接收机的高频选择回路相同,预选电路由射频放大器、带通滤波器和调谐电压整形电路组成。

在发射电路产生射频询问脉冲期间,内部抑制波门加至本电路中的抑制电路,使驱动器的输出从正常的 6~25 V 变为−11 V 左右,从而使预选电路远离工作频率,达到在发射期间抑制接收通道的目的,抑制时间为 10.5 μs。

测距机第一混频器通常为环形混频器,环形混频器又称双平衡混频器。采用平衡混频器电路可以更多地抑制混频所产生的非线性频率成分，使输出信号中只包含射频与本振频率的奇次和差频率分量。混频器由4个特性一致的微波二极管组成，工作频率高达1 000 MHz左右，因此输入、输出电路是利用器件的分布参数形成的。

3. 中频电路

测距机采用双变频超外差式电路，不论什么型号的测距机，其第一中频总是固定的63 MHz。第一中频经放大器放大后，通过带通滤波器后加到第二混频器。

典型的第二中频为10.7 MHz，第二中频放大器的输出经检波后所获得的视频脉冲信号通过射极跟随器输至视频处理电路。各级中频放大器及第二混频器均由自动增益控制电路提供自动增益控制。

4. 视频处理电路的基本工作原理

视频处理电路用于对输入的视频脉冲信号的间隔进行鉴别，以识别出所选定的X波道或Y波道应答信号——这就是应答信号的解码。鉴别是根据X/Y波道选择信号进行的。除此之外，视频处理电路还具有振幅判别功能，凡是低于0.7 V的视频脉冲均被认为是无效信号。

视频处理电路的输出有两路。第一路是与应答脉冲对的第一个脉冲同步的“门限视频脉冲”；另一路是与脉冲对第二个脉冲同步的“解码视频脉冲”。门限脉冲和解码脉冲输至距离计算电路。

视频处理电路除了应使所选择波道的应答脉冲对能分别产生单一的门限视频脉冲和解码视频脉冲输出外，还应能防止其他脉冲产生输出。只有那些符合测距机所选定波道的应答脉冲对，才能通过视频处理电路输出——产生解码视频脉冲输送至距离计算电路。解码视频脉冲除输出至距离计算电路外，还输出至1 350 Hz识别音频电路，以提供识别信号。

7.3.3 距离计算原理

测距机的接收处理电路所输出的应答视频脉冲对（门限视频脉冲和解码视频脉冲）输至距离测量电路，以计算飞机与信标台的斜距。其中，距离测量电路也可以称为距离计算器。

由于门限视频脉冲和解码视频脉冲分别对应于应答脉冲对的第一个和第二个脉冲，所以门限视频脉冲相对于发射时刻 t_0 的时间延迟 t_a 是和飞机的距离成比例的。设法测量这一时间间隔 t_a，就可以获得飞机的距离信息。

实现上述时间（距离）计算的电路方案及所使用的器件，视设备的不同而有很大差别，但大体上可以分为模拟式和数字式两类。模拟式测距机利用模拟电路来测量距离，其测量精度较低，测量的速度也较慢。近代机载测距机采用数字器件来组成距离计算电路，不仅测量精度大为提高，并且能够适应高速运动飞机的距离变化。先进的测距机则进一步利用微处理器来控制信号的处理过程并实现距离计算，使测距性能进一步提高，设备的工作性能更加可靠。下面说明数字式距离计算电路的基本原理、电路结构及距离计算过程。

利用数字器件实现距离计算的基本过程可以分为搜索和跟踪两个大的阶段。在数字式距离计算电路中，利用计数器一类的数字器件来产生延迟时间可用的距离波门，并产生数字式的距离信息输出。图7-14是表示这一基本过程的原理电路方框图。

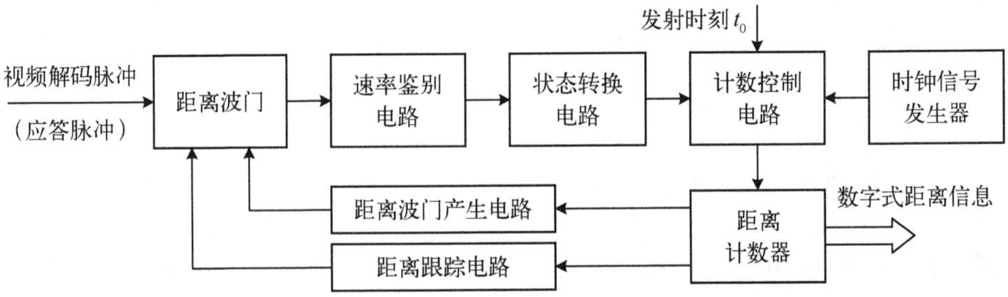

图 7-14　数字式测距电路原理方框图

时钟产生器用于产生所需要的计数脉冲。它通常由晶体振荡器和数字分频器等组成，因而时钟脉冲的周期十分稳定，保证了时间度量——距离计数的准确性。时钟脉冲通过计数控制电路输至距离计数器，作为距离计数器的计数脉冲。计数控制电路受状态转换控制电路输出的状态转换信号和 t_0 触发脉冲的控制。t_0 触发脉冲在触发调制发射电路产生射频询问信号的同时，启动计数控制电路。这样，计数脉冲便输至距离计数器，使之开始计数，从而使距离计算电路获得 t_0 时刻信息。加至计数控制电路的状态控制信号，通过对计数脉冲的控制而实现对距离计数器工作状态及计数速率的控制。距离计数器是实现距离计算的核心电路，其最大计数应符合测距机的最大作用范围的要求。通常，机载测距机的距离增量为 0.1 n mile。对应于这一距离增量的信号往返延迟时间为 1.23 μs——这就是计数脉冲的间隔周期，因此，所选用的基本计数脉冲的频率为 809 kHz。设测距机的最大作用范围为 400 n mile，则距离计数器需由 0.1 n mile、1 n mile、10 n mile 和 100 n mile 四个计数器组成。

另外，为了实现对应答脉冲的精确跟踪，还需要一个分辨率为 0.01 n mile 的计数器。距离波门产生器的功用是产生一个宽度一定的距离波门，所产生的距离波门与视频处理器输出的视频应答脉冲一起加到距离波门电路，用于检验应答脉冲是否是针对本测距机询问的应答信号。对本测距机的应答脉冲，由于在连续的询问周期中是同步的，所以可使应答速率鉴别电路有较高速率的输出，而信标台对其他飞机的应答信号，以及断续脉冲，由于不可能和本测距机的询问（t_0 触发脉冲）保持同步关系，因此不会使应答速率鉴别电路有高速率输出。状态转换电路即根据应答速率鉴别电路输出速率的高低，控制距离计数器的计数状态。在判别出一对应答脉冲是对本测距机的同步应答脉冲的情况下，距离计数器的距离计数就代表了飞机的距离信息，并由距离跟踪电路进行微调，以跟踪飞机距离信息的缓慢变化。距离计数器的数字式距离信号输送至数字式距离显示器，显示飞机的实时距离。

当数字式测距电路进入跟踪状态时，同步应答脉冲已经位于波门之中。但是，随着飞机的前进，这一应答脉冲相对于 t_0 的时间会随之改变。数字式跟踪电路的功用就是按照飞机距离的变化而自动地调节距离波门的位置，以使应答脉冲始终位于距离波门的中央，在调节距离波门位置的同时，距离计数器的距离计数随之修正。这样，通过调节距离波门的位置而改变应答脉冲相对于距离波门中心的位置，使得应答脉冲始终位于距离波门的中心，从而实现跟踪飞机距离变化的目的。

7.4 机载DME系统

7.4.1 B737NG飞机机载DME系统

B737NG飞机上，DME系统的组成及原理框图如图7－15所示。飞机上一般装有两套DME系统，从图中可以看出，系统的主要设备包括天线、机载DME询问器、与VOR/LOC共用的NAV控制盒及DME距离显示部分。

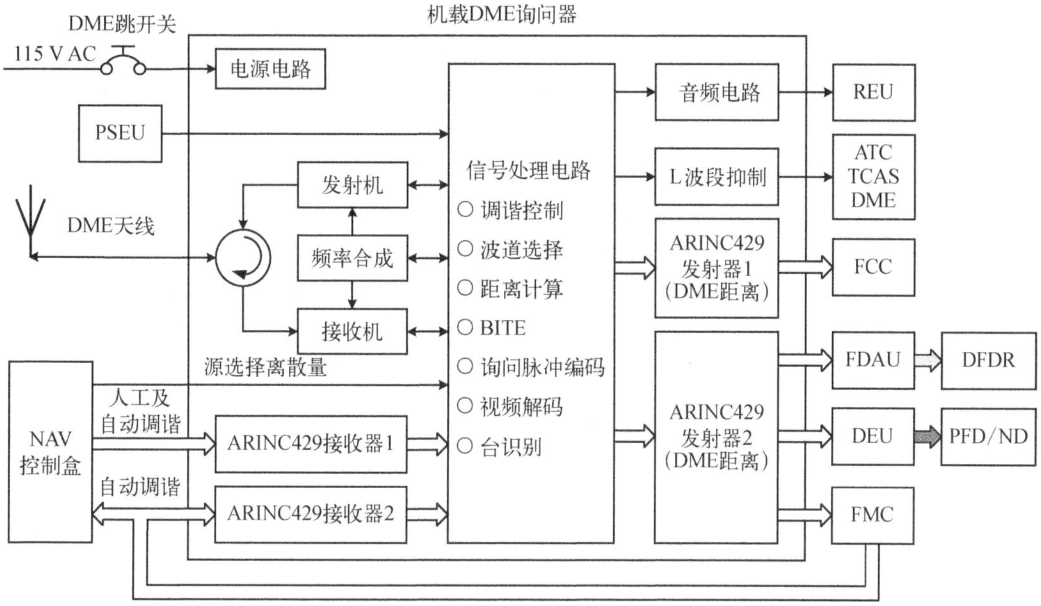

图7－15 B737NG飞机DME系统组成及原理框图

1. 电源与天线

DME询问器使用飞机上的115 V交流电源，通过DME跳开关给其供电。DME询问器内部的电源电路将115 V交流电转换成其工作所需的各种电源。

每一套机载DME系统使用一根收发共用天线，它是一种L波段的短刀型全向天线，如图7－16所示。在B737NG飞机上，DME的收发天线与ATC机载应答机使用的天线是同一型号的，两者可以互换使用。

2. 离散量及模拟量

PSEU提供给DME一个空/地离散信号，用于BITE记录故障信息时的飞行航段计数，同时也防止在空中启动DME的BITE功能。

NAV控制盒提供给DME询问器一个频率源选择离散量，正常时为开路状态，此时询问器使用来自NAV控制盒的

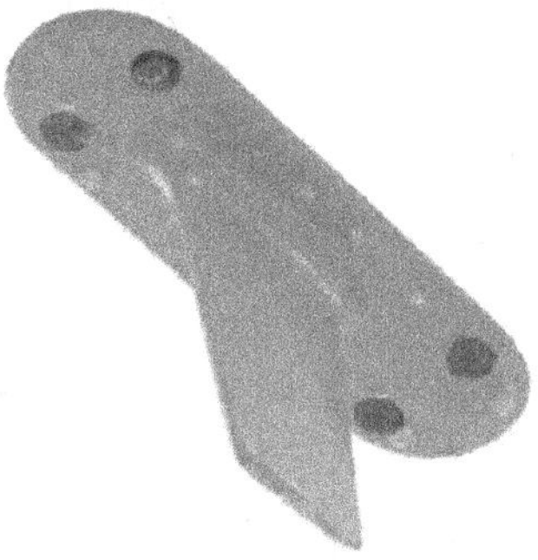

图7－16 DME天线

人工调谐及自动调谐数据;如果 NAV 控制盒失效,则这个离散量变为接地状态,此时 DME 询问器直接使用来自 FMC 的自动调谐信号,如图 7-15 所示。

DME 询问器还有一个 L 波段抑制信号,使用同轴电缆与另一台 DME 询问器、两台 ATC 机载应答机及 TCAS 计算机相连,如图 7-15 所示。当这些 L 波段设备中的任意一个发射时,发射信号的设备会产生一个抑制脉冲,该脉冲将抑制所有的 L 波段设备的接收,避免产生信号干扰。

DME 询问器输出的 DME 地面台识别音传送给 REU,并通过驾驶舱中飞行员的耳机及飞行内话系统扬声器播放。

3. 调谐

现代 DME 询问器在进行测距时,具有直接扫描和自由扫描两种模式,其中直接扫描模式又分为单通道直接扫描及多通道直接扫描。直接扫描模式下,DME 机载询问器可以同时询问 1~5 个 DME 地面信标台,并据此提供距离信息。

DME 询问器的单通道直接扫描方式通常工作在没有飞行管理计算机系统(flight management computer system, FMCS)的飞机上(或者有 FMCS,但 FMCS 失效时),此时机组通过 NAV 控制盒选定一个 DME 信标台,并由此提供距离信息。如果飞机上装有 FMCS 且工作正常,DME 询问器即可工作在多通道直接扫描模式,此时 DME 的工作频率由 FMCS 自动调谐,可以调谐到 1~5 个地面信标台,并能获取它们的距离信息。

自由扫描模式下,DME 询问器可以询问所有的波道(一共 252 个),DME 询问器将 252 个波道分为前后台两类,前台波道最多 5 个,是由 FMCS 指定的;后台波道首先接收地面信标台的信息,并不产生询问信号,当满足接收到的应答信号超过 450 对/s 时,开始询问并测距,同时将测得的距离提供给 FMCS。B737NG 飞机上,通过一个离散信号抑制了 DME 的自由扫描工作模式,因此 DME 询问器只工作在直接扫描方式下。

在 B737NG 飞机上,FMCS 自动调谐信息正常情况下首先到达 NAV 控制盒中,然后连同 NAV 控制盒上选定的人工调谐信息一起,再传送给 DME 询问器,见图 7-15 中 DME 询问器的 ARINC429 接收通道 1。如果 NAV 控制盒失效时,FMCS 自动调谐信息则直接传送给 DME 询问器,见图 7-15 中 DME 询问器的 ARINC429 接收通道 2,此时通过频率源选择离散量进行控制。

发送给 DME 询问器的频率字使用 ARINC429 总线进行传输,NAV 控制盒的频率字要同时传送给 DME 询问器、VOR 接收机及 MMR 接收机,DME 的工作频率与 VOR/LOC 是配对调谐的。DME 询问器在收到 NAV 控制盒发来的频率字之后,以此确定 DME 工作波道,产生相应的本振频率,用于 DME 信号的收发。NAV 控制盒发给 DME 询问器的 ARINC429 数据字编码格式如图 7-17 所示,它使用 LABEL 为 035 的数据字进行传输。

功能	P (ODD)	SSM	10 MHz	1 MHz	0.1 MHz	0.00/ 0.05 MHz	识别	显示	MLS 频率	ILS 频率	DME 工作模式	SDI	LABEL (035)
位序	32	31 30	29 28 27	26 25 24 23	22 21 20 19	18	17	16	15	14	13 12 11	10 9	8 7 6 5 4 3 2 1

图 7-17　DME 调谐频率字的 ARINC429 数据字编码格式

DME调谐频率字使用BCD编码方式，从图7－17中可以看出，编码时是直接将与DME配对的VOR/LOC频率进行编码，频率字传送给DME询问器后，在DME询问器中将频率字转换成对应的波道及工作频率信息。数据字的第13位至11位表示DME工作模式，具体的定义参见表7－2。只有在直接扫描模式工作时，数据位的14~17位才有意义，除此之外的模式下，14~17位的值被忽略。

表7－2 DME工作模式编码

数据位值			DME工作模式
13	12	11	
0	0	0	准备（自动等待）
0	0	1	直接扫描频率1
0	1	0	直接扫描频率2
0	1	1	直接扫描频率3
1	0	0	直接扫描频率4
1	0	1	直接扫描频率5
1	1	0	自由扫描
1	1	1	未使用

第14、15位用来表示与DME配对调谐的系统：当第15位、第14位的值为0,0时，表示VOR与DME配对调谐；为0,1时，ILS（LOC）与DME配对调谐；为1,0时，MLS与DME配对调谐；编码1,1未使用。

第16位表示在进行多通道工作时，飞机到某一个地面信标台的距离需要显示，此时该信标台直接扫描频率字中的第16位被设置为逻辑1，这使得该信标台BCD距离输出编码（参见下一小节内容）的SSM被设置为“正常”。

第17位表示在进行多通道工作时，某一个地面信标台的识别音需要输出，此时将该信标台的直接扫描频率字中的17位设置为逻辑1。

4. 距离输出

DME机载询问器经测距后得到的DME距离，分别通过两个ARINC429发射端口送给相应的系统使用。DME询问器使用BCD和BNR两种编码输出距离信息，通常来说，BCD编码的距离传送给驾驶舱EFIS仪表显示，BNR编码的距离传送给各种机载计算机使用。这两种编码的距离信息在两个ARINC429发射端口上按照分时方式分别输出，同时，每个距离信息输出的时候，还包含其对应地面信标台的频率字编码（LABEL为035）一起依次输出，当DME询问器工作在频率扫描模式时，可识别当前输出的DME距离所对应的信标台。其中，输出的数据总是每一个调谐频率字后面紧跟着相应信标台的DME距离信息。

DME询问器的其中一个ARINC429发射端口将DME距离信息传送到对应侧的FCC，另一个ARINC429发射端口将DME距离信息分别输出给如下系统/设备：

（1）FDAU，用于在DFDR中记录飞行数据；

（2）FMC，用于更新当前飞机位置的导航计算；

（3）DEU，用于在 PFD 及 ND 上显示 DME 距离。

DME 距离的输出采用 ARINC429 数据字的 BCD 及 BNR 两种编码方式，其中 BCD 编码使用 LABEL 为 201 的数据字，具体的数据字编码格式如图 7－18 所示。

功能	P（ODD）	SSM	100 n mile	10 n mile	1 n mile	0.1 n mile	0.01 n mile	SDI	LABEL（201）
位序	32	31 30	29 28 27	26 25 24 23	22 21 20 19	18 17 16 15	14 13 12 11	10 9	8 7 6 5 4 3 2 1

图 7－18 DME 距离的 ARINC429 数据字 BCD 编码格式

DME 距离的 ARINC429 数据字的 BNR 编码使用 LABEL 为 202 的数据字，其数据字的编码格式如图 7－19 所示。

功能	P	SSM	DATA	记忆	前台	SDI	LABEL（202）
位序	32	31 30 29	28 27 26 25 24 23 22 21 20 19 18 17 16 15 14 13	12	11	10 9	8 7 6 5 4 3 2 1
权（值）	X	X X X	512 n mile×1/2 ——→512 n mile×$1/2^{-16}$	X	X	X X	0 1 0 0 0 0 0 1

图 7－19 DME 距离的 ARINC429 数据字 BNR 编码格式

DME 距离 BNR 编码的 ARINC429 数据字中，有效数据位从 13 位开始到 28 位，其中 29 位为数据的符号位，符号位与有效数据位共同使用，以二进制补码形式表示数据，单位为海里（n mile）；13 位是数据位的最低有效位 LSB，其对应的权值为 512 n mile×$1/2^{-16}$；28 位是数据位的最高有效位 MSB，其对应的权值为 512 n mile×1/2；从 13～28 位依次按照二进制编码进行计算。数据字的第 11 位用于表示此时的 DME 询问器是否处于记忆状态（参见 7.2.2 节），如果该位为逻辑 1，则表示当前 DME 询问器处于记忆状态。数据字的第 12 位为逻辑 1 时，表示在频率扫描模式工作中，当前的距离是前台 DME 信标台对应的距离。

当 DME 询问器工作在准备（自动等待）模式或自由扫描模式时，DME 距离的 ARINC429 数据字编码中的符号状态矩阵（SSM）应设置为无计算数据（NCD）。

5. 显示

DME 距离既可以显示在驾驶舱的备用显示器上，如无线电距离磁指示器 RDMI（参见图 7－3），也可以通过 EFIS 的 PFD 及 ND 进行显示，这里主要介绍 EFIS 上的显示。要在 EFIS 上显示 DME 距离，首先需要在 EFIS 控制板上选择显示模式为 VOR 或 APP 方式，并将显示数据源（VOR/ADF 开关）选择为 VOR1 或 VOR2。

1）ND 上的 DME 距离显示

当 EFIS 模式选定为 VOR（中心或扩展）时，在 ND 的右上角将以白色字符显示当前导航设备相应的 DME 距离，同时如果选择的 VOR1 频率有效，在 ND 的左下角以绿色字符显示与 VOR1 配对的 DME 台的距离；如果选择的 VOR2 频率有效，在 ND 的右下角以绿色字符显示与 VOR2 配对的 DME 台的距离，如图 7－20 所示。

当选定的导航设备相应的 DME 距离为 NCD 时，显示变成白色短划线；如果设备故障

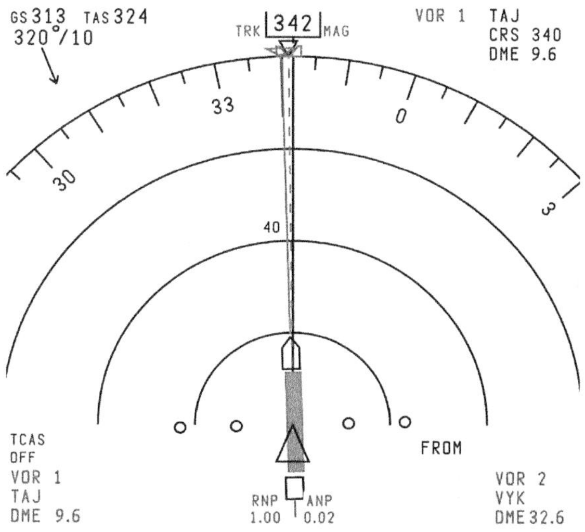

图 7－20　EFIS 模式为扩展 VOR 且两台 VOR 均有效时的 DME 距离显示

时，则显示变为琥珀色的故障旗。DME 的正常状态、NCD 状态和故障状态在 ND 上的显示分别如图 7－21(a)所示。

2）PFD 上的 DME 距离显示

PFD 上也可以显示 DME 距离，此时机长侧的 PFD 显示 DME1 的距离信息，副驾驶侧的 PFD 显示 DME2 的距离信息。PFD 上的距离显示也有正常状态、NCD 状态和故障状态，显示方式与 ND 上类似，分别如图 7－21(b)所示。

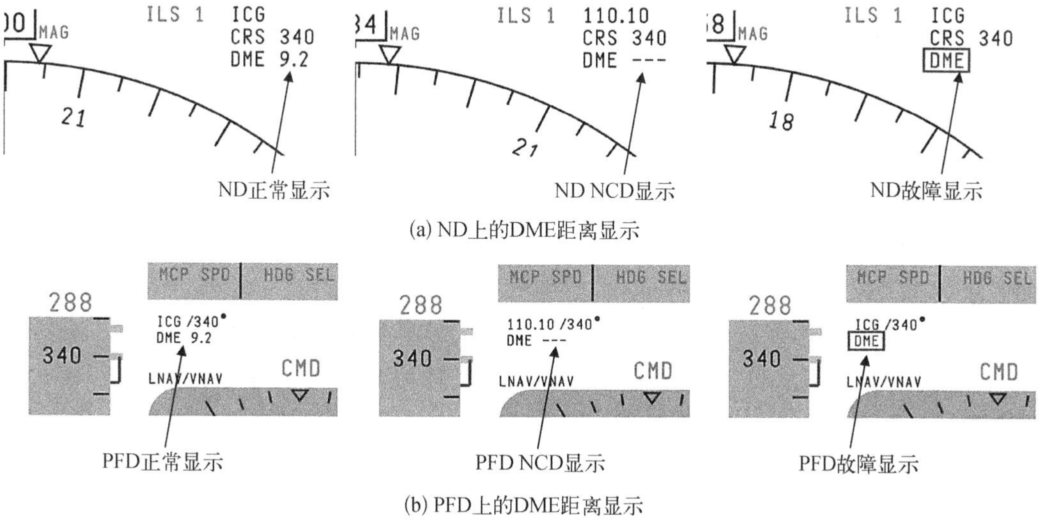

图 7－21　EFIS 上的 DME 距离显示

7.4.2　B737NG 飞机机载 DME 系统自测试

DME 询问器内部的 CPU 执行 BITE 功能，当 NAV 控制盒发来一个测试指令时，BITE

将启动 DME 的自测试。按压 DME 询问器前面板上的测试按钮时，也可以使 BITE 开始进行 DME 的自测试，同时使用前面板上的状态灯指示测试结果。

1. 通过 DME 询问器前面板进行自测试

DME 询问器的前面板如图 7－22 所示。按压前面板上的 TEST 按钮即可启动 DME 的自测试，测试结果会通过两个状态灯进行指示。这两个状态灯分为两种类型：LRU STATUS 灯既可以是绿色，也可以是红色；而 CONTROL FAIL 灯只有红色。

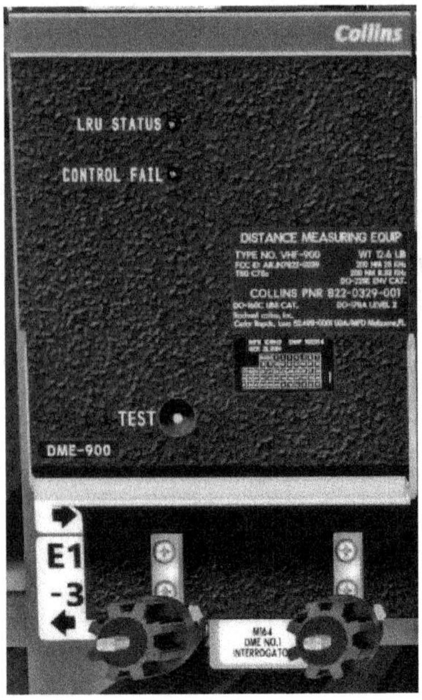

图 7－22 DME 询问器前面板

当按压 TEST 按钮启动自测试时，DME 会进行内部电路的 BITE，同时也会检查与 NAV 控制盒的接口，测试过程中两个状态灯将按如下顺序进行指示。

（1）首先，前面板上的 LRU STATUS 灯及 CONTROL FAIL 灯均亮起，且都是红色，持续 2 s。

（2）接下来，LRU STATUS 灯变成绿色，而 CONTROL FAIL 灯继续保持红色。

（3）紧接着，LRU STATUS 灯和 CONTROL FAIL 灯均熄灭，持续 2 s。

（4）最后，两个状态灯指示测试结果：① LRU STATUS 灯变红表示 LRU（DME 询问器）故障，否则 LRU STATUS 灯为绿色；② CONTROL FAIL 灯亮红色表示没有调谐数据输入或输入的调谐数据无效。

2. 通过 NAV 控制盒进行自测试

在驾驶舱内，按压 NAV 控制盒上的 TEST 按钮时，将会启动 VOR/MB 接收机、LOC 接收机或 DME 询问器的自测试。

在进行 DME 询问器自测试之前，需要首先进行如下操作：

（1）在 NAV 控制盒上输入一个有效的 VOR/LOC 工作频率，并将其设置为 ACTIVE 频率；

（2）在 EFIS 控制板上选择相应的显示模式，如果控制盒上选择的 ACTIVE 频率为 VOR 频率时，设置显示模式为 VOR 方式，ACTIVE 频率为 LOC 频率时，设置显示模式为 APP 方式；

（3）按压 NAV 控制盒上的 TEST 按钮启动自测试。

DME 询问器测试时，在驾驶舱的 ND/PFD 上会依次显示如下信息：

（1）无效/故障状态，此时出现 DME 故障旗，持续 2 s，如图 7－23（a）所示；

（2）NCD 状态，此时 DME 距离显示为短划线，持续 2 s，如图 7－23（b）所示；

（3）测试完毕，此时显示当前测到的 DME 距离，如果 DME 台不可用，如图 7－23（c）所示，则显示为 NCD。

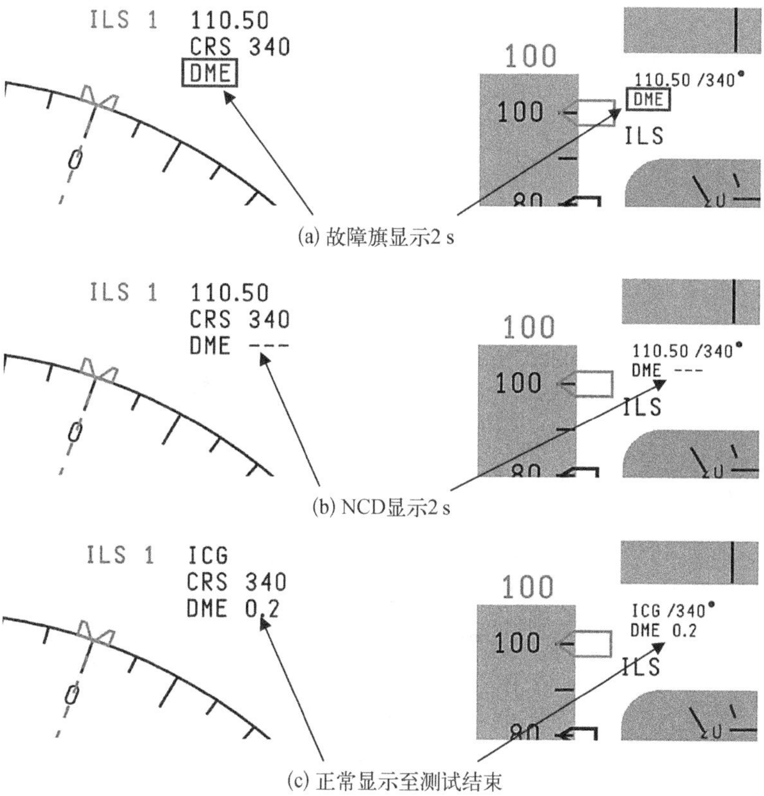

(a) 故障旗显示2 s

(b) NCD显示2 s

(c) 正常显示至测试结束

图 7－23　DME 询问器自测试时的显示

第8章 卫星导航系统

8.1 卫星导航系统概述

8.1.1 GPS

1973年,美国国防部组织海陆空三军,共同研究建立了新一代卫星导航系统——授时与测距导航系统(navigation satellite timing and ranging/global positioning system),通常简称为"全球定位系统"(GPS)。它是新一代精密卫星定位系统,是现代科学技术迅速发展的结晶。

GPS是一种可以定时和测距的空间交会定点导航系统,它可以向全球用户提供连续、实时、高精度的三维位置、三维速度和时间信息,满足军事部门和民用部门的需要。

GPS整个发展计划分为3个阶段实施。

(1) 第一阶段为原理方案可行性验证阶段。从1978年到1979年,共发射了4颗试验卫星,建立了地面跟踪网,研制了地面GPS接收机,对系统的硬件和软件进行了试验,试验结果令人满意。

(2) 第二阶段为系统的研制与试验阶段。从1979年到1984年,又陆续发射了7颗试验卫星。第一阶段和第二阶段共发射11颗试验卫星,这些试验卫星称为第一代卫星:Block Ⅰ。与此同时,研制了各种导航型接收机和测地型接收机。试验表明,GPS的定位精度大大超过设计标准,其中粗码(C/A码)的定位精度远远超过设计指标,高达20 m。由此证明,GPS计划是成功的。

(3) 第三阶段为最后的工程发展与完成阶段。1989年2月4日,发射了GPS第一颗工作卫星,到1994年3月10日共研制发射了28颗工作卫星,这些工作卫星称为Block Ⅱ和Block Ⅱ A卫星。与此同时,不仅研制了高精度导航型接收机,还研制了能对卫星载波信号进行相位测量的定位精度极高的接收机和采用相位差分的GPS载体姿态测量接收机,满足了精密导航与制导等一系列军事目的要求。

美国所设计和试验的新的第三代工作卫星改进系统(Block Ⅱ R)在20世纪末发射完毕,包括20颗Block Ⅱ R卫星,新系统的定位精度可达1 mm。

GPS从根本上解决了人类在地球及其周围空间的导航及定位问题,它不仅可以广泛地应用于海上、陆地和空中运动目标的导航、制导和定位,而且可以为空间飞行器进行精密定轨,满足军事部门的需要。同时,它在各种民用部门也获得了成功的应用,在大地测量、工程勘探、地形普查测量、地壳监测等众多领域展现了极其广阔的应用前景。

1. GPS 的组成

GPS 由 3 部分组成,即空间卫星星座部分、地面监控部分和用户设备部分(GPS 接收机)。

1) GPS 空间卫星星座部分

GPS 空间卫星星座,必须保证至少在地球各处能同时观测到高度角在 15°以上的 4 颗卫星。

GPS 全球定位系统的空间星座由 24 颗工作卫星构成(Block Ⅱ,其中 3 颗为备用卫星)。24 颗工作卫星部署在 6 个轨道平面中,每个轨道平面升交点的赤经相隔 60°,轨道平面相对地球赤道面的倾角为 55°,每根轨道上均匀分布 4 颗卫星,相邻轨道之间的卫星要彼此叉开 30°,以保证全球均匀覆盖的要求(图 8－1)。

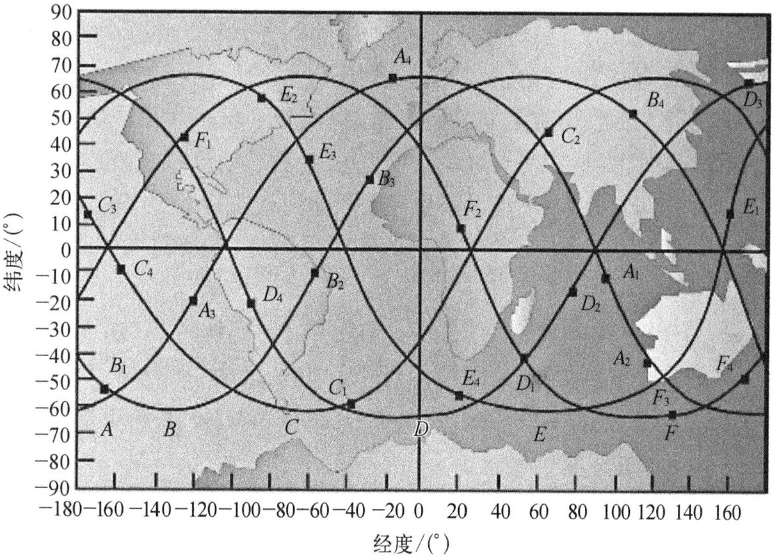

图 8－1　GPS 卫星星座布局

GPS 卫星轨道平均高度约为 20 200 km,运行周期为 11 h 58 min。因此,地球上同一地点的 GPS 接收机的上空,每天出现的 GPS 卫星分布图形相同,只是每天提前约 4 min。同时,位于地平线以上的卫星数目,随时间和地点的不同而相异,最少亦有 4 颗,最多时可达 11 颗。

3 颗在轨的备用工作卫星相间布置在 3 个轨道平面中,随时可以根据指令代替发生故障的其他卫星,以保证整个 GPS 空间星座正常而高效地工作。

GPS 卫星的主体呈柱形,采用铝蜂巢结构。星体两侧装有两块双叶向日定向太阳能帆板,给 3 组 15AH 镉镍蓄电池充电,以保证卫星正常工作用电。在星体底部装有多波束定向天线,它是一个由 12 个单元构成的成形波束螺旋天线阵,发射 L_1 和 L_2 波段的信号,其波束方向性图能覆盖约半个地球。同时,在星体两端面上装有全遥测遥控天线,用于与地面监控网通信。此外,卫星上还装有姿态控制系统和轨道控制系统,以保证卫星正常运行。

卫星上的核心设备是高精度铯原子钟(稳定度为 $10^{-13} \sim 10^{-14}$),具有抗辐射性能,它发射标准频率信号,为 GPS 定位提供高精度的时间标准。

GPS 卫星的主要功能是:向用户发送定位信息;提供高精度的时间标准;接收并存储地面监控站发来的导航信息;进行必要的数据处理;接收并执行监控站指令,调节卫星姿态和轨道修正,或启用备用卫星。

GPS 卫星采用多种编号识别系统,在导航定位中常采用伪随机噪声(pseudo random noise, PRN)声码编号。

2) GPS 地面监控部分

全球定位系统的地面监控部分由 3 部分组成:1 个主控站、3 个注入站和 5 个监测站,分布于地球的 5 个地点。

(1) 主控站。主控站位于美国科罗拉多斯普林斯附近的佛肯空军基地,它的任务是:采集数据、推算编制导航电文;给定全球定位系统时间基准;负责协调和管理所有地面监测站和注入站系统;调整卫星运动状态,启动备用卫星。

(2) 监测站。GPS 的地面监测站共有 5 个,它们分别位于太平洋的卡瓦加兰岛、印度洋的迪戈加西亚岛、南大西洋的阿松森岛、夏威夷和主控站所在地佛肯。

监测站装有双频 GPS 接收机和高精度铯原子钟,在主控站的直接控制下,自动对卫星进行持续不断的跟踪测量,并将自动采集的伪距观测量、气象数据和时间标准等进行处理,然后存储和传送到主控站。

(3) 注入站。GPS 的注入站共有 3 个,与前述的卡瓦加兰岛、迪戈加西亚岛和阿松森岛上的监控站并置。注入站将主控站传送来的卫星星历、钟差信息、导航电文和其他控制指令等注入卫星的存储器中,使卫星的广播信号获得更高的精度,满足用户的需要。

3) 用户设备部分

GPS 的空间星座部分和地面监控部分是用户应用该系统进行导航定位的基础,而用户只有使用 GPS 接收机才能实现其定位、导航的目的。用户的使用目的不同,因此设备有各种各样的型号。

GPS 的主要目的是为美国军方服务,美军使用的导航型 GPS 接收机可为其飞机、导弹、舰艇、战车及野外作战人员提供导航和定位服务。近年来出现了阵列式天线(如十字形、三角形或四方形)的 GPS 接收机,不仅能提供精确位置信息,还能确定运动载体的姿态角。星载接收机可以为低空侦察卫星定位,例如,法国的 Spot 卫星就是利用星载 GPS 接收机来确定遥感图像的精确位置的。

目前,国际上用于工程测量工作的 GPS 接收机亦有众多产品问世,已广泛地应用于交通、大地测量、勘探和地球物理等领域。

2. 美国对 GPS 用户的限制性政策

美国政府发展 GPS 定位技术的初衷是为美国的国防现代化服务,故为了保障美国的安全和自身的利益,它必然会采取限制措施,限制非经美国特许的用户利用 GPS 定位的高精度。一方面,在系统设计方面采取许多保密技术;另一方面,在系统运行中还采取其他方法，来限制 GPS 非特许用户获得高精度的测量。

1）两种服务

美国政府在 GPS 设计中，计划提供两种服务：一种为标准定位服务；另一种为精密定位服务。前者利用粗测距码（C/A 码）定位，其精度约为 100 m，其服务对象为民间普通用户；后者利用精测距码（P 码）定位，其精度可达到 10 m，其服务对象为美国军方或美国盟国及得到特许的民间用户。

2）实施选择可用性（selective availability, SA）政策

在 GPS 计划试验阶段，利用粗码（C/A 码）定位的精度远远高于设计精度，甚至可达到 14 m。于是，美国政府采取了 SA 政策，故意降低标准定位的定位精度，以防止未经特许的用户将 GPS 用于军事目的。

SA 政策是人为地将误差引入卫星时钟和卫星星历数据中，从而降低 C/A 码的定位精度。SA 政策是针对非特许用户的，对于能够利用精密定位服务的用户，则可利用密匙自动消除 SA 的影响。

美国政府已于 21 世纪初宣布，自 2000 年 5 月 1 日子夜开始，取消 SA 政策，使民用 C/A 码的定位精度大大提高。

3）精测距码加密措施

P 码的加密措施，也称为“反电子欺骗”（anti-spoofing, A-S）措施。在某些特殊情况下，如战时或泄密的情况下，如果有人事先知道了特许用户接收机所接收卫星的频率和相位，从而发射适当频率的干扰信号，这一欺骗电子信号可诱使特许用户接收机错锁信号，产生错误的定位导航信息。美国政府为了防止这种电子欺骗，采取了 A－S 措施，这是一种必要时对 P 码进一步加密的措施。

8.1.2 俄罗斯 GLONASS 系统

GLONASS 是目前由俄罗斯联邦国防部运营的卫星导航系统的缩写，GLONASS 这一名称取自 global navigation satellite system。该计划最初由苏联发起，目前由俄罗斯管理，先期的 3 颗试验卫星于 1982 年 10 月 12 日送入轨道。

GLONASS 计划总共 24 颗卫星（21 颗标准卫星和 3 颗备用卫星），但这个数字从未达到。2008 年初共有 14 颗卫星在轨运行，单个卫星只有相对较短的 3~4 年寿命，因而影响了系统的完整性。

GLONASS 的 3 个轨道面与赤道夹角为 64.8°（这是所有 GNSS 中角度最大的，能够在极区更好地接收信号）；轨道高度为 19 100 km，轨道周期为 11 h 15.8 min。

每颗 GLONASS 卫星以两个频率发送两种编码（C/A 码和 P 码）。每颗卫星发送同样的编码，但采用 1 602 MHz（L_1 波段）和 1 246 MHz（L_2 波段）附近的不同频率，这些频率可通过以下公式确定（k 为所考虑的卫星频道）。

在 L_1 波段的频率（MHz）：

$$f_1 = 1\,602 + k \times \left(\frac{9}{16}\right) \tag{8-1}$$

在 L_2 波段的频率(MHz)：

$$f_2 = 1\,246 + k \times \left(\frac{7}{16}\right) \tag{8-2}$$

完全部署 GLONASS 需要 24 颗工作卫星，俄罗斯计划让该系统全面运营。用“质子号”运载火箭定期将 3 颗 GLONASS－M 卫星发射入轨，M 系列的卫星寿命为 7~8 年，可发送 2 路民用信号。2009 年之后将发射 GLONASS－K 系列卫星，这些卫星的在轨工作时间可长达 10~12 年，可发送 3 路民用信号。GLONASS 所需的 24 颗卫星已经于 2011 年正式工作。

8.1.3 GALILEO 系统

GALILEO 是欧盟(European Union, EU)与欧洲空间局(European Space Agency, ESA)紧密合作研发的欧洲 GNSS。GALILEO 由 30 颗卫星组成(其中 3 颗为备用卫星)，这些卫星处在 3 个圆形轨道上，距地面的高度为 23 616 km，与赤道的夹角为 56°，由一个遍布全球的地面站网络对卫星提供支持。

根据不同服务，GALILEO 提供不同等级的精度，如果使用双频接收机，通过补偿电离层环境造成的信号行程时间误差可改善精度。通过使用当地测量数据，如差分全球定位系统(differential global position system, DGPS)，可将精度提高至厘米级。

服务不同，使用的频率、调制模式和数据传输率也有所不同，主要的调制模式为 BPSK 和 BOC。

8.1.4 我国的北斗卫星导航系统

北斗卫星导航系统(BDS)又称为 COMPASS，中文音译名称为 Beidou，是我国自行研制的全球卫星导航系统，也是继 GPS、GLONASS 之后第三个成熟的卫星导航系统。北斗卫星导航系统(BDS)和美国 GPS、俄罗斯 GLONASS、欧盟 GALILEO 是联合国卫星导航委员会已认定的供应商。

北斗卫星导航系统由空间段、地面段和用户段三部分组成，可在全球范围内全天候、全天时为各类用户提供高精度、高可靠定位、导航、授时服务，并且具备短报文通信能力，已经初步具备区域导航、定位和授时能力，定位精度为分米、厘米级别，测速精度为 0.2 m/s，授时精度为 10 ns。

1994 年，启动“北斗一号”系统工程建设；2000 年，发射 2 颗地球静止轨道卫星，建成系统并投入使用，采用有源定位体制，为我国用户提供定位、授时、广域差分和短报文通信服务；2003 年发射第 3 颗地球静止轨道卫星，进一步增强系统性能。

2004 年，启动“北斗二号”系统工程建设；2012 年年底，完成 14 颗卫星(5 颗地球静止轨道卫星、5 颗倾斜地球同步轨道卫星和 4 颗中圆地球轨道卫星)发射组网。“北斗二号”系统在兼容“北斗一号”系统技术体制的基础上，增加了无源定位体制，为亚太地区用户提供定位、测速、授时和短报文通信服务。

2009 年，启动“北斗三号”系统建设；2018 年年底，完成 19 颗卫星发射组网，完成基本系统建设,向全球提供服务;截至 2019 年 9 月,北斗卫星导航系统在轨卫星已达 39 颗。从 2017 年底开始,“北斗三号”系统建设进入了超高密度发射。北斗系统正式向全球提供 RNSS 服务,在轨卫星共 39 颗。2020 年 6 月 23 日 9 时 43 分,我国在西昌卫星发射中心用“长征三号乙”运载火箭,成功发射北斗系统第五十五颗导航卫星暨“北斗三号”最后一颗全球组网卫星,至此“北斗三号”全球卫星导航系统星座部署比原计划提前半年全面完成;2020 年 7 月 31 日上午 10 时 30 分,“北斗三号”全球卫星导航系统建成暨开通仪式在人民大会堂举行。“北斗三号”系统继承了北斗有源服务和无源服务两种技术体制,能够为全球用户提供基本导航(定位、测速、授时)、全球短报文通信、国际搜救服务,我国及周边地区用户还可享有区域短报文通信、星基增强、精密单点定位等服务。

8.2　GPS 的时空参考系统

GPS 的最基本任务是确定用户在空间的位置。所谓用户的位置,实际上是指该用户在特定坐标系中的位置坐标,位置是相对于参考坐标系而言的。为此,首先要设立适当的坐标系,坐标系统和时间系统是 GPS 的基本参考系统。

8.2.1　地球坐标系

1. 地球坐标系

地球表面的 GPS 接收机的位置是相对于地球而言的。例如,要描述飞机、舰船、地面车辆、大地测量观测站的(GPS 接收机)位置,需要采用固联于地球上随同地球转动的坐标系,即地球坐标系作为参照系。地球坐标系有两种几何表达形式,即地球直角坐标系和地球大地坐标系。

地球直角坐标系的定义是:原点 O 与地球质心重合,z 轴指向地球北极,x 轴指向地球赤道面与格林尼治子午圈的交点 E,y 轴在赤道平面里与 xOz 构成右手系统坐标系。地球大地坐标系的定义是:地球椭球的中心与地球质心 O 重合,椭球的短轴与地球自转轴重合。飞机所在 A 点的大地纬度为过该点的椭球法线与椭球赤道面的夹角 φ,经度为该点所在的椭球子午面与格林尼治平大地子午面之间的夹角 λ,A 点的高度 h 为 A 点沿椭球法线至椭球面的距离(图 8-2)。

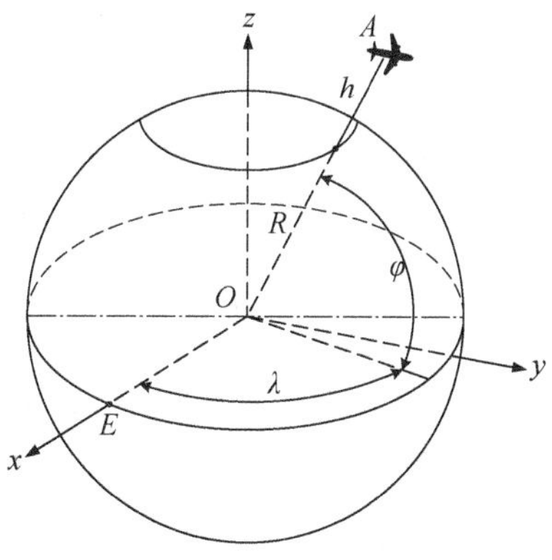

图 8-2　地球直角坐标系与地球大地坐标系

根据上述两地球坐标系的定义,地球表面任意一点 A 可以表达为 $(x\ y\ z)^{\mathrm{T}}$ 和 $(\varphi\ \lambda\ h)^{\mathrm{T}}$。它们是等价的,故可以互相换算,换算关系式为

$$\begin{cases} x = (n + h)\cos\varphi\cos\lambda \\ y = (n + h)\cos\varphi\sin\lambda \\ z = [n(1 - e^2) + h]\sin\varphi \end{cases} \tag{8-3}$$

式中,n 为椭球的卯酉圈曲率半径;e 为椭球的第一偏心率。

若椭球的长半径为 a,短半径为 b,则有

$$\begin{cases} e = \dfrac{\sqrt{a^2 - b^2}}{a} \\ n = \dfrac{a}{\omega} \\ \omega = (1 - e^2\sin^2\varphi)^{1/2} \end{cases} \tag{8-4}$$

由地球直角坐标换算成大地坐标系时,有

$$\begin{cases} \varphi = \arctan\left[\tan B\left(1 + \dfrac{ae^2}{z}\dfrac{\sin\varphi}{\omega}\right)\right] \\ \lambda = \arctan\left(\dfrac{y}{x}\right) \\ h = \dfrac{R\cos B}{\cos\varphi} - n \end{cases} \tag{8-5}$$

式中,

$$\begin{cases} R = (x^2 + y^2 + z^2)^{1/2} \\ B = \arctan\left(\dfrac{z}{\sqrt{x^2 + y^2}}\right) \end{cases} \tag{8-6}$$

2. 极移和协议地球坐标系

地球自转轴与地球球面的两个交点称为地极,地球直角坐标系的 z 轴指向北地极。如果北地极的位置在地球上是固定不变的,则地球直角坐标系和地球球体是真正固联的。

然而,实际上人们早就发现,由于地球内部存在着复杂的物质运动,地球并非刚体,北地极在地球表面上随着时间的变化是不断变化的,这种现象称为地极移动,简称极移。与观测瞬时相对应的自转轴所处的位置,称为该瞬时的地球极轴,相应的极点称为瞬时地极。瞬时地极相应的地球坐标系,被称为瞬时地球坐标系。瞬时地球坐标系并非与地球球体固联的坐标系,随着瞬时极的变化,瞬时地球坐标系在地球体中的指向也发生变化,这对于描述地球上某一点的位置是不方便的。

为此,需要在一系列瞬时地球坐标系中找到一个特殊地球坐标系,使其 z 轴指向某一固定的基准点,它随同地球自转,但坐标轴在地球球体中的指向不再随时间而变化。国际天文学联合会和国际大地测量学协会规定了这一地极基准点,即国际协议原点(conventional international origin, CIO)。它是采用国际上的 5 个纬度服务站,以 1900~1905 年的平均纬度所确定的平均地极位置。在实际应用中,至今仍普遍采用 CIO 作为协议地极(conventional terrestrial pole, CTP)。Z_{CTS} 轴指向 CIO,与之相应的地球赤道面称为平赤道面或协议赤道面。X_{CTS} 轴指向协议赤道面与格林尼治子午线的交点,Y_{CTS} 轴在协议赤道平面里,与 $X_{CTS}OZ_{CTS}$ 构成右手系统。该地球直角坐标系称为协议地球坐标系

(conventional terrestrial system, CTS),它是与地球固联的坐标系。

3. GPS卫星的参考系——WGS-84

在GPS中,GPS卫星的位置是作为已知参数,即卫星广播星历和精密星历向用户(GPS接收机)发送的。GPS卫星的位置(星历)的计算,目前采用的是世界大地坐标系(world geodetic system, WGS) WGS-84。

自从20世纪60年代以来,为建立全球统一的大地坐标系统,美国国防部制图局(Defence Mapping Agency, DMA)就曾建立了WGS-60,随后,又提出了改进的WGS-66和WGS-72。在GPS试验阶段,卫星瞬时位置的计算,采用的是WGS-72;目前,GPS的卫星星历使用的是WGS-84。

WGS-84是一个地固坐标系,它的3个坐标轴指向与国际时间局(Bureau International de I'Heure, BIH)于1984年定义的地球参考系(BTS-84)完全一致,只是WGS-84的坐标原点相对BTS-84的坐标原点略有偏离。在几何意义上,可以将WGS-84看成BTS-84的平移坐标系。实际上,WGS-84为了与BTS-84完全一致,通过海军导航卫星系统(navy navigation satellite system, NNSS)在坐标原点、尺度因子、经度零点等定义上作了一系列改进。因此,WGS-84也可看作BTS-84,即将WGS-84看成CTS的一个实现,它是目前最高精度水平的全球大地测量参考系统。WGS-84定义了一个平均地球椭球、一个地球重力模型及与其他大地参考系之间的变换参数。WGS-84椭球是一个定位在地心的旋转等位椭球,该椭球的中心和坐标轴指向是与WGS-84三维直角坐标系相一致的。因此,参照于WGS-84椭球的任何地面点的大地经、纬度(λ、φ)和大地高度(h)与三维直角坐标表达式$(x\ y\ z)^{\mathrm{T}}$是可以互相转换的。

8.2.2 GPS的时间参考系统

在GPS技术中,要研究分析人造天体GPS卫星、GPS接收机的运动规律和位置,有关研究对象的运动描述,不仅需要空间参照系(坐标系),而且需要时间参照系(时间基准)作为重要的基准来精确刻画研究对象的运动状态(位置、速度、姿态等)。

关于时间的描述,必须建立一个时间的测量基准,它是时间的参考系统,包括时间原点(起始历元)和时间单位(尺度),其中时间的尺度是关键,而原点可以根据实际应用加以选定。一般说来,时间参考系统的物理实现必须具有可观测的周期运动,这种周期运动应具备连续性、稳定性和复现性(即在不同时间、地点,均可通过实验和观测,复现周期运动)。

在实践中,由于所选择的上述周期运动现象不同,便产生了不同的时间系统。

1. 恒星时、平太阳时、世界时

人类很早就发现地球的自转运动是一种连续的、比较稳定的周期运动,因此科学家最先建立的时间系统,就是以地球自转运动为基础的世界时系统。观察地球的周期性转动,必须选定空间的一个静止参考点。世界时系统中,由于参考点的不同,又有恒星时、平太阳时和世界时的区别。

1) 恒星时

天球黄道与天球赤道的交点——春分点,理论上它在天球上是一个静止参考点。地球自转时,观测点所在的当地子午圈相对于春分点做周期性转动。用此周期性运动——春分点的周日视运动所确定的时间,称为恒星时。

恒星时的原点定义为春分点通过本地子午圈的瞬时,恒星时在数值上等于春分点相对于本地子午圈的时角。春分点连续两次经过本地子午圈的时间间隔称为一个恒星日,含 24 个恒星小时。

对于同一瞬时来讲,地球上不同观测站所处的子午圈不同,故各测站的春分点时角不同,即各测站的恒星时不同。因此,恒星时具有地方值的特点,有时也称为地方恒星时。

2) 平太阳时

自古以来,人类就知道,太阳每天东升西降,日复一日,这种周期运动可否用来定义一种时间系统呢? 实际上,根据相对运动定理,观察者看到的太阳在天球上的周而复始的东升西降运动称为视运动,它是地球的自转和绕太阳的公转之合成运动的结果。其中,地球的公转轨道为椭圆,根据天体运动的开普勒定律可知,太阳的视运动的速度是不均匀的,如果以真太阳作为观察地球自转运动的参考点,那将不符合建立时间系统的基本要求。因此,假设一个参考点,它在天球上的视运动速度,等于真太阳在天球上的视运动的平均速度,这个假设的参考点在天文学中被称作平太阳。平太阳的周日视运动所确定的时间称为平太阳时。

平太阳时的原点定义为平太阳通过观察者所在子午圈的瞬时,平太阳连续两次经过本地子午圈的时间间隔为一个平太阳日,一个平太阳日含有 24 个平太阳时。与恒星时一样,平太阳时也具有地方性,称作地方平太阳时,简称地方平时。

3) 世界时

由于平太阳时的地方性,地球上不同经度圈上的平太阳时各不相同。地球上零经度子午圈(格林尼治子午圈)所对应的平太阳时且以平子夜为零时起算的时间系统,称为世界时(universal time, UT)。

若以格林尼治平均恒星时(Greenwich mean sidereal time, GMST)代表平太阳相对于格林尼治子午圈的时角,按天文学中的定义,世界时与平太阳时之间的关系为 UT = GMST+12(h),世界时与平太阳时的尺度一致,只是零起算点不同(相差 12 h)。

2. 原子时

随着现代科学技术的突飞猛进,对于时间准确度和稳定度的要求不断提高,以地球自转为基础的世界时系统,已难以满足各种高精度应用的要求。因此,从 1967 年以后,计时标准转向原子时(atomic time, AT),原子时具有比世界时更高的精度,而且随时可以直接获得。

现代物理学发现,物质内部原子的跃迁所辐射或吸收的电磁波频率,具有极高的稳定性和复现性。因此,根据这一物理想象所建立的原子时,便成为当代最理想的时间系统。

1967 年,定义了原子时的尺度标准:国际单位制(international system of units, SI)秒。原子时秒长的定义如下:位于海平面上的铯 133 原子基态的两个超精细能级,在零磁场中跃迁辐射振荡 9 192 631 770 周所持续的时间,为一原子时秒。

原子时的出现,在全球各国获得迅速的应用,但不同地方的原子时之间存在着差异。为此,国际时间局对世界上精选出的 100 座原子钟进行相互比对,经数据处理推算出统一的原子时系统,称为国际原子时(intenational atomic time, IAT)。

原子时是通过原子钟来守时和授时的,该原子钟的准确度和稳定度取决于其中的核心部件——振荡器,不同类型原子振荡器的原子时精度不同。在全球定位系统中,采用原子时作为高精度的时间基准,它被应用于系统的各部分。

3. 协调世界时

原子钟发布的原子时,尺度更加均匀稳定,但它并不能完全取代世界时,原因是在地球科学的种种研究中,都涉及地球的瞬时位置,这些都离不开以地球自转为基础的世界时。

原子时的秒长比世界时的秒长略短,这就使原子时比世界时每年约快 1 s(多出 1 s)。两者之差逐年积累。为了避免发播的原子时与世界时之间产生过大的偏差,同时,又要使两种时间系统同时并存,就有必要建立一种兼有两种时间系统各自优点的新的时间。这就是从 1972 年起所采用的协调世界时(coordinated universal time, UTC),简称协调时。

UTC 的秒长,严格等于原子时的秒长,采用闰秒(或称跳秒)的办法使协调时与世界时的时刻相接近,当协调时与世界时的时刻差超过±0.9 s 时,便在协调时中引入一闰秒(或正或负),闰秒一般在 12 月 31 日或 6 月 30 日的最后一秒加入。具体日期由国际时间局安排并通告。

4. GPS 时间系统

为了满足精密定位与导航的需要,在系统设计与试验之初,GPS 就建立了自己专用的时间系统,该系统简写为 GPST,它由 GPS 主控站的高精度原子钟守时与授时。

GPST 属于原子时系统,它的秒长即为原子时秒长,GPST 的原点与国际原子时 IAT 相差 19 s,有如下关系式:IAT − GPST = 19(s)。

8.3 GPS 卫星导航技术

8.3.1 GPS 卫星播发的信号

GPS 是一种无线电导航定位系统,用户使用 GPS 接收机接收到 GPS 卫星播放的信号,经过相关处理就能测定由卫星到接收机的信号传播时间延迟(传播时间 Δt),或测定卫星载波信号相位在传播路径上变化的周数,解算出由接收机到卫星之间的距离(因含误差而被称为伪距 ρ),从而确定 GPS 接收机的位置和时间改正数。

GPS 卫星播发的信号包含有 3 种成分:即数据码(或称 D 码,亦称基带信号)、测距码(C/A 码、P 码或 Y 码)和载波信号(L_1 和 L_2)。数据码(D 码)中包含有多种与导航有关的信息,包括卫星的星历、卫星钟钟差改正参数、测距时间标志及大气折射改正参数,以及由 C/A 码捕获 P 码等其他导航信息。这些信息为 GPS 导航定位提供数据基础,又称为导航电文。

GPS 卫星信号采用组合码调制技术,即将编码脉冲(即导航电文或称基带信号)先调制到伪随机码,即经过伪随机码扩频成为组合码,再对 L 波段的载波进行双相调制[或称为二进制相移键控(binary phase shift keying, BPSK)],然后由 GPS 卫星天线发射出去。使用两个载波频率发射是为了对大气层效应产生的附加延时进行双频校正。

1. 码的基本概念

在现代数字通信中，常采用二进制数（即“0”和“1”）及其组合来表示各种信息。由二进制数“0”或“1”排列组合起来构成二进制数序列，从而使得结构不同的二进制数序列表达不同的信息。二进制数（“0”或“1”）组合构成的数码序列称为码。在组合序列（码）中，一位二进制数称为一个码元或一比特，它是码的基本度量单位。将某种信息（如声音、图像、文字等）通过量化，并按某种规定的标准，表示成二进制数的组合序列这一过程称为编码。

在二进制数字化信息的传输过程中，每秒钟传输的码元数（或比特数）称为数码率（或比特率），它是数字通信中信息传输速率的度量单位，其单位为：bit/s（或记为 BPS）。二进制数字码与编码脉冲序列是对应的，因此二进制数码的传输速率单位又可用脉冲频率赫兹（Hz）来表示。

2. 随机码

假设一组码序列 $u(t)$，对于任一时刻 t，码元取值为 1 或 0 完全是随机的，两种状态的概率都为 1/2。这种码元取值完全无规律的码序列，称为随机码序列（或称作随机噪声序列）。

二进制随机码序列的特点如下。

（1）随机码为非周期性码序列，不存在任何编码规则，因此不能被复制。

（2）随机码序列中“0”和“1”出现的概率均为 1/2。

（3）随机码序列的自相关函数被定义为：将随机序列 $u(t)$ 平移 τ 个码元，得到一个新的随机序列 $u(t-\tau)$，将序列 $u(t)$ 和其移位序列 $u(t-\tau)$ 模 2 相加，又得到一个随机序列。在此新的二进制数序列中：$R(\tau)=\dfrac{A-D}{A+D}$，式中 A 和 D 分别代表“0”的个数和“1”的个数。

模 2 相加为 0 时说明两码元相同；模 2 相加和为 1 时，说明两码元相异，或：

$$R(\tau)=\frac{1}{T}\int_{T\to\infty} u(t)u(t-\tau)\mathrm{d}t \tag{8-7}$$

表达式 $R(\tau)$ 即为随机序列 $u(t)$ 的自相关函数。

由于 τ 为序列与移位序列之间的位移，对于二进制随机序列有

$$\begin{cases}当\ \tau=0\ 时, & R(\tau)=1\\ 当\ |\tau|>t_0\ 时, & R(\tau)=0, t_0\ 是码元宽度\\ 当\ -t_0<\tau<t_0\ 时, & R(\tau)\ 与\ \tau\ 成线性变化关系\end{cases} \tag{8-8}$$

码元宽度 t_0 很小时，自相关函数接近于 δ 函数。显然，当平移的码元数 $\tau=0$ 时，即两个随机序列没有相对位移，上下码元相互对齐，于是有 $D=0$，因此自相关函数 $R(\tau)=1$；当 $\tau\neq0$ 时，由于码序列的随机性，若序列中的码元数目充分大时，便有 $A\approx D$，自相关函数 $R(\tau)\approx0$。由此可以看出，根据自相关函数的取值，便可以判断两个随机码序列的相应码元是否已经相互对齐。

如果 GPS 卫星发射的是一个随机序列 $u(t)$，而地面观察站的 GPS 接收机亦同时复制出结构与 $u(t)$ 完全相同的随机序列码 $\tilde{u}(t)$，则由于受 GPS 卫星到地面 GPS 接收机的路径信号传播时间延迟的影响，被接收的 $u(t)$ 和复制的 $\tilde{u}(t)$ 之间产生了平移，即在被接收的某一时刻，它们的码元已经相错开 τ 位。如果通过一个时间延迟器来对 $\tilde{u}(t)$ 进行移动，使其与 $u(t)$ 的码元互相完全对齐，此时 $R(\tau)=1$，于是可以从时间延迟器中测出对齐所用的时间，即测出卫星信号达到 GPS 接收机的传播时间，从而可以较准确地确定由卫星到接收机的距离。由此可知，随机码序列的良好的自相关特性，对于利用 GPS 卫星的测距码进行精密测距是非常重要的。

3. *伪随机码*

由于随机码序列没有周期性，这种序列无法复制，所以实际上无法采用。在数字通信中，常采用具有随机序列良好的相关特性的有周期性的序列，这种序列称为伪随机序列。由二进制码元“0”和“1”组成的伪随机序列亦称为二进制伪随机码，简称伪码，也称伪随机噪声(pseudo random noise, PRN)。

实际应用中，伪随机码是由所谓“多级反馈移位寄存器”的装置产生的。图 8－3 是一个 4 级反馈移位寄存器的示意图，其中包括 4 级移位寄存器、模 2 相加反馈电路及脉冲发生器。

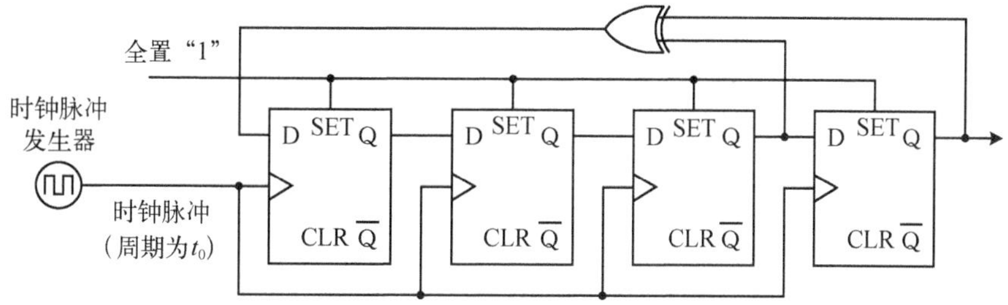

图 8－3　4 级移位寄存器示意图

4 级移位寄存器的反馈回路有多种接法，在不同的反馈回路下，其第 4 级的输出序列周期不同。通常，将多级移位寄存器产生周期最长的二进制码序列，称作 m 序列。

图 8－3 所示的反馈方法的移位寄存器，其任一级寄存器单元的输出都是 m 序列，其一个码元的宽度等于钟脉冲的周期 t_0，4 级移位寄存器的 m 序列的周期为 $15t_0$。比较各级寄存单元的输出 m 序列，可以发现，这些序列的结构相同，只是相互移动了一个码元，这 4 个 m 序列互称为等价平移系列。

对于 r 级移位器寄存器，若采取不同的反馈连接方式，将产生不同结构的 m 序列，m 序列的周期相同，为 $T=Nt_0=(2^r-1)t_0$。

m 序列具有如下特性：

(1) r 级移位寄存器产生的 m 序列的伪随机码，码元宽度等于钟脉冲周期 t_0，m 序列的周期为 $T=Nt_0=(2^r-1)t_0$；

(2) m 序列的一周期中，码元“1”的个数比“0”的个数多 1 个；

(3) 两个平移 m 序列模 2 相加，得到结构不变的另一个等价平移 m 序列；

(4) m 序列的自相关函数为

$$
\begin{cases}
R(\tau)=1, & \tau=nNt_0(n=0,1,2,\cdots;N=2^r-1)\\
R(\tau)=-\dfrac{1}{N}, & \tau=nt_0(n\text{ 不为零和 }N\text{ 的整数倍时})\\
-\dfrac{1}{N}<R(\tau)<1, & R(\tau)\text{ 与 }\tau\text{ 呈线性关系},-t_0+nNt_0<\tau<t_0+nNt_0(n=0,1,2,\cdots)
\end{cases}
\tag{8-9}
$$

因此,伪随机码(m 序列)自相关函数具有周期性,而随机码自相关函数没有周期性。同时,只有当位移 τ 为 0 或 τ 等于序列码元总宽度的倍数时,自相关函数才为 1。这说明两个结构相同的 m 序列,仅当相应码元完全对齐时,自相关函数才为 1,这种变化是有周期性的。伪随机码的这一重要特性,可以用于捕获和识别 GPS 发射信号中的伪随机噪声码,如前面分析随机噪声码时所述,由时间延迟器来测出卫星信号到达用户接收机的传播时间,从而测出伪距。

8.3.2 伪码扩频和相关接收

1. *伪码扩频*

在 GPS 卫星播发的信号中,导航电文(或称数据码)是一组不归零二进制编码脉冲 $D(t)$,称为基带信号。二进制码元宽度 $T=20$ ms,因此基带信号的带宽 $\Delta F=1/T=50$ Hz(码率=50 bit/s)。设伪随机码为 m 序列 $P(t)$,码率为 $f_p=10.23$ MHz,相应的码元宽度 $t_0=0.1$ μs,将 $D(t)$ 调制到 $P(t)$ 上,即将两者模 2 相加或波形相乘。乘积码为 $D(t)\cdot P(t)$,其带宽为 10.23 MHz,基带信号 $D(t)$ 的频带从 50 Hz 被扩展到 10.23 MHz,称为伪随机码扩频,简称伪码扩频。

利用伪随机码优良的相关特性和可复制性,对 GPS 卫星发射的扩频信号 $D(t)\cdot P(t)$ 进行相关接收,可大大改善相关接收电路输出端(低通滤波器 ΔF 之后)的信噪比。

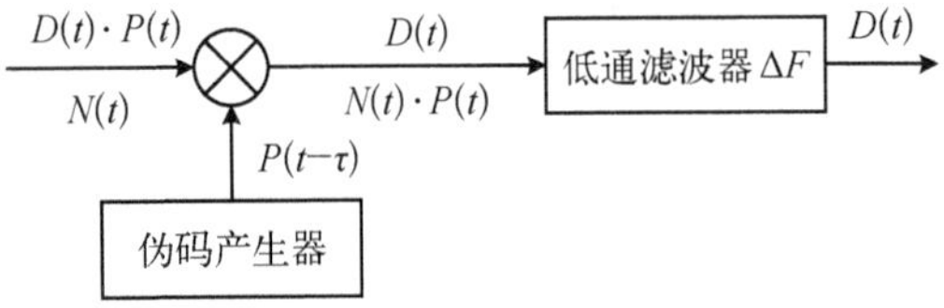

图 8-4 相关接收电路简图

图 8-4 为相关接收电路简图。电路输入端除了有来自卫星发射的扩频信号 $D(t)\cdot P(t)$ 之外,还有干扰噪声 $N(t)$。当接收信号 $D(t)\cdot P(t)$ 与本地伪码发生器复制的伪随机码信号 $P(t-\tau)$ 在乘法器中相乘时,经过移相器使本地伪码与卫星信号中 $P(t)$ 对齐,此时位移量 $\tau=0$,乘法器输出为 $D(t)\cdot P(t)\cdot P(t-\tau)=D(t)$[因为 $\tau=0$, $P(t)\cdot P(t)=1$]。然后经过带宽为 $\Delta F=50$ Hz 的低通滤波器,就可以将基带信号 $D(t)$ 滤出。在相关接收过程中,扩频信号 $D(t)\cdot P(t)$ 被恢复为原来的基带信号 $D(t)$,称为解扩。

对于干扰噪声 $N(t)$,当它与本地伪码相乘时,得 $N(t)\cdot P(t)$,这一乘积码的频带被扩展到 $\Delta f=10.23$ MHz。干扰噪声的能量将分布于频带展宽的 Δf 中,经过带宽为 ΔF 的滤波器滤波，在低通滤波器的输出端，干扰噪声能量仅为低通滤波器输入干扰噪声能量的 $\Delta F/\Delta f$ 倍。因此，利用扩频技术和相关接收技术可以大大提高 GPS 信号的抗干扰能力，保证信号接收的可靠性和精度。

2. *伪码测距*

在 GPS 全球定位系统中，地面的 GPS 接收机将 GPS 卫星作为观测对象，接收卫星发射的信号，经过处理，测得卫星信号由卫星到达地面接收机的传播延时，从而获得 GPS 卫星到地面用户的距离。在计算卫星发射信号由卫星到用户的传播延时时，主要利用了卫星发射信号中的伪随机码和地面 GPS 接收机中复制的跟踪伪码的相关接收技术，故称为伪码测距。

图 8-5 为伪码测距原理框图。伪码测距的基本原理是：利用一伪码延时锁相环路，使本地复制的跟踪伪码和接收到的伪码在码元上对齐，也即是在时间上对准，再将跟踪伪码与本地的基准伪码进行比对，得到时间差。假如驱动本地伪码的用户 GPS 接收机时钟（简称站钟）和卫星中产生伪码的时钟（简称星钟）完全同步，则测得的时差即为电波自卫星到用户的传播延时，相应于获得卫星与用户之间的真实距离。若星钟与站钟不同步，则测得的距离中含有时间误差导致的不精确成分，此时的距离称为伪距。

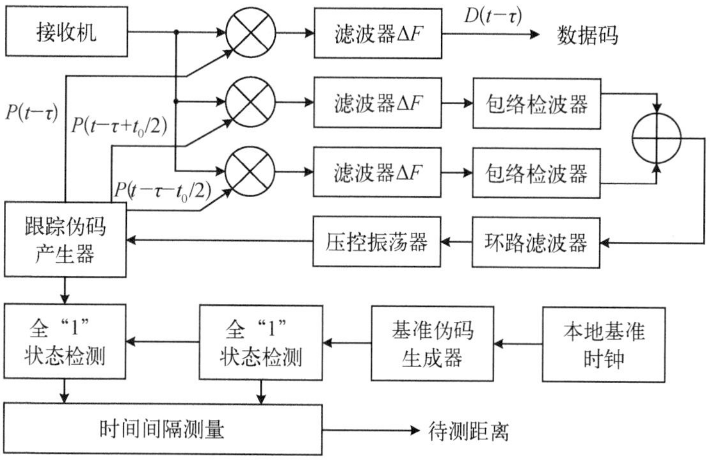

图 8-5　伪码测距原理框图

图 8-5 中，本地跟踪伪码和基准伪码均为卫星发射伪码的复制码，他们为结构完全相同的序列。在某一时刻跟踪伪码发生器的各级移位寄存器中，其码元全部为“1”；同样，在另一时刻基准伪码发生器的各级移位寄存器中，亦有全部码元为“1”的状态。由全“1”状态检出器检出全“1”状态的时刻作为伪码的时间标记点。当本地跟踪伪码通过鉴相器和压控振荡器完成了对接收伪码的跟踪（即时间上的对准），则本地跟踪伪码可以被看成卫星发射的伪码。将跟踪伪码和基准伪码的全“1”状态起点进行比较，就可以测得传播延时。

另外，也可以通过比较调制在伪码上的时间标记来测量传播延时。在 GPS 中，正是通过测定调制在伪码上的各子帧的同步头起点来取得传播延时数据。由于子帧周期为

6 s(参阅导航电文格式),相应的传播距离为 18×10^5 km,故不存在测距模糊度问题。

3. 码分多址

GPS 有 24 颗工作卫星运行在空间轨道上,世界各地用户可同时看到 4~11 颗卫星。所有的卫星都使用两个载频(f_1 = 1 575.42 MHz,f_2 = 1 227.6 MHz)发射信号,因此,无法像电视台、广播电台那样,利用不同的频道接收所需要的信号,每颗卫星任何时刻都在不停地播发导航信号,故使得用户也不可能用时分的办法来选择需要的卫星进行观测。这就是说,必须采取必要措施区分开不同卫星所发射的信号。GPS 中采取的是码分多址技术。

所谓码分多址,就是针对不同的 GPS 卫星,预先指定使用不同结构的伪随机码。当接收某颗卫星信号时,用户只要在接收机内产生与该卫星的伪码结构相同的本地跟踪码,并使本地跟踪码移位,直到与卫星伪码对齐,即相关函数为“1”。此时,对于其他卫星的伪码,由于与跟踪码结构不同,故相关函数值很小。设 P_S 为要接收的卫星信号功率,P_j 为其他卫星信号功率,接收机输出的“信号/干扰”功率之比为

$$\left(\frac{\text{接收卫星信号功率}}{\text{其他卫星信号干扰功率}}\right)_{\text{出}}=\frac{P_S\Delta f}{P_j\Delta F}=k\frac{P_S}{P_j} \tag{8-10}$$

当 Δf = 10.23 MHz,ΔF = 50 Hz 时,$k=2\times10^5$;当 Δf = 1.023 MHz 时,$k=2\times10^4$。据此,可以将所需要的 GPS 卫星信号捕获并一直跟踪接收。

8.3.3 C/A 码与 P 码

GPS 卫星采用两种测距码,即 C/A(coarse/acquisition)码和 P 码(Y 码),它们均属于伪随机码。

1. C/A 码

C/A 码用于分址、搜捕卫星信号和粗测距。C/A 码是具有一定抗干扰能力的明码,提供给民用。C/A 码是由两个 10 级反馈移位寄存器相结合而产生的,其产生的原理示意图,参见图 8-6。

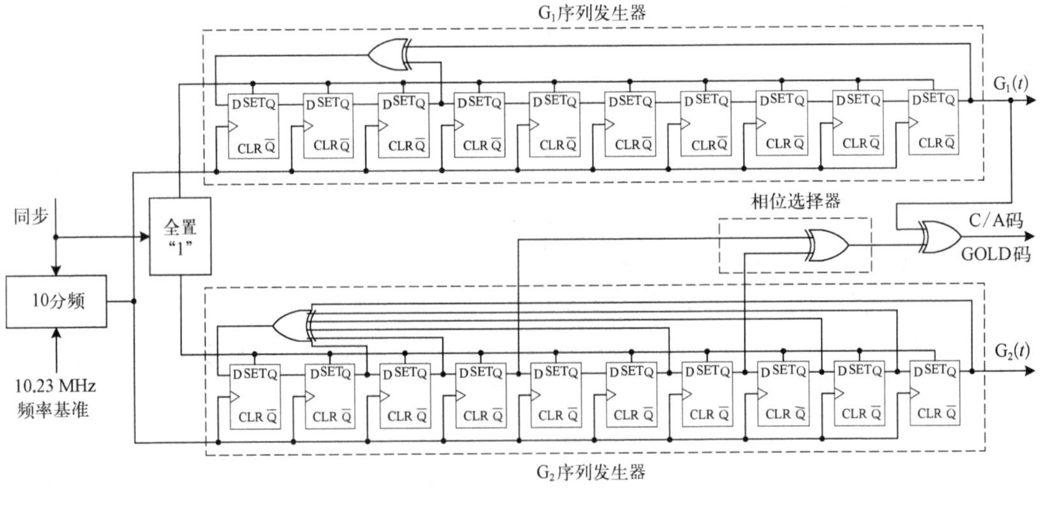

图 8-6　C/A 码产生原理图

C/A 码产生器中两个 10 级反馈移位寄存器,于每星期六子夜零时,在置"1"脉冲作用下全处于"1"状态。在 1.023 MHz 时钟脉冲的驱动下,两个移位寄存器分别产生码长为 $N=2^{10}-1=1\ 023$,周期为 $Nt_0=1$ ms 的 m 序列 $G_1(t)$ 和 $G_2(t)$。

必须指出,这时第二个移位寄存器的输出,不是在该移位寄存器的最后一个存储单元,而是选择该移位寄存器中某两个存储单元的输出进行模 2 相加后再输出,由此可以得到一个与 $G_2(t)$ 平移等价的 m 序列 G_{2i};再将其与 $G_1(t)$ 进行模 2 相加,便可产生结构不同的 C/A 码,亦称为 Gold 码。由于 $G_2(t)$ 的码元共有 1 023 位,故 $G_2(t)$ 可能有 1 023 种平移等价序列,所以 1 023 种平移等价序列与 $G_1(t)$ 模 2 相加后,可能产生 1 023 种 m 序列,这些不同结构的伪随机码,称为一族或一组 C/A 码。

1 023 个不同结构的 C/A 码,足够 24 颗卫星分址使用,这组 C/A 码的码长、周期和数码率均相同。即:码长 $N=2^{10}-1=1\ 023$ bit;码元宽度 $t_0=1/f\approx 0.977\ 52$ μs(相应距离约为 293.1 m);周期 $T=Nt_0=1$ ms;数码率为 1.023 Mbit/s。

由于 C/A 码的码长很短,只有 1 023 bit,易于捕获。在 GPS 定位中,为了捕获 C/A 码,以测定卫星信号的传播延时,通常需要对 C/A 码逐个进行搜索。若以每秒 50 个码元的速度搜索,对于只有 1 023 个码元的 C/A 码,搜索时间只要 20.5 s。通过 C/A 码捕获卫星后,即可获得导航电文,通过导航电文提供的信息,便可以很容易地捕获 GPS 的 P 码。因此,C/A 码通常也称为捕获码。

C/A 码的码元宽度较大,假设两个序列的码元对齐误差为码元宽度的 1/100~1/10,则利用 C/A 码测距,测距误差为 2.93~29.3 m,由于精度较低,故 C/A 码也称为粗码。

2. P 码

P 码是由两组各有两个 12 级反馈移位寄存器结合产生的。其电路结构复杂,细节保密,故只能获得一般了解。产生 P 码的原理框图如图 8-7 所示。

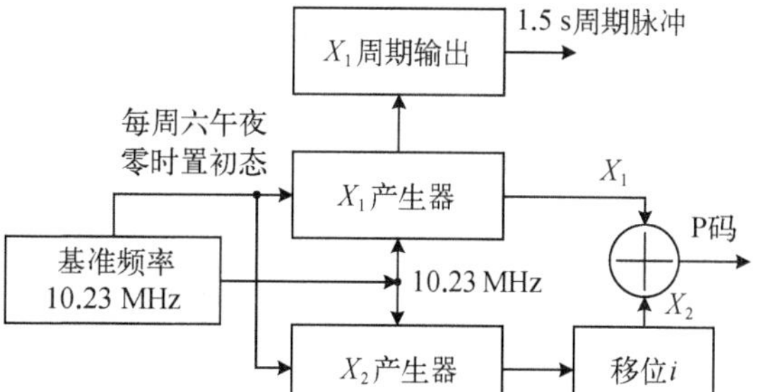

图 8-7　产生 P 码的原理框图

12 级反馈移位寄存器产生的 m 序列的码元总数为:$2^{12}-1=4\ 095$,采用截短法将两个 12 级 m 序列截短为一周期中码元数互为素数的截短码,例如 X_{1a} 码元数为 4092,X_{1b} 码元数为 4093。再将 X_{1a} 和 X_{1b} 通过模 2 相加或波形相乘,得到周期为 4 092×4 093 的长周期码。再对乘积码截短,截出周期为 1.5 s、码元数 $N_1=15.345\times10^6$ 的 X_1。同样的方法,在另外一组中,两个 12 级反馈移位寄存器产生 X_2,只是 X_2 码比 X_1 码周期略长一些:$N_2=15.345\times10^6+37$(bit)。N_1 和 N_2 乘积码的码元数 N 为 $N=N_1\times N_2=23\ 546\ 592\ 765\ 000$(bit),相应周期为 $T=N/(10.23\times10^6\times86\ 400)=266.4(day)\approx38$(week)。

乘积码 $X_1(t)\times X_2(t+i\times t_0)$,$t_0$ 为码元宽度,i 可取 0, 1, 2, …, 36 共 37 种数值,所以可以得到 37 种乘积码。截取乘积码中周期为一星期的一段,可得到 37 种结构相异、周期相同(均为一周)的 P 码。对于 GPS 的 24 颗卫星来讲,每颗卫星可以采用 37 种 P 码中的一种,则每颗卫星所使用的 P 码均互不相同,实现了码分多址。在这 37 种 P 码中,32 个供 GPS 卫星使用,5 个供地面站使用。每星期六午夜零点将 X_1 和 X_2 置初态"1",此后经过一周(6 187 104×10^6 码元)再回到初态。由于 P 码序列长,若仍采用搜索 C/A 码的办法对每个码元逐个依次搜索,当搜索速度为 50 码元/秒时,则约需 14×10^5 天,这是不实际的。因此,一般都是先捕获 C/A 码,然后根据导航电文中给出的有关信息捕获 P 码。

另外,由于 P 码的码元宽度仅为 C/A 码的 1/10,这时若取码元的对齐精度仍为码元宽度的 1/100~1/10,则由此引起的测距误差为 0. 29~2. 93 m,精度比 C/A 码提高 10 倍,所以 P 码可用于较精密的定位,通常也称为精码(precise code)。

由于 P 码周期长(7 天)、码率高(10. 23 MHz)、码类多,因此,它是用作精测距、抗干扰及保密的军用码。根据美国国防部规定,P 码是专为军用的。目前,只有极少数高档次测地型接收机才能接收 P 码,且价格昂贵,民间用户极少问津。即使如此,美国国防部又宣布对 P 码实施 AS 政策,即在 P 码上增加一个极度保密的 W 码,形成新的 Y 码,绝对禁止非特许用户应用。

8. 3. 4　GPS 卫星信号的构成

GPS 卫星发射的信号包含有三种成分:即数据码(或称导航电文编码)、测距码(C/A 码和 P 码)和载波(L_1 和 L_2)。所有这三种信号分量,都是在同一个基本频率 f_0 = 10. 23 MHz 的控制下产生的(图 8-8)。

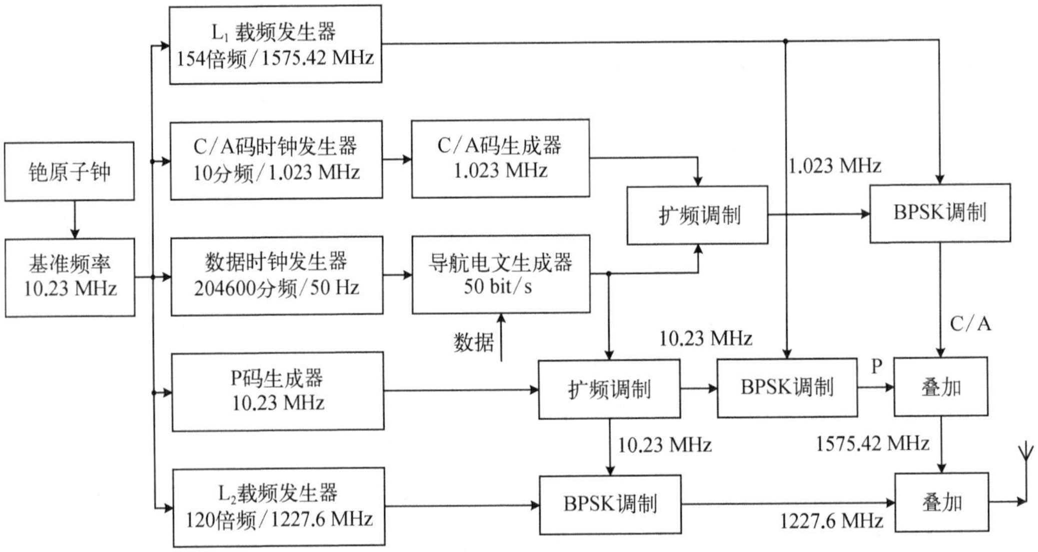

图 8-8　GPS 发射信号构成原理框图

GPS 卫星天线发射的信号,是将导航电文 $D(t)$ 经过两级调制后的信号。第一级调制是将低频 $D(t)$ 码分别调制高频 C/A 码和 P 码,实现对 $D(t)$ 的伪随机码扩频。第二级调制是将一级调制的组合码再分别调制在两个载波频率(L_1 和 L_2)上。最后,卫星向地面发射两种已调波。

GPS 卫星取 L 波段的两种不同频率的电磁波如下：① L_1 载波：频率 $f_1 = 154 \times f_0 = 1\,575.42$ MHz，波长 $\lambda_1 = 19.03$ cm；② L_2 载波：频率 $f_2 = 120 \times f_0 = 1\,227.6$ MHz，波长 $\lambda_2 = 24.42$ cm。

在载波 L_1 上调制了 C/A 码和 P 码，并且是采用正交调制方式进行调制的，这种调制称为 BPSK 调制；在载波 L_2 上调制了 P 码。当然，这里的 C/A 码和 P 码已实现了对数据码 $D(t)$ 的扩频。

若以 $S_{L_1}(t)$ 和 $S_{L_2}(t)$ 分别表示载波 L_1 和 L_2 的已调波，则经过二级调制后的 GPS 卫星发射信号，可分别表示为

$$\begin{cases} S_{L_1}(t) = A_P P_i(t) D_i(t) \cos(\omega_1 t + \varphi_{1i}) + A_C C_i(t) D_i(t) \sin(\omega_1 t + \varphi_{1i}) \\ S_{L_2}(t) = B_P P_i(t) D_i(t) \cos(\omega_2 t + \varphi_{2i}) \end{cases} \tag{8-11}$$

式中，A_P 为调制在 L_1 上的 P 码振幅；B_P 为调制在 L_2 上的 P 码振幅；$P_i(t)$ 为第 i 颗卫星发射的 P 码；$D_i(t)$ 为第 i 颗卫星发射的导航电文；A_C 为调制于 L_1 的 C/A 码振幅；$C_i(t)$ 为第 i 颗卫星发射的 C/A 码；ω_1 为载波 L_1 的角频率；ω_2 为载波 L_2 的角频率；φ_{1i} 为载波 L_1 的初始相位；φ_{2i} 为载波 L_2 的初始相位。

图 8－8 给出了 GPS 卫星发射信号的波形构成原理图。卫星发射信号的所有信号分量，都是基于同一基本频率 $f_0 = 10.23$ MHz 产生的，并且，各信号分量的频率之间也都存在一定的比例关系，这对于发射信号和接收信号的同步是十分有利的。

GPS 卫星的伪随机码是利用调相技术调制到载波上的。由于伪随机码的幅值只取 0 或 1，如果码值取 0 时，对应的码状态为+1；而码值取 1 时，对应的码状态为−1。载波和相应伪随机码的码状态相乘后，便实现了载波的调制，也就是说码信号被加到载波上去了。

调制过程中，当载波与码状态+1 相乘时，载波相位不变，而当与码状态−1 相乘时，其相位改变 180°。因此，当码位从 0 变为 1，或从 1 变为 0 时，都将使载波相位改变 180°。

在 GPS 的应用中，有时需要测量卫星发射信号的载波相位，当用户的 GPS 接收机收到卫星发播的信号后，一般可以通过下述两种解调技术来恢复载波的相位。

1. 同步复制码相乘技术

地面 GPS 接收机中复制的伪随机码，在跟踪环路的作用下，与接收到的卫星信号伪随机码进行时间上的对准，当复制码与卫星发射的伪随机码同步后，同步复制码与卫星伪随机码的结构就完全相同。此时，将两码相乘就可去掉卫星信号中的伪随机码而恢复原来的载波，不过此时恢复的载波仍含有低频的数据码[即导航电文 $D(t)$]包络线。

采用相乘解调技术的条件，是必须事先了解卫星测距码的结构，以便在 GPS 接收机中产生复制码。

2. 平方解调技术

当地面 GPS 接收机收到卫星的发射信号后，对其进行平方。由于处于±1 状态的调制码经平方处理后均为+1，而+1 对载波相位不产生影响，故卫星信号经平方处理后，回到原来状态，达到解调的目的。其实，同步复制码相乘解调技术，由于采用的复制码与卫星的

随机码结构完全一致时相乘，就相当于 GPS 的伪随机码自乘，实际上也是平方解调技术。

采用平方解调法，可以不必知道卫星发射的调制码的结构。但是，平方解调法去掉了卫星信号中的测距码的同时，导航电文也被去掉了。

8.3.5 GPS 卫星的导航电文

1. 导航电文及其格式

所谓导航电文，是指包含导航信息的数据码。导航信息指的是：卫星星历、卫星工作状态、卫星历书、时间系统、星钟改正参数、轨道摄动改正参数、大气折射改正参数、遥测码及由 C/A 确定 P 码的交换码等，它是用户利用 GPS 进行导航定位的数据基础。

导航电文是二进制编码文件，按规定格式组成数据帧，按帧向外播发。每帧电文含有 1 500 bit，播送速度为每秒 50 bit，所以一帧电文的播送时间是 30 s。

如图 8－9 所示，每帧电文含有 5 个子帧，每个子帧含有 10 个字，每个字为 30 bit；所以每一子帧共含 300 bit，按上述比特率 50 bit/s 播发，每幅子帧需播发 6 s。

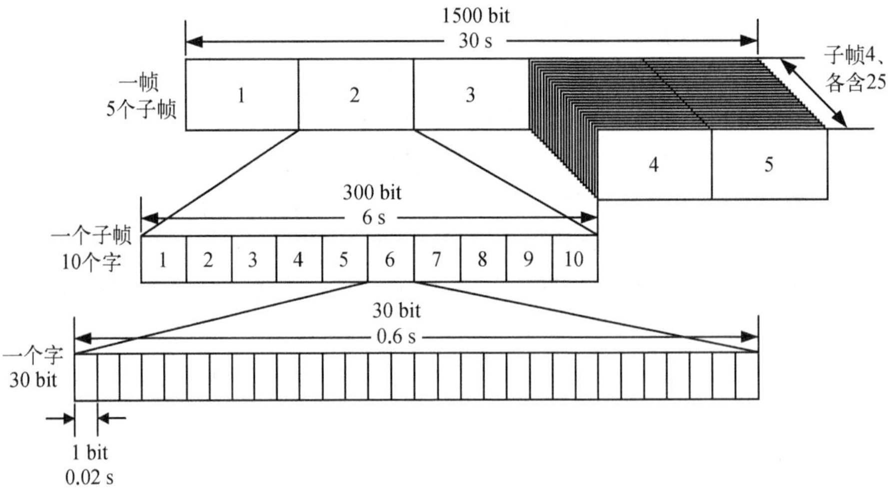

图 8－9　导航电文格式

第 1、2、3 子帧中含有该卫星的广播星历和卫星钟修正参数，为了提高导航定位精度，其内容每小时更新一次。第 4、5 子帧中存放所有空中 GPS 卫星的历书（24 颗卫星的星历），信息量比较庞大，故子帧 4、5 各含 25 页。于是，子帧 1、2、3 和子帧 4、5 的每一页，均构成一个（主）帧。实际上完整的导航电文总共占有 25 帧，共有 37 500 bit，需要 750 s（12.5 min）才能播完。

子帧 4、5 是空中全部 GPS 卫星的历书，它的内容仅在地面注入站注入新的导航数据后才更新。

2. 导航电文内容

每帧导航电文中各子帧的内容如图 8－10 所示。

1）遥测字（telemetry word，TLW）

每个子帧含有 10 个字，每个字 30 bit，第一个字为遥测字。作为捕获导航电文的前

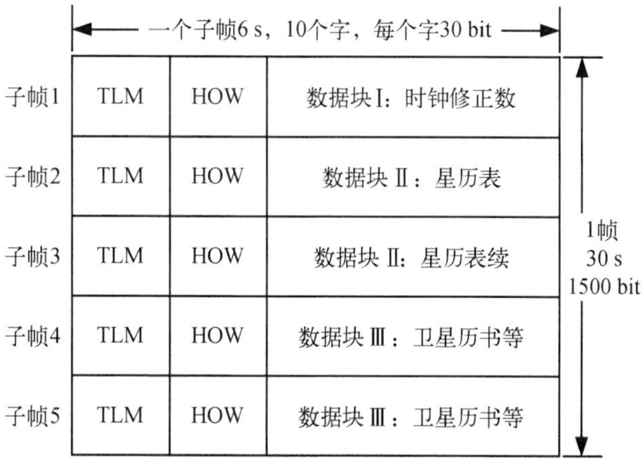

图 8－10　1 帧导航电文的内容

导，其中所含的同步信号，为各子帧提供了一个同步的起点，使用户便于解释电文数据。遥测字共 30 bit，开头的前 8 个 bit 是捕获信息的前导；第 9～22 bit 为遥测电文，包括地面监控系统注入数据时的状态信息、诊断信息和其他信息，以此指示用户是否选用该卫星；第 23 bit 和 24 bit 无意义；第 25～30 bit 为奇偶检验位。

2）转换字（handover word，HOW）

紧接遥测字之后的是转换字，转换字的主要功能是向用户提供用于捕获 P 码的 Z 计数。所谓 Z 计数，是从每星期六/星期日子夜零时起算的时间计数，计数器以 P 码的子码 X_1 的周期（1.5 s）为周期进行计数。GPS 时的周期为一周时间，换算成 Z 计数的总计数次数为：$7\times24\times3\,600\div1.5=403\,200$（次）。利用 Z 计数器的计数值，可以实时地了解观测瞬时在 P 码周期中所处的准确位置，GPS 接收机可以预先确定码的移动量，使本机产生的伪随机码的码元与即将到来的卫星信号 P 码码元相匹配。因此，利用 Z 计数，可以迅速地捕获 P 码，Z 计数由转换字的前 17 bit 表示。

第 18 bit 表示，自信息注入后，卫星是否发生滚动动量矩卸载现象；第 19 bit 是卫星同步指示，指示数据帧时间是否与子码 X_1 钟时间一致；第 20～22 bit 是子帧识别的标志。

3）子帧包含的信息

每一帧被分为 5 个子帧，每个子帧用于传送不同的信息。

子帧 1 包含了发送信号的卫星的时间值，其中包括用于修正信号传输延迟和星载时钟时间的参数，以及卫星健康状况信息和卫星位置精度的估算值。子帧 1 还用于提供传送 GPS 星期数。GPS 时始于 1980 年 1 月 6 日星期日 0 时 0 分 0 秒，每经过 1 024 个星期后，星期数重新从 0 开始，该事件称为"星期归零"。

子帧 2 和 3 包含了发送信号的卫星的星历数据，这些数据提供了非常精确的卫星轨道信息。

子帧 4 包含了编号为 25～32 的卫星的年历数据、GPS 时与协调世界时之间的差异及电离层导致的测量误差有关的信息。

子帧 5 包含了编号为 1~24 的卫星的星历数据，所有的 25 页信息与编号为 1~24 的卫星的健康状况信息一同发送。

8.4 GPS 导航定位的基本原理

8.4.1 计算位置

1. 测量信号行程时间的原理——伪距估算

为确定位置，GPS 接收机必须接收来自 4 颗独立卫星的时间信号，以便计算信号行程时间 $\Delta t_1 \sim \Delta t_4$，计算受到地心原点三维笛卡儿坐标系的影响（图 8-11）。用户与这 4 颗卫星中的每一颗的距离 R_1、R_2、R_3 和 R_4 可通过这 4 颗卫星与用户之间的行程时间 Δt_1、Δt_2、Δt_3 和 Δt_4 来确定。如果已知这 4 颗卫星的位置 X_{Sat}、Y_{Sat} 和 Z_{Sat}，就可以计算出用户的坐标。

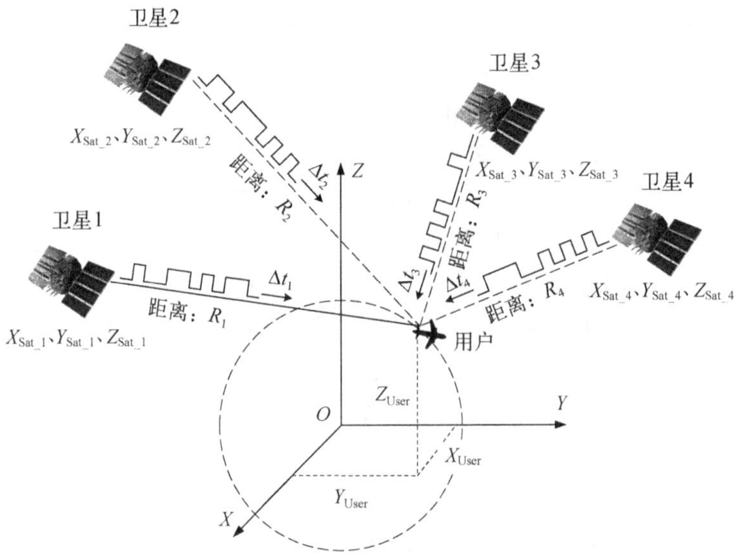

图 8-11　GPS 定位原理

由于卫星上载有原子钟，因此可以非常准确地知道卫星发送信号的时间。所有的卫星时钟都相互校准并与 UTC 同步，而接收机时钟与 UTC 并不同步，较之或快或慢 Δt_0。如果用户时钟快，Δt_0 的符号为正。时间误差 Δt_0 造成信号行程时间测量和距离 R 不准确，因此，测得的不准确距离被称为伪距。

$$\Delta t_{测量} = \Delta t + \Delta t_0 \tag{8-12}$$

$$\mathrm{PSR} = \Delta t_{测量} \cdot c = (\Delta t + \Delta t_0) \cdot c = R + \Delta t_0 \cdot c \tag{8-13}$$

式中，R 为卫星与用户之间的真实距离；c 为光速；Δt 为从卫星到用户的信号行程时间；Δt_0 为卫星时钟与用户时钟之差；PSR 为伪距。

在笛卡儿坐标系中，卫星与用户之间的距离 R 计算如下：

$$R = \sqrt{(X_{\text{Sat}} - X_{\text{User}})^2 + (Y_{\text{Sat}} - Y_{\text{User}})^2 + (Z_{\text{Sat}} - Z_{\text{User}})^2} \tag{8-14}$$

因此，伪距为

$$\text{PSR} = \sqrt{(X_{\text{Sat}} - X_{\text{User}})^2 + (Y_{\text{Sat}} - Y_{\text{User}})^2 + (Z_{\text{Sat}} - Z_{\text{User}})^2} + \Delta t_0 \cdot c \tag{8-15}$$

为确定 4 个未知变量：Δt_0、X_{User}、Y_{User} 和 Z_{User}，需要 4 个独立方程。

以下等式对 4 颗不同卫星成立（$i = 1 \sim 4$）：

$$\text{PSR}_i = \sqrt{(X_{\text{Sat}\_i} - X_{\text{User}})^2 + (Y_{\text{Sat}\_i} - Y_{\text{User}})^2 + (Z_{\text{Sat}\_i} - Z_{\text{User}})^2} + \Delta t_0 \cdot c \tag{8-16}$$

解这 4 个方程组成的方程组，即可获得用户位置的坐标 X_{User}、Y_{User} 和 Z_{User}。

2. 确定信号行程时间的具体方法

1）时间系统

在确定从卫星到接收机的信号行程时间时，分清不同的时间系统至关重要。

（1）协调世界时（UTC）。

（2）GPS 时，用于 GPS 系统的时间系统。GPS 时与 UTC 的差别在于所有累计的秒数及低于 1 μs 的误差。GPS 时与 UTC 之差及该差值的当前特性通过导航电文发送（子帧 4）。

（3）卫星时，每颗卫星的星上时间。卫星时与 GPS 时的具体差值及该差值的当前特性通过导航电文发送（子帧 1）。

（4）接收机时，GPS 接收机的内部时间。该时间通常由内部的石英晶体振荡器确定，有别于 GPS 时和 UTC。接收机时与 GPS 时的差值 Δt_0 在 GPS 接收机开始工作时未知，但经过数次测量后可以降低。

2）确定信号行程时间的步骤

（1）通过相关性确定信号到达时间。GPS 接收机会接收到来自 1 颗或多颗卫星的信号，每个信号都具有相关性。在此描述的相关处理是针对单个信号的，但所有的卫星信号都必须进行同样处理。

由于接收机在接收信号时发射信号的卫星数量是未知的，接收机会生成各种 PRN 码。将这些编码按时间平移，直至某个 PRN 码与卫星信号的时间和信号形式达到最大相关。如图 8－12 所示，时间平移为 t_2 时达到最大相关。所需的时间平移 Δt_{k0} 和接收机时标（如毫秒间隔）确定了所观测卫星信号的到达时间（时间以接收机时给出）。

（2）对数据和导航电文进行重构。搜索并保持最大相关，即卫星信号与接收机生成的 PRN 序列连续同步。将时移的 PRN 序列（C/A 码）与卫星信号关联，由此可重构导航电文（图 8－13）。

（3）确定发送时间。如图 8－14 所示，导航电文的每个子帧以 8 bit 的报文头开始。遥测字（TLM）报文头的结构定义为 10001011 的模式，该比特序列每 6 s 重复一次。在导航电文带有 17 bit 星期时（time of week，TOW）电文的首个子帧的转换字（HOW）中，包含有该报文头的发送时间（以卫星时表示）。

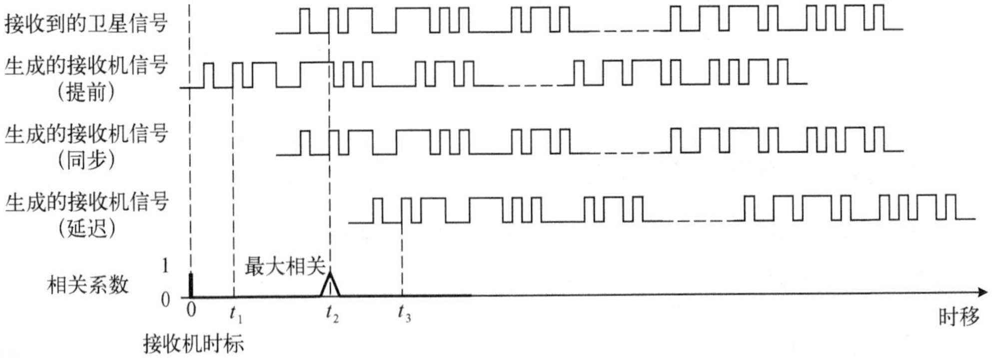

图 8-12 搜索最大相关

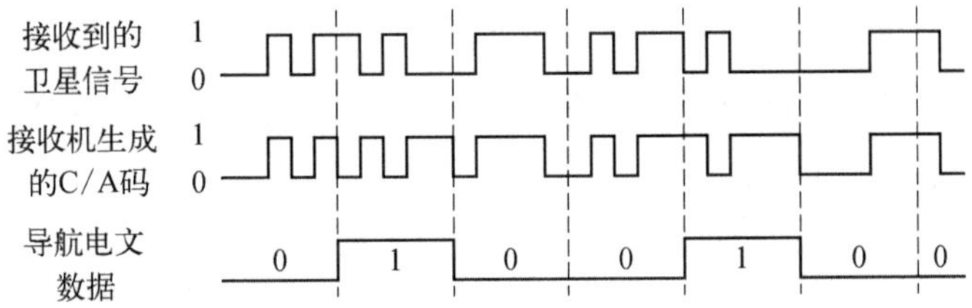

图 8-13 重构导航电文

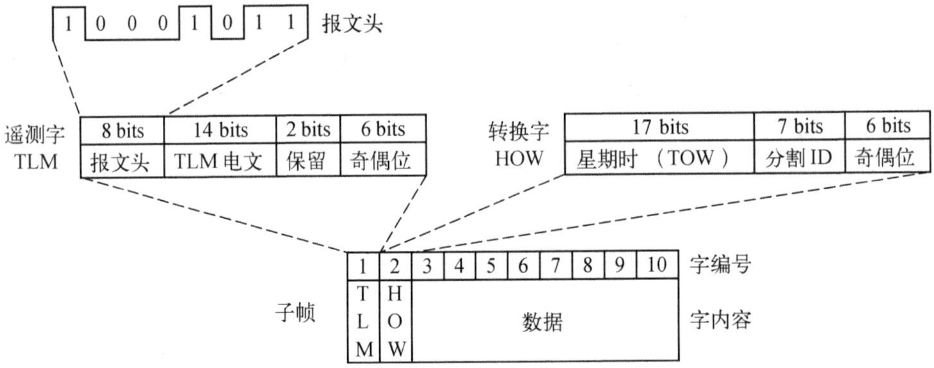

图 8-14 导航电文的遥测字(TLM)和转换字(HOW)

此时 GPS 接收机开始在导航电文中搜索 10001011 模式。由于该模式也可能在导航电文的其他部分出现,因此还必须符合其他参数条件: ① 两个逻辑 0 必须出现在假定的报文头之后第 51 bit 和第 52 bit(转换字的最后两个奇偶校验位设为 0);② 从假定的报文头之后第 16 bit 开始的奇偶校验位(遥测字的奇偶校验位)必须正确;③ 假定的报文头之前的两比特必须为 0(字帧结束位置的每个字最后的奇偶校验位设为 0);④ 从假定的报文头之后第 22 bit 开始的遥测字电文(17 bits)中给出的时间必须大致正确。由于每 6 s 反复提供时间信息,因此对接收机的时间测量精度要求不必太高;⑤ 下一个字帧的报文头必须正好在假定的报文头之后第 300 bit 开始。

如果系统确认达到上述条件之一，则不必再比较所有的约束条件。

报文头第一比特的发送时间位于上一帧导航电文的遥测字中，该时间以卫星时给出，但由于该信息包含在导航电文中，可将其转换为 GPS 时。

3）确定行程时间误差

如果报文头有效，则测量报文头第一位的到达时间，该时间以接收机时给出。由于接收机时与 GPS 时并不一致，而是相差 Δt_0，因此测得的行程时间不准确。

8.4.2　差分 GPS

尽管 GPS 最初计划用于军事目的，但目前主要还是用于民用，如测量、导航、定位、测速、测定时间等。GPS 最初并未考虑用于精度要求高的应用，定位精度约为 12 m，则不足以满足所有应用。为达到 1 m 或更高的精度，需要采取其他措施。

GPS 测量总误差来自不同的误差源，经过深入研究，发现误差起因如表 8－1 所示。

表 8－1　误差原因（典型误差范围）

误差原因	直接定位误差/m
星历数据	1.5
卫星时钟	1.5
电离层影响	3.0
对流层影响	0.7
多径效应	1.0
接收机影响	0.5
总均方根值	4.0

（1）星历数据：在发送信号时卫星位置精度一般只能达到 1～5 m。

（2）卫星时钟：尽管每颗卫星都携带了 4 台原子钟，但时基会有偏差。对于稳定性为 10^{-13} 的振荡器，其时间误差可达 10 ns，10 ns 的时间误差产生的距离误差约为 3 m。

（3）电离层影响：电离层是位于距地面 60～1 000 km 的大气层，电离层中的气体分子被严重电离，电离主要是太阳辐射导致的（仅发生在白天）。信号以光速从卫星发出穿越真空，在电离层内这些信号的速度减慢，因此不能再被视为常数。电离的程度取决于时间和地点，在白天和赤道地区最为严重。如果电离强度已知，可在一定程度上通过地理修正模型进行补偿。此外，如果信号速度的改变与频率相关，还可通过使用双频 GPS 接收机进行额外修正。

（4）对流层影响：对流层是位于距地面 0～15 km 的大气层，其误差成因是气体分子密度和空气湿度的变化。密度随着高度的增加而下降，密度或湿度的增加减缓了卫星信号的速度。

（5）多径效应：GPS 信号会被建筑物、丛林、山峰等反射，在达到接收机之前形成回波，信号会因干涉而失真。多径效应可通过选择测量位置（避免反射）、测量时间和使用优质天线等方法获得一定程度的补偿。

(6) 接收机影响：这些误差是由于接收机测量噪声和接收机内的时间延迟造成的，可使用更先进的技术来削弱这一影响。

使用 DGPS 技术可以降低测量误差的影响，提高定位精度。DGPS 通过与一个或若干个基站进行比较，修正各种误差，可通过后处理或实时方式对来自这些基站的修正数据进行评估。实时 DGPS 解决方案需要基站与移动接收机之间进行数据通信，通常基于国际海运事业无线电技术委员会（Radio Technical Commission for Maritime Services, RTCM）的 RTCM SC104 标准，包括基于信号行程时间延迟测量的 DGPS（伪距修正，精度可达 1 m 左右）和基于载波信号相位测量的 DGPS（精度可达 1 cm 左右）。

1. 基于信号行程时间延迟测量的 DGPS

基于信号行程时间测量（伪距或 C/A 码测量）的 DGPS 原理非常简单，GPS 基准站的位置已知并且是经过精确测量的点，GPS 基准站通过 4 颗或更多的卫星确定其 GPS 位置。如果已知 GPS 基准站的精确位置，就可以计算出测量位置与实际位置的位置偏差，以及更为重要的测得的与各颗卫星之间的伪距，这些偏差对 GPS 基准站附近 200 km 范围内的所有 GPS 接收机有效。在完成测量后，这些偏差或者立即通过无线电发送，或者用于以后的修正（后处理）。

这种修正是基于卫星伪距值而不是对于 GPS 基准站的具体位置偏差。偏差是基于到特定卫星的伪距，因而可能会因位置及所使用的卫星而变化。如果未考虑这一因素直接按基准站的位置偏差进行修正，可能会导致错误的结果。

误差补偿可分为三步完成（如图 8－15 所示），简述如下。

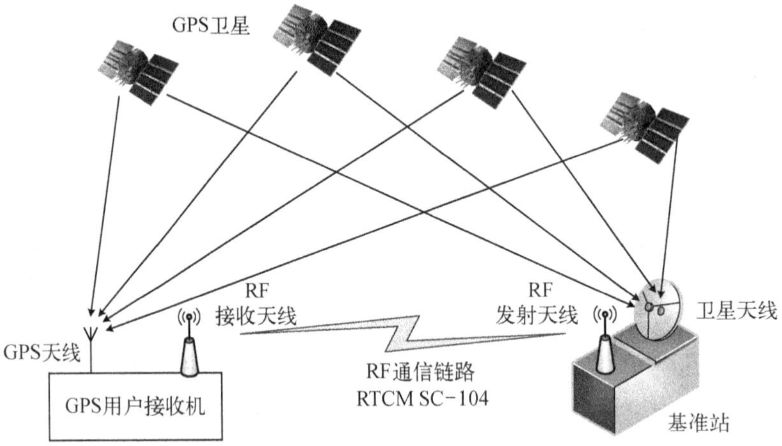

图 8－15　DGPS 原理图

1) 确定基准站的修正值

精确位置已知的基准站测量所有可见 GPS 卫星的 L_1 信号的行程时间，并使用这些测量值来计算相对于这些卫星的位置，这些测量值中一般会带有误差。由于基准站的真实位置是已知的，因此可计算出与每颗 GPS 卫星的实际距离。通过简单的减法可计算出实际值与测量距离之差，并由此得到相应的修正系数。不同 GPS 卫星的修正系数是不同的，且此修正系数只适用于数百千米范围内的 GPS 用户。

2）从基准站向 GPS 用户发送修正值

如果这些修正值可用于广大区域内的其他 GPS 用户对其测量的伪距进行补偿，则通过适当的媒介（电话、无线电等）立即将其发送。

3）对确定的伪距进行补偿以修正计算出的 GPS 用户位置

收到修正值后，GPS 用户就可以对伪距进行补偿以确定到卫星的实际距离，这些实际距离随后可用于计算用户的准确位置。通过这种方式可修正除由接收机噪声和多路径接收所致误差之外的所有误差。

2. 基于载波信号相位测量的 DGPS

DGPS 通过测量信号行程时间可达到 1 m 的精度，但这仍不足以满足某些要求，例如，在解决有关测量方面的问题时，为了获得毫米级的精度，必须计算信号的载波相位。

载波的波长约为 19 cm，可通过图示方法确定到卫星的距离（图 8 - 16）。

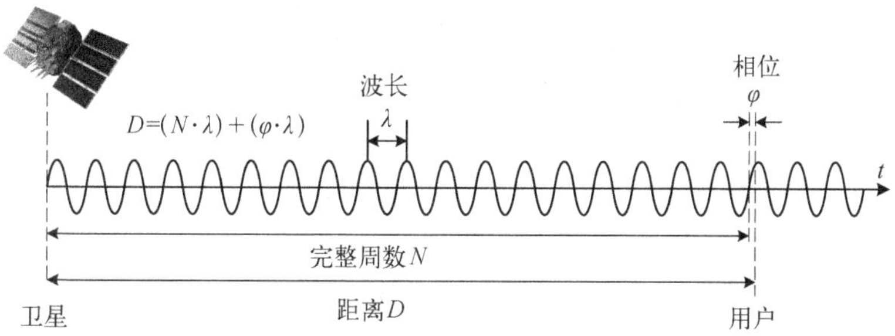

图 8 - 16　相位测量原理

由于 N 未知，因此相位测量较为模糊。通过在不同的时间观测若干颗卫星，同时不断比较来自用户和基准站接收机的结果（在测量过程中或之后），再经过大量的数学方程运算后可使计算出的位置精度达到数毫米。

8.4.3　广域差分 GPS 及星基增强系统

所有的修正数据都通过适当的方式（AM、短波、FM、GSM、互联网、卫星通信等）发送到能被用户接收机接收的区域。在北美和欧洲，可收到来自多个公共 DGPS 服务的修正信号，根据服务的不同，购买 DGPS 接收机时可能需要收取每年的许可费用或一次性费用。

全世界有非常多的陆基 DGPS 服务，也称为陆基增强系统（ground-based augmentation system, GBAS）。星基增强系统（satellite-based augmentation system, SBAS）用于提升 GPS、GLONASS 和 GALILEO 的功能，它通过地球同步卫星将 GPS 或 GLONASS 的修正数据和完整性数据播发。

1. SBAS 功能

由于定位精度和定位信息可靠性的改进，SBAS 与 GPS 相比是一个相当大的进步。与 GPS 不同，SBAS 通过不同的地球同步卫星提供额外的信号广播。

1）通过修正数据提高定位精度

SBAS 提供差分修正数据，由此可提高 GNSS 的精度。首先是因信号通过电离层时的延迟造成的电离层误差,需要对此进行修正。电离层误差随着每天的时间发生变化,并且因地区而异。为确保数据在大陆上有效,需要运营一个复杂的地面站网络,以便计算电离层误差。除了电离层参数,SBAS 还发送有关卫星位置(星历)和时间测量的修正信息。

2)提高完整性和安全性

SBAS 监视每一颗 GNSS 的卫星,同时会在卫星出错或发生故障 6 s 内发出警报通知用户。只有当接收到的信号质量一直低于特定限制时,才发送这类“是/否”信息。

3)通过播发导航信息提高可用性

SBAS 地球同步卫星发送的信号与 GNSS 的信号类似,但它缺少精确的时间数据。GNSS 接收机可将这些信号通过一种称为“伪距化”的过程解读出位置。

2. SBAS 概览

尽管所有的 SBAS 覆盖了非常广阔的地区,但它必须确保彼此之间兼容(互操作性),SBAS 提供商互相合作,并在方法上达成一致,通过采用航空无线电委员会(Radio Technical Commission for Aeronautics, RTCA)的 RTCA DO-229C 标准确保了兼容性。

1)北美的广域增强系统(wide area augmentation system, WAAS)

美国联邦航空管理局(Federal Aviation Administration, FAA)领导了 WAAS 的开发,该系统覆盖美国、加拿大和墨西哥,通过位于西经 133°和西经 107°的两颗卫星工作。

2)欧洲地球同步卫星导航重叠服务(EGNOS)

由 ESA、欧盟和欧洲航空安全组织联合规划开发的欧洲地球静止导航重叠服务(European Geostationary Navigation Overlay Service, EGNOS),旨在覆盖欧洲民航会议(European Civil Aviation Conference, ECAC)所辖的地区。

3)日本的多功能星基增强系统(MSAS)及准天顶卫星系统(QZSS)

多功能卫星星基增强系统(multi-functional satellite augmentation system, MSAS)使用两颗地球同步卫星,准天顶卫星系统(quasi-zenith satellite system, QZSS)计划使用多达 3 颗高地轨道卫星(高倾角椭圆轨道)。这两路 MSAS 信号通过 MTSAT-1R 和 MTSAT-2 卫星发送,2008 年初,MTSAT-1R 已投入运营。QZSS 通过发送 GPS 信号及完整性或修正信号为 GPS 提供补充信息。QZSS 特殊的高地轨道星座确保了在日本上空的天顶附近(仰角为 75°~90°)至少有一颗卫星可见,这将改善狭窄的都市峡谷中的定位精度,首颗 QZSS 卫星于 2010 年底投入运营。

4)印度的 GPS 辅助地球静止轨道(geostationary orbit, GEO)增强导航(GAGAN)

印度空间研究组织(Indian Space Research Organization, ISRO)开发了一种与其他 SBAS 兼容的系统,这个名为 GPS 辅助 GEO 增强导航(GPS aided GEO augmented navigation, GAGAN)的系统于 2008 年开始通过国际海事卫星 4F1 IOR 发送测试信号。2009 年之后,GAGAN 将使用地球同步卫星 GSAT-4 运营,新的 GAGAN 卫星将定点于东经 82°。

5)俄罗斯的差分修正和监控系统(SDCM)

俄罗斯为其疆域设计了一个差分修正和监控系统(system for differential correction and monitoring, SDCM),以便通过各监测站控制 GPS 和 GLONASS 信号。地球同步卫星将向俄罗斯疆域发送用于 GPS 和 GLONASS 的修正信号和完整性信号。地球同步卫星从高度约36 000 km的赤道上空向该地区播发信号，信号的广播频率与GPS相同（L_1，1 575.4 MHz），这意味着接收SBAS地球同步卫星信号的接收机不需要额外的硬件投资。

6）计划中的RNSS

RNSS是区域导航卫星系统（regional navigation satellite system）的缩写。RNSS与GPS、GLONASS和GALILEO互为对应补充，统称为全球卫星导航系统（GNSS），从而实现全球范围的导航和定位。RNSS只能用于有限地区的导航，因为从SBAS可非常平滑地过渡到RNSS，所以计划中的RNSS与SBAS同时推出。

3. SBAS描述

SBAS复杂的地面部分由若干基准站、控制中心和卫星地面站组成（图8－17）。

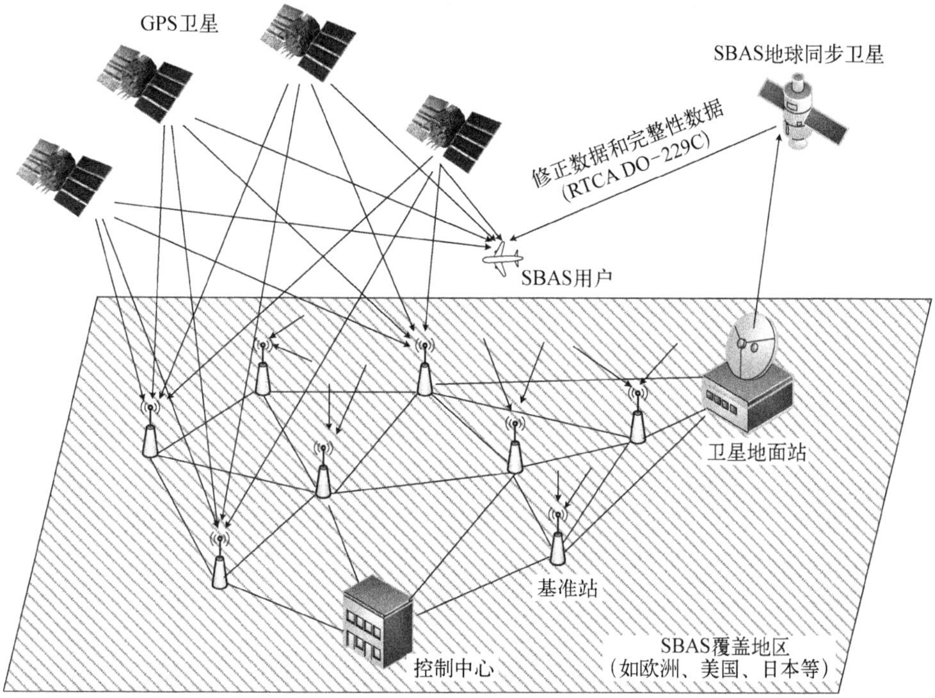

图8－17 星基增强系统(SBAS)的工作原理

每个系统采用了自己命名的台站，如表8－2所示。

表8－2 SBAS台站的命名

一般描述	EGNOS命名	WAAS命名	MSAS命名
基准站	RIMS：基准与完整性监控站	WRS：广域基站	GMS：地面监控站
控制中心	MCC：任务控制中心	WMS：WAAS主站	MCS：主控站
卫星地面站	NLES：导航陆地地面站	GES：地面站	NES/GES：导航地面站/地面站

1）基准站

在SBAS覆盖的地区有数个相互连成网络的基准站，这些基站接收GNSS信号且其位置已被精确测定。每个基站确定出相对于卫星的实际位置与计算位置之间的偏差(伪距),然后将数据发送给控制中心。

2) 控制中心

控制中心对来自基准站的修正数据进行评估,确定各基站收到的所有 GNSS 信号的精度,检测可能由电离层湍流造成的不精确性,并监视 GNSS 的完整性,然后将有关上述变化的数据通过分布各处的卫星地面站加入信号中并发送。

3) 卫星地面站

这些台站向不同的地球同步卫星播发信号。

4) 地球同步卫星

SBAS 地球同步(地球静止轨道)卫星接收到这些来自地面站的信号后,将其播发给 GNSS 用户。与全球导航卫星不同,地球同步卫星未配备星载信号发生器,而是配备的转发器,能将经地面处理并发送给它的信号转发出去。这些信号以 GNSS L_1 频率(1 575.42 MHz)向地球发送,配备了相应的 GNSS 接收机的用户可接收并处理 SBAS 信号。

8.5 机载 GPS

8.5.1 B737NG 飞机机载 GPS

GPS 利用导航卫星为机载其他系统和机组人员提供飞机位置等导航参数,目前 B737NG 飞机上一般加装两套 GPS,能够提供经纬度、高度、时间及地速等参数。这些数据输入飞行管理计算机系统,飞行管理计算机系统利用 GPS 位置、无线电导航系统位置及惯性基准系统的数据来计算精确的飞机位置。

飞机上通常将 GPS 接收机与 ILS 接收机集成为一个计算机——多模式接收机(multi-mode receiver, MMR),但 GPS 与 ILS 模块独立工作。GPS 框图如图 8-18 所示。

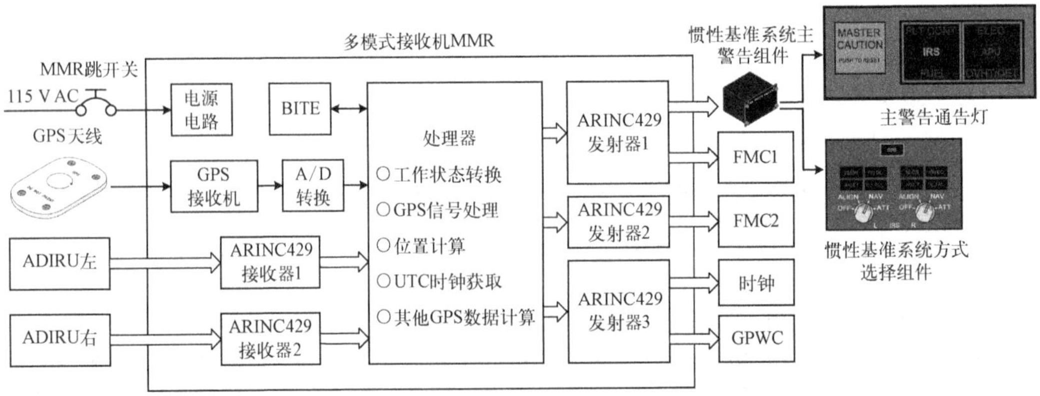

图 8-18 GPS 框图

ADIRU 表示大气数据惯性基准组件(air data inertial reference unit)

1. GPS 天线

GPS 天线(图 8-19)位于飞机机身上表面,接收 L_1 波段信号(1 575.42 MHz),并将通过同轴电缆将信号送至 GPS 接收机,每个天线包括集成前置放大器,将信号放大后送至 MMR。天线前置放大器采用 12 V 直流电,该电源来自 MMR 的电源模块。

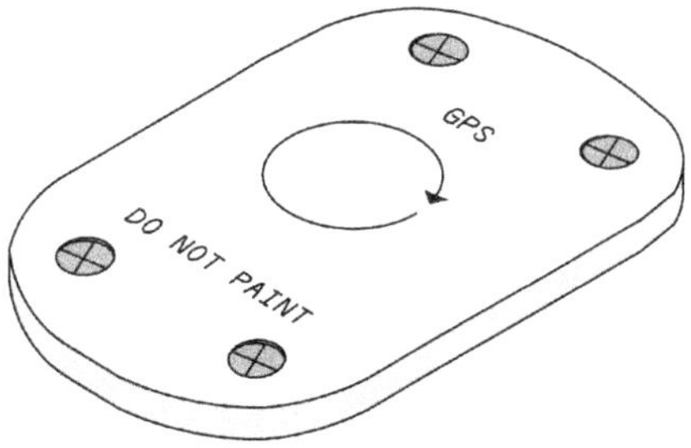

图 8-19 GPS 天线

2. GPS 接收机

GPS 接收机集成在 MMR 中,采用 115 V 400 Hz 交流电供电,如图 8-20 所示。GPS 天线首先将卫星信号放大,然后送至 MMR,由 MMR 中的低噪放大器接收并放大,由接收机检测卫星信号并送至模数(A/D)转换器,A/D 转换器将数字信号送至微处理器,微处理器计算飞机位置和其他 GPS 数据,并送至近地警告计算机、时钟、飞行管理计算机、惯性基准系统(inertial reference system, IRS)主警告组件等。

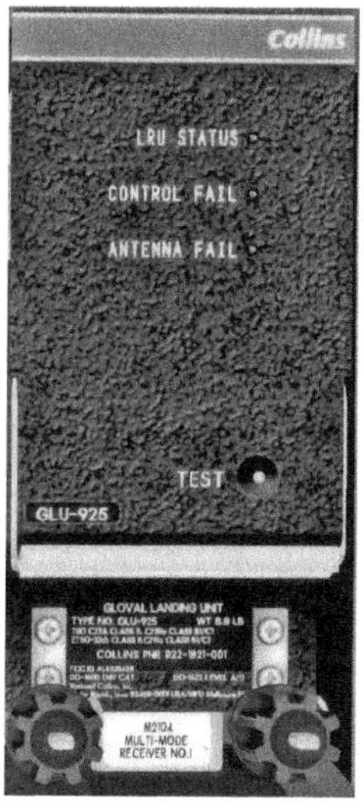

图 8-20 MMR 接收机

3. 电源

MMR 使用飞机上的 115 V 交流电源,通过 MMR 跳开关给其供电。MMR 内部的电源电路将 115 V 交流电转换成接收机工作所需的各种电源。

4. ADIRU 数据输入总线

MMR 从 ADIRU 获取惯性基准数据,利用这些数据用于系统初始化,同时在缺少卫星覆盖期间辅助系统工作。正常工作时,左侧 MMR 采用左侧 ADIRU 数据,右侧 MMR 采用右侧 ADIRU 数据,如果某 ADIRU 发生故障,则 MMR 将采用另外一侧 ADIRU 的数据。因此,MMR 通过两个 ARINC429 接收通道分别接收来自 ADIRU 左和 ADIRU 右的数据,如图 8-18 所示。

5. GPS 数据输出总线

MMR 将 GPS 参数通过输出总线送至飞行管理计算机、时钟、近地警告计算机、IRS 主警告组件等。飞行管理计算机利用 GPS 参数进行实际导航性能计算,并同步时钟的时间和日期;近地警告计算机利用 GPS 参数执行 TCF 和 TAF 功能,同时监控 GPS 接收机的状态;IRS 主警告组件监控 MMR 的数据,当 GPS 接收机故障时,IRS 主警告组件通过驾驶舱仪表板上的主警告通告灯及 IRS 的方式选择组件(mode select unit, MSU)提示 GPS 故障信息。

8.5.2 GPS 工作模式

GPS 的工作方式包括:初始方式、捕获方式、导航方式、高度辅助方式、悬挂方式,几种工作方式间的相互转换如图 8-21 所示。

1. 初始方式

接收机通电后即进入初始方式,并进行自检,接收机信号处理器接收从大气数据惯性

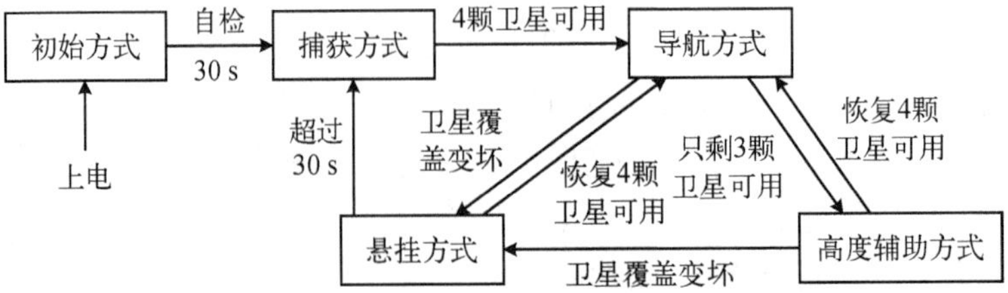

图 8－21　GPS 工作方式及其转换

基准系统(air data inertial reference system, ADIRS)输入的时间、位置和高度数据,30 s 后进入捕获方式。

2. 捕获方式

GPS 接收机寻找、跟踪和锁定卫星信号,并在开始计算 GPS 数据前必须捕获至少 4 颗卫星。在捕获方式时,GPS 将利用从 ADIRS 获得的位置和高度数据及 GPS 内部数据库的数据计算飞机在当前位置下可用哪些卫星。如果没有 ADIRS 的初始数据,GPS 仍能捕获卫星,但由于它要搜寻所有的卫星,增加捕获方式时间。若 ADIRS 数据可用时,捕获卫星信号所需时间约 75 s;当 ADIRS 不能提供数据时,GPS 就需要约 4 min(最多 10 min)的捕获卫星时间。

3. 导航方式

GPS 捕获并锁定了至少 4 颗卫星的信号后进入导航方式,在导航方式时计算 GPS 数据,输出飞机位置、速度和时间数据。

4. 高度辅助方式

因为在 4 颗卫星可用时,GPS 存储了 ADIRS 的惯性高度和 GPS 高度之间的差值。而在只有 3 颗卫星时,可以利用该差值与地球半径之和估算出 GPS 高度、飞机位置和其他数据。此时,将地心看作第四颗卫星,并利用飞机高度和地球半径列出一个测码伪距观测方程,从而结合其余三颗卫星的方程解算出飞机位置。当重新跟踪 4 颗卫星后,立即恢复导航方式。只有满足以下条件时,GPS 才能进入高度支持方式: ① GPS 已工作在导航方式;② 只有 3 颗卫星可用且对定位有较好的几何关系;③ 在 GPS 存储器内存储着惯性高度和 GPS 高度之间的差值。

5. 悬挂方式

当卫星信号在短时间(少于 30 s)内的覆盖变坏时,如虽然原有 4 颗卫星的信号可用,但由于飞机倾斜后丢失了某个卫星信号的接收,GPS 进入悬挂方式工作。在悬挂方式,GPS 接收从 ADIRU 发送的惯性高度、航迹角、地速等数据。GPS 利用这些数据使得在重新达到好的卫星信号覆盖时,可以加快 GPS 恢复到导航方式。在悬挂方式,GPS 的输出为"无计算数据"(NCD)。如果超过 30 s,GPS 不能跟踪 4 颗卫星,则返回到捕获方式。

8.5.3　GPS 数据显示

GPS 数据显示在控制显示组件(control display unit, CDU)的位置相关页面上,包括

GPS 位置、航迹、地速等内容。在 CDU 上首先进入索引页(Index),然后选择 POS 位置页,进入 POS INIT 位置初始页,选择下一页进入 POS REF 位置参考页,其中 GPS L、GPS R 两行显示的即为 GPS 位置,如图 8-22 所示。

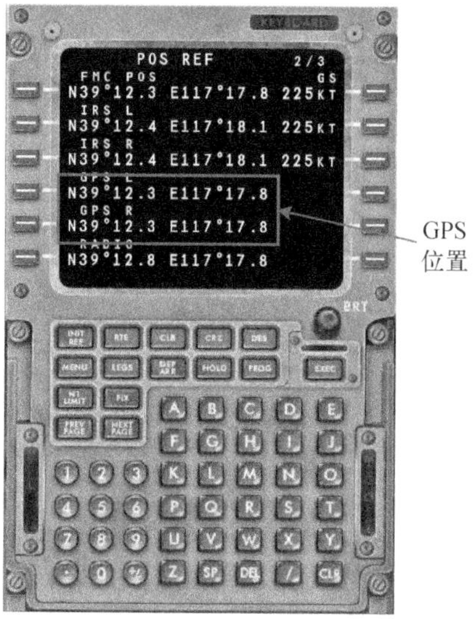

图 8-22　GPS 数据显示

参考文献

蔡成仁，1992. 航空无线电. 北京：科学出版社.

马士忠. 测距机，1994. 北京：国防工业出版社.

倪育德，卢丹，王颖，等，2015. 北京：清华大学出版社.

王惠南，2003. GPS 导航原理与应用. 北京：科学出版社.

吴德伟，2010. 航空无线电导航原理. 北京：电子工业出版社.

张鹏，2017. 涡轮发动机飞机结构与系统（AV）（上册）. 北京：清华大学出版社.

郑连兴，陆芝平，1993. 自动定向机. 北京：国防工业出版社.

郑连兴，倪育德，1997. DVOR VRB－51D 多普勒全向信标. 北京：中国民航出版社.

郑连兴，任仁良，2006. 涡轮发动机飞机结构与系统（AV）（下册）. 北京：兵器工业出版社.

支超有，2009. 机载数据总线技术及其应用. 北京：国防工业出版社.

Boeing, 2004. 737－600/700/800/900 aircraft maintenance manual: ATA chapter34 － navigation. Seattle: Boeing Commercial Airplanes Group.

Boeing, 2005. 737－600/700/800 system schematic manual: ATA chapter34 － navigation. Seattle: Boeing Commercial Airplanes Group.

Rockwell Collins, 2002. GLU － 920 global landing unit component maintenance manual. Cedar Rapids: Rockwell Collins Inc..

Rockwell Collins, 2007. LRA－900 radio altimeter component maintenance manual. Cedar Rapids: Rockwell Collins Inc..

Rockwell Collins, 2008. VOR － 900 VOR/MB navigation receiver component maintenance manual. Cedar Rapids: Rockwell Collins Inc..

Rockwell Collins, 2012. DME － 900 distance measuring equipment component maintenance manual. Cedar Rapids: Rockwell Collins Inc..